民国味道

周松芳 著

南方日报出版社
NANFANG DAILY PRESS
中国·广州

图书在版编目（CIP）数据

民国味道 ：岭南饮食的黄金时代 / 周松芳著. —广州 ：南方日报出版社，2012.12
ISBN 978-7-5491-0723-0

Ⅰ. ①民… Ⅱ. ①周… Ⅲ. ①饮食—文化—广东省—民国 Ⅳ. ①TS971

中国版本图书馆 CIP 数据核字(2012)第 262923 号

MINGUO WEIDAO
民国味道——岭南饮食的黄金时代　　周松芳 著

出版发行：南方日报出版社
地　　址：广州市广州大道中 289 号
电　　话：（020）83000502
经　　销：全国新华书店
印　　刷：佛山市浩文彩色印刷有限公司
开　　本：787mm×1092mm　1/16
印　　张：15.75
字　　数：280 千字
版　　次：2012 年 12 月第 1 版
印　　次：2012 年 12 月第 1 次印刷
定　　价：38.00 元

投稿热线：（020）83000503　读者热线：（020）83000502

网址：http://nf.nfdaily.cn/press/

发现印装质量问题，影响阅读，请与承印厂联系调换

目录

第一辑　文化开山

延伸阅读

第二辑 时代新变

延伸阅读

第三辑 海上传奇

延伸阅读

第四辑 中西互渐

延伸阅读

第五辑 民国遗珍

延伸阅读

第六辑 猎奇余音

延伸阅读

引　言

迩年以来，大家愈益觉得传统的不可或缺，而又觉得传统似乎有些断裂缺失，于是便溯流而上，首先追寻：民国在哪里？——如果连最为接续传统的民国都找不到，哪里还有传统可言！追寻民国，风尚一时。一时风尚之中，对民国饮食的追寻，似乎因为饮食小道，问津者寡，而事实上饮食之事，兹事体大，追寻民国味道，成为不可或缺！

历史进入民国，国家形态也渐由传统帝国进入民族国家，物质文化相应出现地域分野，所谓“生在苏州，长在杭州，食在广州，死在柳州”，便因各地有各地突出的物质文化，足以表征全国；当是时也，由于“食在广州”的兴起，便当仁不让地表征了民国味道。而其表征的民国饮食，也实与现在相去甚远。作为“食在广州”两大象征的太史菜与谭家菜的时代际遇，就很能说明问题。太史菜创始人江孔殷的嫡孙女江献珠，近年来以谈论和传授饮食文化蜚声海内外，虽然亲历当年太史家的钟鸣鼎食之盛，但去古未远，已是惘然，不得不承认传统已经失传；而谭家菜，唐鲁孙等亲尝其味者，也认为如《广陵散》早已隔绝于人间。

然而，“食在广州”的“民国味道”，真的已渺远难寻了吗？笔者便循此搜罗民国时期京津沪穗报刊关于广东饮食的文献，探寻“食在广州”兴起之由，在为今日重新擦亮这一金字招牌支招的同时，看看民国味道是否真已渺远难寻。而结论是：非也。非不能寻，文献不足征而已；非文献不足征，乃世人不学，有文献不征而已。比如，江献珠女士很困惑的稀罕的民国菜谱，笔者却从旧期刊上发现了许多。分类整理，今昔对照，也确实觉得今日多不如昔，特别是当日那些食单，概不用所谓工业调料——陈梦因认为“食在广州”的衰落，正与这些工业调料的使用有关——这对于今日的环保时尚、高档酒楼的原生食尚，颇有助益；对于居家制作，尤其是外江人来广东，学做粤菜，也是很好的参考，因为当年刊发在上海的杂志上，已经照顾到外地人的需求了。

最有意味的是，在追寻中我们发现，“食在广州”的底色，乃是文化的，这似乎有悖岭南不文的凡俗之见。比如太史家与谭家，均是文化名家，而且是“君子远庖厨”，其能耐乃在于本着“食不厌精，脍不厌细”的儒家祖训，以文化的创意，指导门下的厨子或侍妾，不断创制新的菜式，并借文人之口与笔，传播于外，获致名声，光大饮食。这一点，是一般视岭南为不文之人所难以想象的，即在粤人，也多不注意。再如，“食在广州”在上海的名气，也主要靠的是文人的宣扬。譬如，最具代表性的新雅粤菜馆，与鲁迅、郁达夫、巴金、田汉、何满子、黄嘉音等现当代文化名流的不绝如缕的良性互动，堪称饮食文化的一大传奇。

“食在广州”，何以表征民国？这是一个非常重要的问题，尤其是在当今岭南朝野，包括新任广州市长陈建华先生在内，均十分纠结地高喊要重新恢复“食在广州”的金字招牌的时候，梳理“食在广州”兴起的历史及其缘由，有助于评估今日恢复的可能性，给力寻找恢复的路径，看来是一件十分有意义的事情。

在《岭南饕餮》中，笔者已经提出，“食在广州”应该肇兴于清初中期一口通商体制的确立，在五口通商时期随粤商北上上海、天津、北京，尤其是在上海地区，渐渐获得名声，从而确立地位，并在民国时期得到进一步的发展。许多本土的论家，往往引屈大均《广东新语》之语：“天下食货，粤东尽有之；粤东所有食货，天下未必尽有。”又有引《宦语》所说，广州玉带濠一带“香珠犀象如山，花鸟如海，番夷辐辏，日费数千万金，饮食之盛，歌舞之多，过于秦淮数倍”。据此认为“食在广州”打那时候就已开始了，其实只不过是自作多情。

要知道，尽管岭南当时因广州一口通商而繁荣富庶，食材充积，但是，在交通落后、饮食口味地区适应性差的时代，你广州的饮食再好，外人也是难以认可的——人之于味，有不同嗜焉——他吃不惯啊！所以，直到清朝中期，关于广州饮食的笔记文章，仍是流于猎奇的记述，鲜少正面的称道。所以，从客观上讲，如李一氓教授在其《存在集》（续编）中认为，区域饮食文化的认知，得等到国内市场有一定发育，人口流动有一定规模，并且有了一定数量的职业厨师，才可达成。这就得等到上海的开埠与繁荣了！

为什么是上海？北京不早就五方杂凑，需求旺盛，条件差可了吗？我们看看粤菜在北京的兴起，就明白了。直到民国初年，粤菜才在北京获得名声，而其声名的获得，是谭家菜。而谭家菜是私房菜，不是餐厅（市场）菜。可以说，在北京，粤菜是没有市场的。这也不单是粤菜，其他区域的菜系，在北京的际遇也差不了多少。因为在专制时代，在北京这个“不到北京不知道官有多大”的地方，公款消费至少高档公款消费，是不会到酒楼去的，大官家都有私厨，所以尽管北京也有各地的餐馆，总是不成气候，绝不会搞出“食在广州”的响动来。

上海则不然。上海在五口通商开埠以后，以其独特的区位优势，迅速抢了广州的饭碗成为远东国际贸易中心，而商机灵敏的广东人，倒并不着急地位的丢失，而是蜂拥而至上海，一方面填补大量买办（国际贸易专才）的空缺，一方面从事巨量的贸易。居沪粤人，短时间内就猛增至四五十万。这些人，不像北京的爷们配有私厨，因此配套的粤菜馆也在当年的北四川路、武昌路一带成行成市地开办起来。虽然初期主要“内销”，不久也就以其优良的品质，征服了上海人以及其他各色移民，尤其是一众的文人；而文人们在至为发达的商业传媒上摇笔弄舌，“食在广州”的名声就这样不胫而走，并且渐渐臻于“表征民国”的境界。

第一辑

文化开山

唐宋以后，随着中国经济大势的南移和技术进步的南传，岭南经济得到强劲开发。尤其是清季以来，一口通商的外贸优势更使得岭南富足甲于天下，表现在饮食方面，则如屈大均《广东新语》所言：“天下食货，粤东尽有之；粤东所有食货，天下未必尽有。”广州玉带濠一带更是“香珠犀象如山，花鸟如海，番夷辐辏，日费数千万金，饮食之盛，歌舞之多，过于秦淮数倍”。

但是，这仍只是奇货可居居于一方，“食在广州”的创设与得名，还要因缘于文化的开创。太史江孔殷，以文化奇才的创意，使粤菜由可远闻的猎奇成为可近尝的珍馐；钟鸣鼎食的谭家，借着酒朋诗侣的招待，以谭家菜之名使“食在广州”通过了“进京赶考”；而随着经济潮流涌入上海的粤菜，则秉承其两千多年未曾停歇的开放之利，尤其是晚近所受的欧美饮食文化的浸淫，将其合理优秀的成分充分吸收融入菜式的制作以及时代文化氛围的营造，使其成为“食在广州”核心元素之一。备受推崇的新雅粤菜馆演绎的跨世纪文化传奇以及不断开创中国新型酒店业的新都饭店，都是成功的范例和最佳的表征，并凭此征服了一拨又一拨的文化士人，为之摇笔颂歌，“食在广州”由是扬名立万，迄于今日。

饮食作为一项事业，其开辟与守成均有赖于文化的积淀与开创。袁枚当日在谈到他后来最为传世的《随园食单》的时候，希望世人将其当作一首首无韵的小诗来看。“食在广州”的辉煌历史，何尝不是彰显着这一传统的光辉？只是今日高呼复兴“食在广州”之人，鲜有人意识到这一节而已。

“食在广州”的文化基因

坊间都把太史菜与谭家菜作为“食在广州”的开山大菜，这并无不可，只不过太看重其豪奢的排场。如唐鲁孙先生记述民国年间他应邀到谭家吃便饭，宾主三人四道菜，道道来历不凡：其中一道菜是姜芽口磨炒虎爪笋，虎爪笋须出自天门山，每只长仅逾寸，就像熊只吃其掌，自然清淡味永；又有一道菜是豆豉肉饼蒸曹白卤鱼，用的汤乃是鸡酒炖牛骨髓而成。如此一来，即便平凡的菜，也因其极度的讲究极大地推高成本。至于太史家的菜，内地在推出其嫡孙女江献珠的相关书籍时，便在香港版书名的基础上，加上了“钟鸣鼎食”的前缀。而对这两大鼻祖的文化背景的关注，则甚有歉焉。

在笔者看来，这两家的成功，最深层次的原因还在于其文化品位。先说太史家。这太史江孔殷，虽然有茶叶巨商的家世，后又长期代理英美烟草，钱多得是，但此前此后比他有钱的人更多得是，未见得其中有多少人在饮食上有多少的造诣与创意，他们当中许多人也就跟今天的暴发户们差不多——不求最好，但求最贵而已。而我们纵观太史江孔殷的一生，便可以十分有把握地讲，其在饮食上的地位，最深层的原因在于其文化品位。这江孔殷毕竟是进士出身，还点了翰林，是有功名的，而且还孜孜以求过一段时期的功业。他创制的菜式的特点，是十分文人化的，往往像创作写意画一般，俯拾食材，凭空出奇一些制法，叫门下的厨子反复试验，直到试出其想象的味道为止。这是商家们所不能为，也不敢和不愿为——成本高啊——所以只愿拾一点太史家的牙慧。而其创制菜式的目的，当然求一餍口腹之欲，另一方面也为了风雅地招待酒朋中的诗侣，直到晚年，有些穷愁，仍此兴不废。

至于谭家菜，那更是吃文化的出身。首先，谭家在北京，原无意创立什么菜式，开出什么宗派。其初创者谭宗浚，榜眼出身，制作佳肴，不过为了一班文人的“西园雅集”；而世俗食家眼中真正的创办者谭瑑青，倒如富二代一般，愈益好吃，吃到撑不下去了，把家宴变成了私房菜，没料到反而因此誉满京城。其实其本色还是文化的。首先家学甚深，祖父谭莹，为一代宗师阮元的得意门生，后帮十三行巨商伍崇曜整理刊刻《岭南遗书》与《粤雅堂丛书》等，是岭南文化史上最为光彩的篇章之一。其次他本人也是风雅之士，在清末已刊刻有《聊园词》，这一点世人基本不知道。再则其弘扬谭家菜，也颇得益于其妹谭祖佩嫁了清代岭南大儒陈醴之孙陈公睦，而陈家才是名副其实的富而且贵的钟鸣鼎食之家。故而谭氏在《聊园词》中绝口不提谭家菜，而其同乡伦哲如赋诗纪咏谭家菜，开篇仍是“玉生俪体荔村诗，最后谭三擅小词……”，着眼其祖孙三代的文名。

富贵三代方知味。在我们这个时代里，富三代的都不多，贵三代的更罕见，饮食之事，因此怎么能臻于境界，复兴“食在广州”大业，怎么能够达成！这也是笔者对“食在广州”开创者的文化背景再三致意的原因。

而粤菜的另一重要文化基因，是鲜见提及的，即其商业文化的基因。在一定时期和一定程度上，市场文化是最以人为本的一种文化，因为它充分满足人的各种需要。《申报》1947年1月16日第9版《吃在上海特辑》探讨广东菜征服上海滩的原因，其最主要的一点就是粤菜烹调精致对于顾客需求的满足和烹调多样对于顾客需求的开发：“粤菜烹调精致，早已脍炙人口，像鱼翅、鲍鱼、信丰鸡等，有口皆碑，不必细说，几样炒菜，不仅味鲜可口，即颜色之美，亦令人垂涎欲滴。几个名手厨司，更是花样百出，假如有人每天去吃他四样，在一个月内，决不会炒‘冷饭’。”“而粤菜馆遍设于海内外，既因粤人善于经营，复因菜多特色，营业发达岂偶然哉！”此更证明了广东菜的市场取向及其拓展能力。这种能力，是广东一直保持开放的历史必然。饮食文化在中国是一种历史最为悠久的文化，是毫无疑义的；粤人的最大贡献，无疑是晚近兴起的商业文化，而这在今天仍足资启迪。

民国的味道，女人的味道

男主外，女主内，妇女主中馈饮食，是全中国的一个传统，唐代诗人王建的《新嫁娘词》（三日入厨下，洗手做羹汤。未谙姑食性，先遣小姑尝），很能说明这一点。但是，这一传统，在岭南，开出的是异彩。同是唐代人的房千里在《投荒录》中“岭南女工”条说：“岭南无问贫富之家，教女不以针缕织纺为功，但躬庖厨，勤刀机而已。善醯盐菹鲊者，得为大好女矣。斯岂遐裔之天性欤！故俚民争婚聘者，相与语曰：‘我女裁袍补袄，即灼然不会，若修治水蛇黄鳝，即一条必胜一条矣。’”（《太平广记》卷四八三引）即是说，岭南女子，不重传统女红，而以烹饪相替代，甚至宰蛇治馔这类今日仕女闻之即退避三舍的事，做起来也令须眉自惭；而这样的女子，更好嫁。

此风至民国当仍未沦替。试想，当年太史菜与谭家菜，开创了“食在广州”新时代，而无论太史家与谭家，女眷或女佣功劳甚伟。据江献珠女士记述，太史家的菜，毕竟是关起门做的菜，有许多菜式出自女工之手。尤其是有一种江孔殷至爱的粽子，是非称六婆者所做不食。而有意味的是，如今传了太史家的衣钵的江献珠，还不是一介女子！谭家菜，则主要靠的是女子了。有一种说法，谭家最初用的厨师是杨士骧家的小厨陶山，谭瑑青的如夫人赵荔凤从其偷师学艺。但这显然是不够的，如何学也还是等而下之。这就引出了另一女子，他的妹妹谭祖佩。谭祖佩嫁给了岭南大儒陈醴的嫡孙陈公睦，而陈家才是真正的钟鸣鼎食，饮食讲究，自是不凡，或许限于儒家清规，难传于外而已。故而有人认为，谭祖佩还向赵荔凤偷传了“陈氏法乳”，始可成就谭家菜的大名。

与江家传到江献珠手里一样，尽管随着1943年、1946年谭瑑青、赵荔凤相继辞世，饕餮之徒已不领情，认为没有了如夫人，谭家菜已经是冒牌货，但毕竟接掌谭家菜的是小姐谭令柔，是不该说得那么绝的。只有当全国解放，谭令柔小姐公干了，我们方可“天翻地覆慨而慷”地说，让旧式的谭家菜见他的旧主子去吧，我们要有新的谭家菜，新的谭家菜入了著名的北京饭店呢！虽然墙头再也不会挂石涛的画作，价钱仍是一个劲儿地往上涨。

太史家、谭家而外，“食在广州”最有女人味道的，当是“女（茶）博士”的兴起以及平权女子茶室的一枝独秀。这可是开风气之先，领内地乃至香港十几二十年的时尚，里面大有文章，需要专文介绍，暂且按下不表，先提个引子作数。

广东菜的“女人味道”，梁实秋教授另有一说。他听钱钟书所谓的“太懒”的叶公超教授说：“广东的大户几乎家家有三房四妾，每位姨太太都有一两手烹调绝技，每逢老爷请客，每位姨太太亲操刀俎，使出浑身解数，精制一两样菜色，凑起来就是一桌上好的酒席。”由此可以佐证太史家、谭家之不孤。又据1922年第41期《红杂志》上少洲先生的《沪上广东馆之比较》说：“小旗亭和沪江春对峙，三层洋房，装潢甚美，日间市茗，入夜始卖酒食。他的广告上说，是用女子做厨司的，怪不得无论什么菜，都有另有一种说弗出的味儿。”这也是“食在广州”女人味道的有力佐证，在近现代的饮食史上，恐怕也是绝无仅有！

吴慧贞女士当年在《家》杂志开设“粤菜烹调法”的专栏，自视为岭南女子主中馈传统的一个结晶，则从另外一个侧面彰显了“民国味道”的“女人味道”：“广州的‘吃’是驰誉全国的，笔者自幼生长斯地，深受此种传统风气的熏陶，而家长和世伯们又好于每周假日召集宾客，设宴家园，研究食谱，席上必有一二色佳肴出于主妇手制的，这不但表示了主人款待之诚，且足以显示主妇烹调之精，他们常于席间品评称赏，宾主尽兴；但家母的目的还不只在款客，更借此机会以烹饪之法教给女儿，以传中馈妇道，而尽家庭教育的责任。”（《家》1947年第12期）

由此推演，我们真可以说，民国的味道，是广州的味道，也是女人的味道。

漱珠桥畔的饮食传奇

近来，荔枝湾揭盖复涌，力图恢复一点旧时盛景，虽厥功未成，已引来赞叹。其实，从饮食文化与历史来讲，最应揭盖复涌的，当是河南的漱珠涌；涌口内外，漱珠桥畔，可是“食在广州”的当然圣地——“食在广州”的两大象征，太史菜与谭家菜，均与此渊源甚深。太史府就在漱珠涌附近；谭家菜的初创者谭宗浚的父亲谭莹，当年也是在漱珠附近的伍宅，助行商伍崇曜成就一番文化大业，也为自己的子孙创造谭家菜奠定了坚实的经济基础，并建构了其独特的饮食文化背景。十三行另一文化巨商、筑建了文化胜迹海山仙馆的潘家，后来也迁居于此。此地繁华富庶，力压西关。而最紧要的还是，因着这种繁华富庶，以及独特的地理区位优势，形成的当时的漱珠桥畔的饮食盛景，可谓前无古人，后无来者。

漱珠涌在当年之所以能成为饮食圣地，占尽了天时地利人和。地利之一，其斜对当时尚存的广州地标之一海珠石，而有“卧龙漱珠之象”——这在好堪舆地学的广州人眼里，是颇能引人前往一坐的。地利之二，是当时珠江本身即是重要的产鱼地，南海匡乃辟咏漱珠桥的《羊城竹枝词》就说：“郎从桥下打鱼虾，妾出桥头去采茶。来往不离桥上下，漱珠桥下是侬家。”邓显的同题竹枝词也有“打鱼人在白鹅潭”，白鹅潭，也斜对漱珠桥。又，当时广州城珠江南北两岸，北岸之人，一为官家，一为商家，皆不事渔业；从事渔业者，南岸之人也，故顺德左一衡的《羊城竹枝词》即说：“漱珠桥上月如钩，照见渔家放棹流。多少阿姑和阿嫂，全家生计在轻舟。”南岸之人，自然每每出入往来漱珠桥下了。

广东人好鲜，饮食自然能就着产地最好，所谓“赶趁鲜鱼入市售，穿波逐浪一扁舟。西风报道明虾美，还有膏黄蟹更优”，那漱珠桥畔，酒楼餐舫就应运而生了。金武祥《粟香随笔》载清代大诗人王渔洋到此，也感而继以诗云：“行乐催人是酒杯，漱珠桥畔酒楼开。海鲜市到争时刻，怕

20世纪初，漱珠涌上拥挤的船只。

落品尝第二回。”涔澄的《梁洛舫招饮漱珠桥酒楼》（飘渺高楼夹水生，漱珠桥市旧知名。连樯每泊餐鲜舫，灭烛犹闻赌酒声）与何镜仁的诗（家家亲教小红箫，争荡烟波放画桡。佳绝明虾鲜绝蟹，夕阳齐泊漱珠桥），则兼及酒楼与餐舫。或许更重要的是，漱珠桥畔，除了饮食，更别有文化风情，如黄佛颐《广州城坊志》所谓：“桥畔酒楼临江，红窗四照，花船近泊，珍错杂陈，鲜薨并进，携酒以往，无日无之……泛瓜皮小艇，与二三情好薄醉而回，即秦淮水榭，未为专美矣。”只可惜，这种饮食与文化风情，只延续到民国中期，随着南华路兴建、1938年漱珠桥拆废，变得风流云散，而潘飞声歌咏漱珠桥的《珠江春夜》诗——“昨夜虹船趁绮寮，笙歌吹短可怜宵”——则仿如历史的谶音。

临末，我们再回到重建这一话题上来。回顾近几十年来，广州吃海鲜的好去处，远郊不算的话，珠江沿岸的大沙头曾经予人印象深刻；现今的黄沙水产市场，即便将来不改造拆迁，也不起眼。即想来想去，要重树“食在广州”的招牌，曾经的海鲜圣地，还是有重出江湖，让珠江夜航船上的游客，一睹旷世芳华的必要。

荔枝湾情调

因为荔枝湾的情调，曾引多少骚客老饕竞折腰，所以，咱们得好好探寻当年产生这种情调的种种因由。荔枝湾，作为当年南汉的皇家苑囿，自有其不俗之处，我们且不必溯源其历史，仅就民国文人笔下所记加以管窥——许多人文因素，本是历史层累而成，且往往后胜于前。

不信且看，关于荔枝湾的历史情调，《永安月刊》1948年第110期非素的《消夏的荔枝湾》说："《南汉春秋》'荔枝湾'云：'会城西南七里，有荔枝湾，后主建。'《古图经》云：'其地广袤三十余里，昌华苑、显德园皆在其中焉。'"这种记述，历史有之，广袤有之，情调则未见出多少，还多少有点荒。而《旅行杂志》1934年第9期萧枕红的《荔枝湾小记》的记述则不同了："步入荔香园，为陈氏物业，占地甚广，其中树木蓊翳，景色清幽，门有联云：'荔雨一湾凉入梦，香风三径澹忘归。'为汪精卫先生所书，笔法韶秀可喜。"这种既有景致又有人文的私家园林，显然有情趣多了。尤其是"园内遍设茶点，于近水处遍设椅桌，游人于此品茗，清风徐来，烦襟涤尽，且俯就一湾碧水，小娃荡桨，往来花气衣香，随风扑鼻"的具有岭南生活化特色的格调，更令人"洵足乐也"！

最为称道荔枝湾情调的是邵潭秋的《广州杂记》（《旅行杂志》1936年第11期）："到羊城之次日，天气酷暑，老友顺德陈荆鸿偕夫人连城璧女士过访梅花村梅花精舍，招泛荔支湾……船至中流，就卖酒菜艇子进晚餐，粤人治饪极精，虽水上之浮厨，亦复不肯苟简。吴兰雪《西溪》诗'买鱼呼酒有谁闻'，则远不能与荔支湾比矣！"是故，作者极游兴于晚上十一时，"复进鱼生粥一器，椰子嫩姜一盘"，然后再纪以诗："白鹅潭水夜凫飞，惊掠船灯复合围。莫信风波渡桃叶，但容驿骑媚杨妃。浮厨列舫鱼虾贱，盲女传歌弦索微。仙侣同舟忘主客，浮云如浮上人衣。"而一般读者所不知的是，令邵氏咏诗纪游的一大原因，乃在于陈荆鸿也是一

民国时期广州西关荔枝湾的游艇（蝗尾小艇）。

时名士。陈氏本人也曾撰文盛称荔枝湾，更不忘引更著名的黄节教授的诗来作结："东去珠江水复西，江波无改水西堤。画船仕女亲操楫，晚粥鱼虾细作齑。出树乱禽忘雨后，到篷残日与桥齐。重来三月湾头路，蔽海遮天绿尚低。"这黄节教授，当年在北大教授任上被当局请回来执掌教政（当教育厅长），未几即挂冠而去，理由是广东这地方，出人才而不养人才，自己都待不下去，如何掌教兴学？

因此，陈荆鸿先生之于荔枝湾，在盛称艇仔粥的同时，更关注其人文的底蕴与诗意的情调。也正是因为这个原因，作者在移居香港多年后，对许多人认为香港最负盛名的饮食胜地避风塘，"有些像广州的荔枝湾"，甚不以为然："我以为风味相差很远"。而当我们今天花大本钱在复兴的荔枝湾风景，在人文颇为缺失的情形下，是否不仅无法见出当年的风采，甚而至于比之香港的避风塘，也"相差很远"呢？作为一介文人，是所虑焉。

槟榔秘史女儿红

嚼槟榔是广东悠久而重要的传统，在民国时期仍曾兴盛过一阵。招勉之《广州的抽喝吃》（《贡献》1928年第3期）说："吃喝的中间儿，用得着牙签去刺刺，吃后仍然似刺而非刺地含在嘴巴里，直到无意中才放弃过去。临了，向例有槟榔以殿其后，因此赏给伙计们的小钱，亦名曰槟水。近来或者因为某种空气紧张的缘故，革新得很快，槟榔已不如北京的豆蔻通行了，伙计也不向客人讨小钱。"不过槟水的称呼仍保留着——"槟水例多加一就算了事"。民俗学泰斗钟敬文先生在《东方杂志》1926年第4期写了一篇《啖槟榔的风俗》，谈他家乡广东海丰一带啖槟榔的风俗，说在他们那儿"差不多是一种不可或缺的食品之一"。这立即引发不少人的热情，纷纷给他写信或投稿，提供岭南各地啖槟榔的风俗例证。清水的《关于啖槟榔的风俗之二》（《民俗周刊》1928年第13—14期合刊）也说到酒后槟榔的故事："我在广州的时候，到酒楼上去喝酒时，在食餐之后，伙伴们每每送上一磕用油或火锅炸过的槟榔来，一角一角，如笔尖般大的放在磕上，赤黑赤黑的略带有白路。取来啖时，清香带苦，倒足解积滞。是以啖槟榔的风俗，我以在广州还是很盛行。"又说到他的故乡翁源"在十多年前，啖槟榔的风俗，还是很盛，以前更不用说。大约那时设席待客，不论官民，槟榔是少不得的"。而其《由歌谣见出广东人啖槟榔的风俗》（《民俗周刊》1928年第17—18期合刊）则说到广州、肇庆等地的除夕均有"月光光，照地堂；年卅晚，摘槟榔"的歌谣。

而我感兴趣的是民国民俗歌谣中与槟榔有关的恋爱婚姻歌谣，这向来是少人关注的。《民俗周刊》1928年第23—24期清水的《再谈啖槟榔的风俗》说道："广东的喜欢啖槟榔，已成为很古很古的风俗，是以有许多美丽的、和谐的歌谣，都在歌咏槟榔。"较早的爱情民歌见于明徐𤊹的《徐氏笔精》卷五，被认为是粤东淫俗的一首"蛮歌"云："老龙山下有狂风，老龙山上月朦胧。槟榔劝郎郎不醉，辜负奴唇一点红。”此后这类美丽的民歌便层出不穷。如湖北孝感夏力恕《菜香根舍诗草》卷一二《掇南粤风景为竹枝词》：“一炉金鸭女儿香，万手蒲葵玳瑁光。咀嚼不须临案食，绕庭红雨是槟榔。”李调元的《南海竹枝词十六首》：“见客纤纤指甲红，一方洋帕献槟榔。”李佐贤的《珠江竹枝词》（《石泉书屋诗钞》卷一）：“横楼杉面绮罗香，粉黛争怜别样妆。底事红潮生两颊，美人应是醉槟榔。”

上述都是外江人记述的粤地槟榔情歌，本地人记述的也不少。范端昂的《粤中见闻》有：“槟榔白，不食花；食花蒂，当灵茶。槟榔青，子初成；食青子，当茶青。”隐隐地可作情歌。顺德梁启鋆的《羊城竹枝词》，则是标准的情歌了：“钑槟枨触破瓜思，细裹青蒌嚼欲痴。染得桃唇红似血，教郎错认是胭脂。”“真情两处合芬芳，妾是叶兮郎是榔。仁核在心深意会，陈朱结后送槟香。”麦其镳的《羊城竹枝词》更是：“扶留叶绿槟榔香，龙女低声递马郎。郎似宾门叶似妾，结成一对好鸳鸯。”

笔者曾在《岭南饕餮》撰文探讨岭南人吃槟榔的历史，近读吴晓铃教授刊发于《时与潮副刊》1948年第1期的《槟榔》，又有了新发现，足以为槟榔的历史情缘增添更幽远的历史情怀。他说，槟榔在汉代又叫“仁频”，最早见于司马相如的《上林赋》，同时代喻益期的《与韩康伯笺》说得更明白：“槟榔，子既非常，亦特异……弗遇长者之目，令人深恨也。”其意是它是达官贵人之物，我这个老夫子是无缘得见的，故“深恨”。北魏李当的《宾吃录》称槟榔为“宾门”，上引晚清民初的《羊城竹枝词》也还这样称，足见岭南食槟榔的渊源有自。而到宋代罗大经的《鹤林玉露》极言广东槟榔代茶的食风之盛以后，则嚼槟榔传统，就渐由岭南一力保存了。这是很可贵的。更可贵的是岭南人还将其发扬光大，将其引入婚聘祭祀之列，真是煌乎大也。

“食在广州”的论战与启示

前面约略提及，“食在广州”的得名，颇因了文化人的一枝笔。是的，言之无文，行之不远，食之无文，自然也是行之不远的。当时上海是最重要的文化中心，报刊云集，与文化人仿佛成了鱼与水的关系，彼此离开不得。这种中心地位，郁达夫的例子最可以说明。当年郁达夫因为王映霞的关系，离开上海，回到近在咫尺的杭州，也是所谓江南文化渊薮的杭州当局竟奉为上宾，其礼遇绝不亚于当今一所二三流大学聘得了一位风头正健的院士；其去福州，更是以一介布衣文人一跃而成为享有月薪300大洋的省议员（胡适在北大的薪资，也才270大洋），尽管如此，沪上友人还是深为惋惜，以为会荒了他的文笔。

所以说，如果没有上海，“食在广州”的名头是响不起来的。聊举两个例子，以资说明。话说时光到了民国中后期，“食在广州”的风头也已健了数十年了，按照时尚轮替的规律，似乎也该淡点光景，或者有其他的菜系起而争衡了，身为著名老饕团体“狼虎会”会员的沪上名流严独鹤先生，便在《红杂志》1922年第36期刊发了一篇《沪上酒食肆之比较》，以为沪上各路食肆多的去了，粤菜馆没什么了不起的。未几，便有少洲先生在该杂志同年第41期刊发《沪上广东馆之比较》，历数粤餐馆的威水史，委婉地予以驳回。

时光又过了20年，又有一笔名秋容者在1942年第1期的《大众》杂志上撰写了一篇《食在广州？食在上海？》，从另一个角度发难：他先是承认广东菜的地位，认为不仅是公认的全国第一，甚至可以说是世界第一，但是，你在广州，老吃那广东菜，不腻味吗？哪比得咱上海，除了广东菜，八大菜系九小菜系西番菜系菜菜有吃，因此，“与其说食在广州，毋宁说食在上海”。此说甚为有理。但旋即有张亦庵先生跳出来，在《新都周刊》1943年第2期撰文《食在广州乎？食在广州也！》，振振有词地说广州

民国时期的广州长堤。

那地方，菜式不独手艺好，食材也较你上海强多了。如此，张先生说得虽然在理，但实在有点偷换了概念，不过倒能给我们当今“食在广州”的复兴大业带来些启示。

所谓有容乃大，在当今社会流动十分频繁，饮食业跨地区经营十分方便的情况下，人的口味适应力变得超强，对饮食需求的多样性要求也日益增强。方此之际，就像商店要开成超市一样，一个城市饮食大业兴旺与否，除了特色的地区风味以外，能否提供充分的选择空间，或许更为重要。基于这个逻辑，那我们今天要恢复“食在广州”的风采，一方面固然要寻找传统资源、寻找新兴资源，不断改进丰富粤菜的做工与款式，另一方面更要为省内省外、国内国外各路菜式，提供良好的生存与发展空间，这样才是与时俱进的“食在广州”的时代风采，也才堪与广州力保国家中心城市，争做国际大都市的目标相吻合。

共名现象与粤菜的谱系

翻开民国上海和粤港两地的报刊书籍，见到关于广东人开的酒楼茶肆的文章或广告，其中酒楼茶肆的名字，往往似曾相识，如新华、京华、南华、大华、荣华、华华、新雅、大新、新都、新路、康乐、红棉、鸿运楼等等。有的不少至今还有人用着，如荣华、京华、大华、大三元等等，其中荣华月饼，近来还打着谁是正宗第一的官司呢，如果想起旧已有之，不禁令人莞尔。有的完全相同，如新亚、大新、大三元等，广州有，上海也有，香港有些也有。有的甚至是有意雷同。如大三元，在民国时期，上海、广州、香港各有一家。广州的那一家，给人记忆最深的就是其蛇餐广告："秋风起矣，三蛇肥矣，食指动矣。"香港的大三元，至今还把月饼卖到广州来，不知是否民国那家的延续。上海的那家，则给曹聚仁留下了深刻的印象，认为"香港大三元，似乎没那么神气"。

最最有心有意雷同的，有心有意到超乎想象的是冠生园的命名。冼冠生在上海滩上成就为中国食品大王的每一步，都在有意借名成名。他原籍佛山，出身孤寒，15岁到上海竹生居茶楼投亲做学徒，19岁学徒期满，借钱开了一间路边店，自制广式糕点出售，却敢借名广州的名牌大店陶陶居。尽管这第一次借了大名而没有成功，却仍"贼心不死"，在一次偏门生意获得成功之后，便又打起了香港冠生园食品公司的名字的主意。他的偏门生意即是橘汁牛肉，据曹聚仁先生的说法，"乃是把中法药房蒸过了牛肉汁的牛肉，包了下来，加香料、酱油和味精，再煮一过，用纸包了再出卖的。本轻利重，这就发财了"。发了财了，生意大了，开公司了，省港两地酒楼茶肆的名字与生意不甚相合不好拿来用，在《申报》上看到香港冠生园的广告，灵机一动，"天助我也"，便为新公司取名"冠生园"。更令人叫绝的是，他干脆把名字也改成了冼冠生，以示我这公司比香港的公司更正宗。这一改，倒真是改了大运，大到一步步成为民国食品

20世纪30年代，位于上海南京路的冠生园总公司。

大王，而且名垂百年或者更久——除了上海，当年冠生园在南京、杭州等地的分号，如今仍然使用着，而且风头颇健。前些年南京冠生园闹出的月饼陈年馅料事件，令人印象深刻，相信也勾起了不少人的怀旧之情。

看了上面的故事，我们渐渐地明白，沪港粤三地的粤菜馆，为什么喜欢共名了。其一，当是为了把根留住：在外发展得如何好，根还是在广州，“食在广州”的金字招牌，丢了不共用，岂不傻了。其二，当时没有现在的知识产权，共名，等于共享了一笔丰厚的无形资产和品牌资源。其三，省港两地，由于历史阻隔，法制相异，以至至今仍有许多共名现象，也可视为历史的馈赠吧。

粤菜馆之取名

有一句俗语流传至今："广东人会生孩子不会取名字。"民国时期粤菜与粤菜馆的命名，就颇受人诟病。名作家兼美食家范烟桥在《食在中国》（《中美周报》1948年第20期）中就说："菜肴的名目，以广东馆最典丽皇，鸡是称为凤爪，猫蛇称为龙虎斗，还有用极华美的词藻，这里见'叙宴餐馆'的广告，有'驰名水碗'语，不知道是什么食品？"《妇女月刊》1948年第5期朱宝瑞的《中西吃经》也说："中菜以粤菜名称最玄妙，若以前未吃过那一样菜，虽见菜名，不能悟解菜之内容。如脍炙人口之龙虎斗即一例也。西菜中之法国大菜名称之玄妙亦正与粤菜相同，同样令食者见菜单如坠五里雾中。"这种风气还带到了海外。钟宝炎的《美国的中国菜馆》（《艺文画报》1947年第5期）就说："美国之中菜馆，纯为广东菜清一色。因为老板大都是广东籍华侨，其菜名往往非常古怪，连国人也不懂，如'中山鸡'、'李鸿章烧肉'等怪名字。"

有鉴于此，从海外归来创办"新雅"粤菜馆的老板蔡建卿，带头裁汰广邦菜词藻华丽的菜名，以内容定名，做到名实相符，让消费者听了名称就知道菜的内容和特点。这也算是前述海派粤菜"普通化"的一个方面，也是其后来问鼎上海滩的原因之一吧。

其实，不仅粤菜的命名玄妙，粤菜馆的命名同样予人玄妙之感。《红玫瑰》1925年第49期浪人的《店名杂碎》说："广东商店之名亦极特别，在虹口有一家茶楼名曰'利男居'特别极矣。又见粤报所载香港店名其茶楼有名'一箭射天'者，有名'金盏银盘'者；酒馆有名'凤入罗帷'者，有名'醉枕杨妃'者，有名'父子相会'者，真是无奇不有。"《新都周刊》1943年第25期圣迹的《酒菜馆的命名》，也特别指出广东馆的跟风就俗："近年来新开广东馆子，'新'与'华'这二个字，最走运了。广西路的'新华'是第一家，接着京华、南华、大华、荣华、华华，不一而足。新之中，‘新新’最老；新雅、大新、新都、新路，又来了一套‘新’。”看来新雅也不能免俗。又说：“南华、南国、国华这三字命名，相映成趣，局外人定认为是一个老板开的三爿店。”而有些命名，还会让人搞错“对象”：“老广东馆‘会元楼’，骤闻其名，像是本地馆；‘万寿山’，好像又是南京馆。‘梅陇镇’三个字，与其命名为酒菜馆，不如用之于咖啡馆（其实也像上海馆）。”而像“永安的七楼命名七重天，新都的七楼命名七重楼，一字之差，意义大有出入。前者似乎稍具‘悲剧气氛’，后者似乎‘情意绵绵’”。今天看来，前者仍很觉不好。

20世纪初期，上海新新公司。

不过有些名字，在广东原本极普通，在外人看来却觉得好：“康乐与红棉两字的命名，似乎特出。前者大概出于古典：谢灵运的‘独醉康乐’定有关系（当然有关系，谢灵运当年贬窜广州，卒被杀害，而广州人不仅不以罪人待他，还深深怀念他，至今中山大学校园仍称康乐园）；红棉据说是广东的一种植物（广州的市花），用之却也另得风趣，好像比‘新’字‘华’字，别具妙音。”一些老馆子的名字也曾让人喜欢：“至于鸿运楼、正兴馆、五芳斋之称呼，细细想想，滋味无穷。听说李贤影曾经替人家取一个酒菜馆的名字叫做‘唐朝酒楼’，英文译做 DON JOSE，可惜未见开出来。这个名字，倒是旧义新音，叫起来又特别响亮。”

从茶楼歌声到酒店歌舞

中国自古以来，就食色并举——食包括饮，色则包括声，饮食要配声色，上至王公贵族，下至庶民百姓，莫不如此。在上者，正规的宴饮要按规格配伎乐（孔子的“八佾舞于庭，是可忍，孰不可忍”即指此），并由此产生了官家的伎乐制度；民间则由原始的“手之舞之，足之蹈之”，发展到后来请个草台班子搭台唱戏助兴。佐酒侑欢，猜枚行令，还是中国古典的词的重要起源。所以，在这种大的历史文化传统中，在广州茶楼的发展史上，渐渐有了唱女伶；而在晚清民初的政治与文化变革中，这种唱女伶，却又曾饱受争议。

我们先看看外人的观感与想象。野平先生的《关于“饮茶”》（《西北风》1936年第14期）说，广州茶楼的“吃”则尽善尽美了，“但总还缺乏一个家伙，那是孔老二的民生二大原则（按：食与色）之一，究竟是美中不足！乃有一位老板利用红粉当炉，后来它的生意分外兴旺，效法的自然不少。于是啥子‘女职工皇后’，什么‘闺秀的女招待’，闹得满城风雨，鸡犬不宁，有几间高等的茶楼别出心裁，日夜请女伶唱曲，茶价虽是特别增加，‘醉翁’们都满不在乎”。野平先生究是外人，其说法有道理，但有不严谨的地方。首先，女职员、女招待是比较现代的产物，因此其产生，是在20世纪20年代前后，而广州茶楼的唱女伶，乃是与传统一脉相承的，故其早在辛亥革命后，随着茶楼发展到一定程度（有场地规模也有能力请女伶了），兼之革命风气的“怂恿”，便顺势登上了广州的生活舞台。这一点，民国广州老饕张亦庵先生的《茶居话旧》（《新都周刊》1943年第22期）说得最清楚明白：“茶居与茶室有一个不同之点，就是原始时候的茶居是没有女侍的。”即使“辛亥以后，风气大开，茶居业虽然格于向来的习惯，没有招用女侍”，“可是他们却创立了‘唱女伶’的办法为号召”。广州人真是聪明！

“所谓唱女伶者，在茶居之前设歌坛，每日定时有女伶歌唱，笙歌弦管，嗷嘈满座。”而这种茶楼女伶，与传统的伶人唱戏是不同的，“不一定是登台唱戏的坤伶，有许多只是专走茶居卖唱的，仿佛今日的歌星，不过她们唱的是旧式戏曲，因为当时尚没有所谓流行歌曲的产生，电影歌曲更没有”。待到有时，已是上海粤菜馆的新都时代。“有好几个女伶是以茶楼卖唱而成名的，如月儿、燕燕、徐仙柳、小明星、张玉京、妙生、宝宝、黄佩英等都是以歌唱的技艺风靡一时的，而且大都是货真价实的凭其技术而成名，而并不为了年轻貌美。”就像现在许多歌手是酒吧歌厅歌手出身一般。因为唱功好，“她们有些已经是徐娘老去了，可是仍然有着许多人对她们歌唱的技艺十分敬佩、眷恋”。这就是“唱女伶”的魅力。在黄行看来（《进庐杂缀·饮茶》，广州《民国日报》1925年7月18日第4版），“夜晚饮一顿茶，听瞽姬，看女伶”，那是连肝胆都舒服的——“更觉疏肝了”。这种“味道”，更是让外人神往：“在较大的茶楼里，还有‘女伶度曲’以供茶客的品评，从前是瞽姬的，于一口一口的吃喝风度之上再加以锣鼓的喧闹，管弦的呕哑，歌声的嘹亮，奇形怪状的形形色色，不禁令看官们有悠然神往的趋势了。”（招勉之《广州的抽喝吃》）

张亦庵先生的《茶居话旧》说：“唱女伶之风，曾盛行于广州及香港。”这种盛状，有一首竹枝词表达得很恰切：“米珠薪桂了无惊，装饰奢华饮食精。绝似歌舞升平日，茶楼处处管弦声。”吴家盛的《广州通信》（《十日谈》1933年第6期）也有很经典的表述。他先说广州人上茶楼的盛况：“上茶楼是广州人——不，广东的整个生命之表现！那茶楼上你就明白广州人之为广州人也！要是一天不上茶楼！——早六时至九时，下午十二点至三四点，晚五六点至十二点，大开茶锅，请你喝，自然广州的喝是小盖儿碗，一点点喝，没有大壶作牛饮的，而且非吃点鲜虾饺、马栗糕不可！”再曲终奏雅、画龙点睛道：“——就要坏（一定要有女伶）。茶楼有女伶唱那些公子订终身的事。犹之乎各地之大鼓唱书，女人是生命之中坚，信然！”

只可惜的是，“上海的广式茶居至今没有盛行过”，上海的茶居更没有盛行过。广州有时被人目为保守，但“地势使之然”，在许多方面，还是走在前面，也走在上海前面。以前女侍与女工的问题是这样，如今“唱女伶”也是这样。上海可以在歌厅夜总会里唱，但不太兴在茶楼里唱，在茶楼里唱的，还是得等到新都饭店起来后，才开风气之先：“只有现在新都饭店的茶座里的新式歌唱仿佛近似，而一新一旧，风味究有其不同之处，这是由于时代的限制使然的。”新都饭店是充分吸收饮食娱乐新元素的代表，代表一种新兴的力量。看来，新力量还是好的。

更能代表新力量的，是咱们共产党人。下面的这一手笔，不出自我党，也出自进步人士。卫理的《饮茶在香港——吃在香港之一》（《茶话》1947年第22期）受广州茶馆的“唱女伶”启发，谈到茶馆的改造：“记得早几年前，有些教育家主张将茶馆改做进行民众的社会教育的场所。在抗战期间的重庆大后方，像沙平坝的学校区里，茶馆就是变相的民众教育场馆，灌输着正当的娱乐，有演唱经文人改编抗救说书鼓词，有发表国事的主张，使民众在消遣之外，得到许多知识。有一只传遍大后方的‘茶馆小调’就是那一时期的产物。”

这一趟，广州是没有赶上的——这是广州的保守性，或者说广州不可能永远是娱乐时尚的急先锋，有时也要歇一歇的。也对。因为再过了几十年后，开放改革的门一开，广州的茶楼酒肆，不就率先引入驻厅歌手，率先掀起卡拉OK的潮流，并因此影响到流行音乐的发展，开创了中国流行音乐的新时代，还让我的朋友于今（于爱成）得以写作出版了大陆第一部流行音乐专著《狂放季节——流行音乐的世纪飓风》，并被韩国引进版权一版再版——这一切，实可视为中国深厚悠久的“佐酒侑欢”的风雅传统的隔代承续，广州茶楼当年的“唱女伶”，无论如何是值得珍视的不可或缺的一环。

广州饮茶与艺术生活的渊源

岭南过去由于僻处一隅，被人目为化外之地，至今仍有人戴着有色眼镜说广东是文化沙漠，可是在民国时期，广州（可代指广东）的饮食，尤其是广州的饮茶，让不少人惊呼：广州人实在是生活在艺术之中，或者是生活艺术化了——方此之际，谁还敢说广东没有文化？看来，饮食文化乃广东文化强省建设的一个切入点和重要方面。为此，就让我快快将民国时期各路君子关于广州的饮茶艺术，一一为你道来。

民国时期最早描述出广州饮茶艺术的是徐珂。他的一篇《茶饭双叙》（《康居笔记汇函》，山西古籍出版社1997年版）说："沪俗宴会，有和酒双叙。和酒，饮博也，珂今乃得茶饭之双叙矣。"接下去说他某年某日在沪上拜访潮阳陈质庵、陈蒙庵，陈氏兄弟饷以工夫茶和潮州菜。关于工夫茶，陈氏说："吾潮品工夫茶者，例以书僮司茶事。"之所以如此，是因为这需要"专业技巧"，看看茶杯的大小及倒茶的要求即可知道："四杯至小……注茶汁于四杯，注汁时必分数次，使四杯所受之汁，浓淡平均，不能俟满第一杯而注第二杯也。"而喝时，更需要技巧："饮时，一杯分两口适罄，第一口宜缓，咀其味，第二口稍快，惧其温瞰，饮讫且可就杯嗅其香。"这技巧即艺术，这艺术使徐氏"茗饮醉心，午餐饱德"。

招勉之的《广州的抽喝吃》则从叹茶的"叹"字入手讨论广州人生活的艺术化："这叹字在广州人用起来是有闲的欣赏，一碗茶喝个把钟头谓之'叹茶'。"文章再具体展开这种叹的艺术的讨论。先从洗杯说起："此虽穷乡僻壤的广州内地，亦多知之。无论茶馆里的陈设及用品是怎样地清洁或污秽，照例茶客要洗一洗茶杯，不洗固然也没有什么稀奇和大不了，不过有时会给人惊讶到你的火速的举动，太急进了一些，并不曾受过艺术的洗练罢了。成了例的，伙计冲茶之外，另给你一杯白开水，就是这样的用处，倘没有，可以立刻问他们要来，好让他们知道你是内行或艺术家。”洗完杯，开始叹茶——其实就是叹点心：“有两句广州流行的俗语，很可以为这生活的艺术的原则的”，即“少食多滋味，多食无回味”和“食嘢食味道，睇戏睇全套”。“这是叫人吃食不必像牛嚼牡丹似的意思。根据了这一条原则，那么，无论吃大菜或点心，多侧重于滋味，却不在乎食前方丈般的数量和风卷残云般速度也。”“吃喝的态度既要如是其优游安定”，岂不艺术？由此，作者总结道：“品茗，原是古雅的喝茶的变名，比饮茶又要美化一些了，像咱们广州般的品法，这茗大约不至于虚负了！广州人的风味真是雅致！”这种雅致，使他离开了广州，多年以后，“春意早已阑珊了，想起南方的景况，也还是一样地安闲，不禁神往了。现在计起，倒数到从前，总算南海之滨是幸福的地方啊！有人造反，却仍然保存着安闲，这种幸福不令人留恋，还有什么足以令人留恋啊！”这种语调，令人想起了胡兰成，想起其弟子朱家父女，想起了广州的饮茶真是生活的艺术。

广州饮茶的这种生活艺术，既可以上达高档的茶室，也可以下探最便宜的二厘馆，也就覆盖了最广大的人民群众。其上焉者如顶级的新雅，《十日谈》1933年第4期言言的《茶与咖啡》就说：“讲到中国的，还是到中国的茶室去好。”意思是在中国，去咖啡厅馆，还不如去好的茶室有气氛和情调——“南京路的福禄寿和新雅都是可以坐坐的地方，最好的却要算北四川路的新雅。那里的侍者差不多都有过一些训练。他们侍候得客人刚好，去的人又整齐，因为喜欢高谈阔论的人并不到那里去，他们去的地方是城隍庙的春风得意楼。”作者随后解释：“所谓整齐，就是不高声大闹的意思……到那里去的人可以说都是懂得吃茶趣味的。”也即说，“整齐”是有品味的。这种口味，即是艺术的。而其下焉者，去二厘馆，也不仅为了充饥，还要讲味道——二厘馆“卖的东西特别便宜，多以包饺、烧卖、粉面及油器为主，只论多、大，精粗美恶，一概不管。可是味儿却不能差，广东人就有这一种本领，顶能辨别食物的味道儿”。这辨味，谁能说不是一种艺术口味？而为了适应这种生活的艺术，是大酒家也要放下架子的：“说到吃，乡下人也晓得省城有个四大酒家，见着熟朋友开口第一句话便问‘请饮茶吗’？长堤有个大三元酒家，小孩也晓得大三元饮茶是物美价廉而且富于阔绰意味的。”（《旅行杂志》1935年第7期区作霖《荔枝湾追忆》）

黄诏年的《从广州茶点谈到看老婆》（《新女性》1927年第11期）则将饮茶与吃饭并论，从日常生活角度，直言盛称广州人的艺术生活了：“广东人爱艺术的天性也许是谁都知道的，他们的日常生活，差不多也有点艺术化的了。广州人连吃饭似乎都有‘趣味’的成分，他们每天只吃两顿饭，一餐在上午九时左右，一次在下午三四点光景。至于早上、午后、晚上这三个正是我们江浙地方吃饭的时候，他们却吃茶点。”并以自身的不会艺术化地喝茶吃点心来说明广州人饮茶生活的艺术化：“我有一次一连吃了五碟，茶则一喝即尽，伙计对我似乎有点奇怪的样子，心想‘那向来的外口老’？我时而环顾左右的几位善喝茶者，见他们茶则一口一口地啜，瓜子则一颗一颗地咬，前后的时是很长的。至于他们吃那圆的月形饼，则月半到三十，大概起码也要一刻钟。”这时，作者搬出了最艺术化生活之一的周作人来压阵：“我想我这种地方，如果请岂明先生去，定能胜任而愉快的，我则太无‘生活的艺术’了。”

这种说法，广东人最有认同感。前此，有黄行的《进庐杂缀・饮茶》：“一日十二小时，除却食饭屙屎外，每天要饮三顿茶，朝早饮一顿茶，精神清醒些，宴尽饮一顿茶，烦闷消除些。夜晚饮一顿茶，听瞽姬，看女伶，更觉疏肝了。”这种适意的饮茶，与陶渊明东篱之下的饮酒，在笔者看来，具有同样的诗意，而对于底层民众，更是一种难得的“诗意栖居”：“在广东，有好些人一天要上三四次茶居，恬不为怪，尤其是劳动阶级最多这样的习惯。有人指摘以为这是不良的社会现象，既费时，又伤财。但是在民众娱乐、民众消遣没有施设的社会，这种现象是自然会产生的，比之在赌场烟窟里流连忘返已经算等而上之了。”（张亦庵《茶居话旧》）

茶楼酒楼舞蹁跹

广东的茶楼与内地的茶馆，由于先天的基因不同，后天的发展自是更异。王笛教授说，成都的茶馆解放后被作为小资渐渐清除了，但改革开放后又迅速恢复，盛况更甚于前；而唐鲁孙先生等则哀昔日茶馆风流不再，相较之下，广东人则处之泰然。因为广东无论茶楼与酒楼，本质上都是一致的，至于以何种形态出现，那是看市场需要。所以，现在广州几乎没有纯粹的茶楼了，但喝茶的地方仍然随处是，几乎各大酒楼都开设早茶，有的还直落到下午茶，有的甚至晚饭后还开夜茶。广州茶楼酒楼的合流，据全国工商联的冯明泉老先生的介绍，大约始于1936年，到解放后于焉完成，一个标志是，解放前广州两个相互竞争的最大饮食业公会——茶楼饼饵业公会和酒楼茶室业公会，到解放会便应声合并为饮食同业公会。

其实，广东馆茶楼酒楼不拘一格互相渗透的情形，在上海体现得更为生动而充分——毕竟在上海没有什么历史与人事的包袱。据1924年7月28日《申报·本埠新闻·粤菜馆又将增一处》报道：“虹口东武昌路新建三层楼洋房之安乐园菜馆，系香港素业些者所办，铺面宏伟，专售广东出产食品；二楼为茶室，每逢星期日换特式点心；三楼为厅房，陈设雅洁（辟为餐厅）……”再如著名的新雅茶室，这个当年牢牢套住过林微音等沪上名流的著名茶室，也是一开始就涉及饮食的。据《上海生活》1939年第3期张叶舟的《漫谈上海茶》说：1927年夏，虬江路口的新雅开张，“因为地方清洁，座位舒适，而茶叶更是上选，所以尽管最低消费价是一角，仍很受白领的喜爱，饮过者莫不叫好！饮茶者除吃了点心外，往往叫上一客特别有名的新雅咖喱鸡饭”。其实已很像今日高档的茶餐厅了。茶餐厅做得好，便进而专注做餐厅，像新雅，就成为了上海滩首屈一指的粤菜馆。

1932年“一·二八”事变后，上海纯粹的茶楼茶室越来越少，但喝茶的地方却越来越多，因为酒楼，特别是粤餐馆，纷纷捡起老本行，兼营茶点或辟出专门的茶室，南京路的新新雅、冠生园都负有盛名，虹口一带相对守旧的陶陶、冠珍等粤菜馆也卖起茶来。这也可以说是上海广东茶楼的优良传统。上海茶楼向来是广东人的天下，如《上海竹枝词》云："茶寮高敞粤人开，士女联翩结伴来。糖果点心滋味美，笑谈终日满楼台。""专供顾客息游踪，茶馆精良算广东。既使相如疗渴症，点心又可把饥充。"而上海的广东茶楼又向来如徐珂所说是"茶饭双叙"。《淞南梦影录》说："广东茶馆，向开虹口，丙子春（1876年），棋盘街北新开同芳茶居，楼虽不宽，饰以金碧，器皿咸备，兼卖茶食糖果，清晨鱼生粥，晌午蒸熟粉面！各色佳点，人夜莲子羹！杏仁酪，视他处别具风味。"因着这个传统，上海的广东饮食业，是茶做好了做菜，菜做好了还可以做茶，如此循环腾挪，生意源源不断，敢情是好。

所以，《上海生活》1938年第1期易人的《茶室》说，"八·一三"后新式的茶室雨后春笋般地在租界开张出来，主要还是粤人开：里面"有着广式的细点，清洁而可口，讲布置方面，亦说是现代化，内里雇着妙龄女招待，风味与茶馆迥不相像"。当然不像茶馆啦！一方面它们是广东人所开，另一方面它们多是酒家所开，像其中比较出名的是附设在大东旅馆酒楼里的大东茶室、附设在大新公司五楼的大新茶室以及附设在南京路冠生园饮食部的冠生园茶座，以及大三元、孤岛、大华等不下数十家。

百余年来，广东的茶楼酒肆，就这样以食为乐，共舞蹁跹，开创了岭南饮食的时代传奇，同时也应该像内地茶馆一样，引起史家的注意，开创微观史学的另类新篇。

“女博士”原来是茶娘

在中国两千多年的传统中，凡与知识文化有关的，莫不是毁誉参半。“博士”头衔，最能说明这一点。最初设立博士之职“以备顾问”的，竟是“焚书坑儒”的秦始皇，而拿博士帽当尿兜以示羞辱的，却是大汉高祖刘邦。当年我们将西洋的DOCTOR译作咱们的“博士”，或许已经有了这历史的双重意涵：今天我们一方面官员也要混顶博士帽，另一方面却又视博士为贱夫走卒——俗语说：“博士狗，满地走。”

在饮食文化史上，也有这种滑稽事儿。最有名者，当属唐代茶圣陆羽。陆羽一方面被唐德宗面奉为“茶博士”，另一方面又因富室豪客以“博士”相羞辱，乃至愤而作《毁茶论》。从此世风日替，到了民国，这茶博士的头衔却已无关乎品茶，而是戴到了茶楼企堂倒水抹桌收银的伙计身上。而细想之下，戴在伙计头上，也有许多正面的含义。比如说，我们今天在川菜馆里还可见到的伙计提着一只长嘴的壶，远远地往你面前的盖碗里倒将过来，初初多数还怕滚水烫着自己——这确实显示出了本事。可民国时期，咱们广东茶楼里伙计提的可是厚重的铜壶，装满水得八九斤，那更有本事。再者，在很长一段时间里，茶楼消费是按银本位计算的，伙计报出的数是几分几厘银子（最初的广东茶楼称“二厘馆”，即一次消费只须二厘银子，因而得名），而顾客付的是几元几角，这个折算过程，也需要本事。因此，称茶楼企堂为茶博士，实可视为一种正面的比喻。

可是，当“女博士”登场以后，情形就大为不同了。上海开埠，特别是划定租界后，租界内的一些鸦片烟馆，自然可以不顾咱们的传统习俗，雇佣一些女子当堂倌以为招徕，其实不少本就是烟花女子的转行。后来，这些烟馆为了生意的需要，兼营起茶饮的生意来，顾客面扩大了。其中不少顾客，就是冲着这些茶娘去的，一方面可以饮茶，另一方面兼餐秀色，有时还可以真来一手。当此之际，也有些好色之徒，便将原来伙计的茶博

酒堂倌和茶博士。

士的头衔，移到这茶娘头上，恭之为“女博士”。而这“女博士”的头衔，终于触动了官家的神经，引发了华洋与官商的正面冲突，并于1892年后爆发。因为无关洋人大局，自然官家得了胜，这风气也就压了一压。

时光到新的20世纪20年代，广州不愧为改革开放的前沿地带，据1925年5月13日广州《民国日报》刊登的阿翔的《廿年来广州茶楼进化小史》介绍，有一家名字叫做“文雅丽”的茶室，竟然在租界之外，公然地使用起“女博士”来，并取得了很好的商业效果，从而引发同行纷纷效仿，官家因此大为慌恼，却也奈何不得！为何？那是咱们的广州“女博士”，可不同于上海的“女博士”。

“女博士”的不同际遇

广州茶楼雇佣“女博士”，虽晚于上海，然而在租界之外，却是最早的；据阿翔《廿年来广州茶楼进化小史》记述，当在1920年代以前：“民国九年，各茶楼多用女招待。”这要比香港和上海早上十几年。香港是在1925年6月省港大罢工爆发的情况下，茶楼酒家工人离港返穗，至1926年10月事件平息，一时招不到人，才学着广州茶楼招“女博士”；较之北京，就更不用说了。说广州“女博士”的风光，就像十几年后香港出现的“女博士”，被认为是香港女性走入社会的先驱一样，广州的“女博士”不仅成为各茶楼的招徕，关键还得到了女性或曰女权团体的认可。当时就有一名叫大娣的商人，借助五四运动后初兴的女子实业运动，以女权平等为旗号，在“永汉路附近高第街对面首创一家平权女子茶室，继又在十八甫开设一家平等女子茶室，由麦雪姬主持工作”，从业者全部为女性。

然而，就如当年广东保守士人曾要行檄捉拿南游的胡适博士一样，广东在社会文化上确实并存着保守与开放的两极。大娣的茶室甫开，旋即因有伤风化被迫停业。其实，当时的这种茶楼风化，就如同今日的发廊风化，固有许多发廊藏污纳垢，暗地里有色相的买卖，有的甚至就是变相的淫窟，但总不能禁绝发廊有女服务员吧。所以，当时就有律师出面抗争。而1922年当局对一瓯茶室雇佣“女博士”的罚款处罚，竟引发了女界联合会的集体抗议，领衔者包括廖仲恺的夫人何香凝以及炙手可热的汪精卫夫人等。有这种人物出面，“女博士”们不可谓不风光的。此后，在广州，这种“女博士”或者更广泛一点说女招待的存废之争，虽也几起几落，但大的趋势总是越来越开放，也越来越规范。

反之，上海的“女博士”及女招待，或者由于“根不红，苗不正”，自始至终，颇予人口实，未曾好好地抬起过头。刚开始时，就有《上海竹枝词》嘲讽道：“是谁作俑紊风规，博士头衔到女儿。新式茶堂阵百

民国时期广州永汉路（今北京路）街景。

戏，令人迷惘夜归迟。”后来稍微开放一点了，茶座女侍不再称为“女博士”，却仍被置换称为“玻璃杯”，还是把她们当花瓶使。而真正的“男博士”也有了新的称谓——“热手巾”，退居幕后给“玻璃杯”茶娘们绞热手巾，由茶娘送去给顾客。有问题的是，上海的时尚，竟然乐意于此，并因此产生了许多“玻璃杯”爱情故事，而当时的文学刊物或者报纸副刊，也还跟着推波助澜。

在这种风气之下，上海的“女博士”们如何抬得起头？《上海妇女》1938年第2期《战后上海女招待的生活》对当时“女博士”的境遇作了广泛描述，作者沈敩还曾特地到永安百货上的天韵茶楼采访，得出的结论是，当时做“女博士”“得与当卖淫妇，所差的只是程度而已，实在不相距多少”；那咖啡馆里的“咖啡博士”得名“夜玫瑰”，也就真如同流行歌曲所唱的一般了。这种地位，岂能与咱们广州相比？而永安百货，雄冠上海滩，老板还是咱广东人呢！

“食在广州”避讳考

晚清民国以后，广东人每每以保存中原文化遗存自诩，至今依然，如稍早前有作者放言广州话就是唐代的普通话，不一而足，实为大放厥词，不过以之相证岭南文化开放与保守并存之保守一端，则甚惬当。保守，也可美其名曰传统；传统，又往往脱不开迷信——“食在广州”之中的种种避讳传统，实可作如是观。

二十多年前初来广州时，听住家主人哄劝小孩：“把茶喝了吧！”颇为疑惑。原来此茶非彼茶，此茶乃中药也。广州人讳言药；吃药，不就病了吧，意头不好。现今满大街的凉茶，其实也是熬制的中草药来着。也因此之故，广州人不像北方人那样把喝茶说成吃茶，那等于是吃药，不吉利的——他们只称饮茶。这一节，《歌谣》1937年第11期刘万草《广州的禁忌语》有过说明。

广州好吃猪肉以外的各种杂碎，但又颇忌讳。如猪舌，称猪脷，因为舌、蚀同音，对于重商的广东人来说，甚不吉利，便用一个音意相反的词；猪脾脏状似横放的猪舌，便顺势称为猪横脷，这是外人所难以了解的。再如猪肝，肝、干同音，干在过去有穷光蛋的意思，便改称猪润，也是反着用。而猪血，血予人以“血光之灾”的联想，不好，便改称猪红，真有点夸张。另据刘万草《广州的禁忌语》说，广州人好赌，而赌场上输赢是常事，不能一输就“干”（光），所以涉及菜肴的肝，一律改称润，猪肝称猪润、鸡肝称鸡润，连豆腐干都叫做豆润。广东人甚至将瓜果蔬菜中最常用的“瓜”字也列为避讳，因为广东市井语常常把“瓜”字当作“死”字用，所以有些姓黄的人，讳言黄瓜，改称青瓜。至于丝瓜之称胜瓜，“则因赌徒讳言输字，而在顺德一带，丝与输字绝对同音，输字而下连一个瓜字，其不吉利，可谓甚矣”（《新都周刊》1943年第26期张亦庵《吃的文化·瓜（下）》），所以他们把丝瓜称作“胜瓜”；虽然“瓜”

字避无可避，总是聊可安慰了。

广东人的饮食避讳中，最好玩的，当属苦瓜了。苦瓜之苦，本不必避的，一代画坛宗师石涛，不就自号苦瓜和尚吗？《周礼》注也说：“夏多苦者，南方火，苦味，属夏，夏时调和食。”在南方的夏季，吃点苦瓜，是最好不过的了。而且将苦瓜与他物杂煮，他物不苦，故屈大均认为苦瓜“自苦而不以苦人，有君子之德焉”，堪称君子菜。以苦瓜入肴馔，应用十分广泛，如苦瓜炒牛肉、苦瓜炒鸡、苦瓜炒蛋、苦瓜炒肉，几乎无施不可；而苦瓜焖鱼，内地少见，民国时期还用苦瓜焖高档的鲥鱼呢，更好吃。但是，大概是岭南生产力后发，以前生活太苦，苦瓜没有这么多肉来炒，单吃苦瓜的确很苦（如果油少更苦），生活清苦的岭南人触物生情，有所不忍，便改“苦”为“凉”，与炎方酷热相对，感到舒爽许多吧！这一传统深入人心，以至于连我们这些外江佬，日子长了，入乡随俗，也称苦瓜为凉瓜，甚至在乡人面前，亦不复称之为苦瓜了。

而在民国有一段时期，报章讨伐广东人吃狗肉，一个理由是狗吃屎的，脏得不行，因此有一阵广东人便讳言狗肉，而只称香肉。虽然香肉、狗肉粤人一向并称，至今依然，但在特定语境下，狗肉听起来，确实有点让人不舒服，避一避也好。

广州情调

□罠庵

广州人是最求新的，也是最保守的；广州人是最热情的，也是最冷漠的；广州人是最冒险的，也是最胆小的；广州人是最阔气的，也是最省俭的；广州人是最合群的，也是最浪漫的；广州人是最好斗的，也是最怕事的。这些都是矛盾面，也是富于情趣的广州社会的内幕。

粤菜的驰名，举世都知，不待赘述。但是广州是粤菜的大本营，哪可不说！这里且粗粗地分析一下：

一、广州全市的饮食店总计约在一万二千家以上——沿街的摊档尚不在内——直接间接靠饮食为生者总在三四十万人以上。

二、吃的种类多得惊人，而专业经营也可获利，如大酒楼、茶楼、面食店、甜品店、粥店、油炸食品店、西餐店等不可胜数。

三、专门以一种食品为号召以弋巨利的，以河南成珠大茶楼的小凤饼、联春馆的三蛇宴、洞天的双英鸡、馨记的市师鸡、南园的文昌鸡、佳栈的烧鹅、大三元的裙翅、西园的“罗汉斋”、泮溪的油煎饼、陈意斋的雀肉酥等都是别有风味的食品。

四、吃茶的风气在广州也是世人视为最奢侈的事，而茶居、茶楼的争奇斗胜，布置妍丽也是不可掩的事实。它们的分布也是分三大地区：

甲、惠爱路财厅前一带以哥伦布、国泰、红棉、涎香、半瓯、金汉、惠如、中央、新园、聚丰园、永乐、南如、云来、福来居为著名。大半是做公务员的生意。因这一带政府机关多，谋职的、巴结的以及鬼祟的人都以茶楼为唯一说话场所。

乙、西关上下九路文昌路至宝华路一带以陶陶居、银龙、孔雀、莲香、洞天、广州、成珠等为翘楚，因这一带是商业最繁盛的区域，商人的一切活动都集中在这些茶馆里。

丙、沿堤岸的哲生路一带如大三元、七妙斋、大同、一景、金龙、金轮、总统、金城以至太平南路之新亚、新华、钻石、六羽居、沙面之胜利等。这一带因大旅馆林立，为旅人的集中地。高级旅客是挥金如土的，所以它们的生意经也不坏。

它们除掉布置精美之外，还有各擅胜场的手本好戏，如胜利和中央兼营舞厅的，银龙是以地方曲折取胜，陶陶居以书画雅致见长，钻石以女侍作引诱，惠如以女伶清唱著名，云来阁以古玉书画买卖，大三元以唱雀，永元以斗雀等等不一而足。大致说来，它们不仅是吃茶，而且午饭、晚饭、宵夜俱备，且有每日标榜的服务二十四小时者。猗欤盛哉！

茶楼除了考究好茶之外，还要有好点心，大茶楼每每巧立名目，一天之内上市的有达百种之多。这和吃讲茶的茶馆，摆龙门阵的茶店真有天壤之别了。

广州人之所以喜欢上茶楼，不外二三种理由。一是有茶瘾的，他们习以为常，每早必上茶楼，好茶一盅，点心两件，看完当天报纸一二种，便去工作，所费极有限。这包括公务员、商人、寓公、老太爷甚至劳苦工人。二是交际应酬的，他们约了三数朋友联络聚谈，所费亦仅三五元，以视盛筵高会动辄千百金者省上许多。三是生意经，买卖"斟盘"，看货式样，甚至签订合同，集资营业也都在茶楼里。有很多行业的老板、掮客甚至经常某座某一时候在某一茶楼候教的。其下焉者如特色美妾、聚赌窝娼、盗窃分赃、走私谈判，各种罪恶也以茶楼为营谋之所。

广州的吃风真是一言难尽，数百年下来的奢侈的吃风，有人说来源有二：顺德县以丝业钱庄业出名，富有很多，子孙习于纨绔，天天只考究饮食享用，花样翻新。所谓"凤城（即大良，为顺德县治）食品"为广州人所艳称。二是广州的下西关也是富人的群巢之所，故西关吃风也特别兴盛，名厨师辈出。到如今各酒楼茶楼的大幅广告，都给他们封上了"大王"、"专家"的称号了。

广州考究的食品多着啦，韵事也不少。如从前十八甫山泉居的"粉果"（饺子的一种，以粘米粉作皮，使其透明，里面的馅子红绿相间，精美异常）是顺德美女佣阿八姐的作品。西关的九记馄饨担子非夜午不出来，在住宅区的街道穿插，转眼卖光了。三圣社池记面，也是在桥头摆上担子，晚上九时才上市，可是达官富人、名优贵妇都把汽车停在路边，站在担子旁一尝它的“银丝面”。（粤人喜吃脆的硬的食品，打面时多加鸡蛋，切面时切得极细，味腴而面滑。）类此的事很多。

（选自《旅行杂志》1948年第10期，有删节）

链接1：《旅行杂志》1951年第9期方逖生《生气勃勃的广州》：“食在广州，普通每日两餐饭，三上茶楼，另外还有宵夜。茶楼有早、午、晚三市。酒家饭馆、山珍海错，任从所欲。鱼翅、燕窝、鱼肚、鲍鱼、海参、响螺、明虾、膏蟹、乳鸽、鹌鹑、禾花雀，均不足为奇，过去小饭馆常备细碗翅。此外为别地所少有的，如三蛇、果狸、猫、狗等食谱。三蛇烩蛇羹、蛇胆冲酒饮、蛇猫同烹，称为龙虎会。狗肉别名香肉，嗜者很多。秋风起后，三蛇上市，入冬，香肉合时。还有‘一鼠当三鸡’之谚，外省人听了不免咋舌。海狗鱼据说滋阴补肾，身体差的人用来作补。规模较大的餐馆中，镀银杯碟满桌瑯琅，配以牙筷，真够阔气。解放后，饮食店作风不同了，经济是尾部了，像往日那样的排场少了，向以大碗翅著名的也讲求经济了。友人告诉我，他同了一位亲戚到一家大酒家便饭，二三味菜，够丰富的，连白饭仅八千余元。菜经名厨烹调，滋味大佳，所费却不多，过去奢侈浪费的作风一一在改变了。”

链接2：《旅行杂志》1946年第5期麦桂芳《广州的暮春》：“‘食在广州’，这在过去是谁都承认的。广州市可说是十步一酒楼，五步一茶室；过去有名的四大酒家，里面布置得非常华丽，一切用具极精良雅洁；每家均同时可容二三千人，规模之大，实为他处所未见，但同时有最平民化的小吃馆、小茶楼，以最低廉的代价，供给一般小市民劳动大众享受。且每日由清早、中午至深夜，均有各家茶楼分门别类，各做各的生意。食品各色各样，且名目繁多，并特别雅致，外来人士有时竟至觉得莫名其妙。广州以气候温和，衣的方面，尽可简单朴素，不成什么问题；大家都注意到食的方面，各阶级都各有办法，一只鸡或是一条鱼，均分几部分出卖，适应各人的需要。广州市民对食的讲究，全国中可算第一！”

食在广州乎？食在广州也！

□张亦庵

某杂志里有某先生的一篇短文，谈及“食在广州”的问题，说广东菜不但烹调得法，而且色香味三者俱全。他指出了广东菜的优点和缺点，论优点，可以占全世界第一位，缺点是少变化。此外又列举了许多地方的菜色而为上海所能吃到的。结论是：“与其说食在广州，毋宁说食在上海。”因此知道这位先生也是老饕中人，否则安得如此精详细到？

在食论食，鄙人以为该文所论，尚颇有一点值得商量之处。“食在广州”这句话里所指的食，窃以为不一定专指菜肴而言，应该连一切可食之品都包括在内，菜肴仅居食道之一而已。

食之品，可大别为二：一为天然的，一为人工的。而菜肴只是人工食品中之一品，未足以概括所有食品。人工的食品，除了菜肴之外，尚有点心、糕饼、蜜饯、糖果，以及其他杂食之类。

啊！说到了这些，不由我不想起广州燕塘外沙河那里的沙河粉，荔枝湾的艇仔粥（上海滩虽亦有以艇仔粥之名出卖，但迥非此物），九龙城的馄饨面（港九阔人往往乘好几块钱的汽车去吃一碗馄饨的），广州各大茶居特约“三姑”手制的薄皮粉果，河南成珠的小凤饼，佛山的公盲（按：当为盲公）饼（断非所谓高桥松饼之流所能望其项背），沙湾的炖奶露，又如广州所制萝卜糕、芋头糕（上海所制者尚可差强人意），济隆万隆所制干湿蜜饯糖果（这两家所制的糖姜，远销欧美，现在上海有粤人所设之新万隆者，不制糖姜，而专销广东方法制造的广东乳腐），广茂香之咸脆花生，十七铺一带的蜜饯番薯干、草果（即是陈皮梅的远祖前身）、麦芽糖。这些东西，绝非他处所有，有亦远不能及。这些食品，大都不以色取悦于人，而香味之美，则无以复加。

至于天然出产之食品，在果品中则荔枝固已名闻世界，上海滩虽亦有广东运来的荔枝买得到，然而品斯下矣。不知荔枝之中，品类亦甚繁，最佳者为糯米滋，肉厚，汁富，而核小得像绿豆粒红豆粒；桂味亦佳品，次为黑叶，为槐枝，为大肉荷包。上海所能购得者，多是低级趣味的大肉荷包之类，盖佳品产量不多，未能供应运出外埠。至于增城挂绿，则为无上上品，不惟笔者未经寓目，即老于广州者亦未必人人能吃过。据闻增城仅有二树为此种。皮壳鲜红，而络以绿丝一线，其色其香其味，迥异凡品。帝制时代，每年结实，由地方官择其尤者若干枚，专驿入贡。可怜当时尚没有飞机，所以皇帝得尝此果，已在"一日色变、二日香变、三日味变"之后了。此外如石硖之龙眼（即桂圆），白糖甜黄皮，花埭之杨桃、番石榴等，皆极可口，至于上海人所熟悉的香蕉甘蔗，在广州只当作最寻常的贱品；莲藕荸荠之类，则只合拿来放在小菜中充当起码的配角，绝对不能当作水果而登大雅之堂。

广州菜的肴之腴美，蒸制得法，固其一因，而得天之厚，也是一个重要的条件。同是一只鸡，除了烹调方法不算，其天然的肉味，广东所产的鸡总比别处的好。上海的浦东鸡已算有点资格，然而比之信丰鸡依然望尘莫及。鸡如是，猪亦如是，甚至田鸡也莫不如是。如此看来，可见得不只关乎烹制，而饲养方法也大有关系到了。菜蔬中的白花芥，爽脆清嫩，也是绝品。这又关乎土壤气候与乎培植之得宜了。

在上海吃广州的食品，似乎尚有点隔靴搔痒，未曾到过广州者，真不容易体会得到食在广州一个"在"字的奥蕴。

以天产而论，固然各地都各有其名产，如洞庭山之白沙枇杷，奉化的玉露水蜜桃，天津的良乡栗，天津烟台的苹果、葡萄、对虾，浙东一带的蚶子，洋（按：阳）澄湖的毛蟹，这些东西，断非广州所能有，即如雪里蕻一样，到了广州也成为席上珍品，醉蟹一只，在广州约略等于一鸡。以烹调的方法而言，各地也各有其特殊出色的技巧，如炒鳝糊一味，如糟鸡，如酱肉，则断非广州厨役所能办得好。不过以天时地利人和（鼎鼐调和之和）三者合并而论之，则确实不能不让广州为独步。

话得说回来，目下我们正在忙着轧油轧糖之暇，户口米尚不足以充饥，正应该共苦尚未到同甘的时候，说了这一番谈饮食的废话，未免有点身在十字街头，遥想象牙之塔之感。画饼望梅，徒然令人气沮。因为读了某先生的几句话，使我觉得如鲠在喉，吐之为快耳，不敢作美食主义之提倡也。

（选自《新都周刊》1943年第2期）

链接1：《旅行杂志》1945年第8卷第9号赵哲士《〈华南旅行记〉（陈存仁著，载第8卷第6期）书后》：“沙河之‘沙河粉’，其爽滑确非他处所能及，盖沙河之水，其源来自白云山，涧底沙质，水为沙滤，清洁而甜，用以制粉，所以爽滑无比。若以他处之粉比较，优劣昭然，但非老于此道者不能判也。”

链接2：《贡献》1928年第3期招勉之《广州的抽喝吃》：“（在广州）凡不以滋味为重的食品，自遭‘除掉’，而不会弄有味道东西的厨子，也在‘天择’之列了。要创造或保存着本号食品的声誉，第一要请厨师，第二要请名副其实的易牙再世似的好厨师。一个好厨师在广州的月薪约可得二三百元，另外还可以兼差。他的工作不用动手，不过尝尝味儿，教教方法，使中厨师小厨师们有所尊循，以资鉴定而免出丑罢了。他的生活，较之时下会掉枪花的博士教授们冠冕堂皇得多呢，也许厨师的生存竞争既以滋味为马首是瞻，点心和食品的一切艺术上的创作就天花乱坠般地层出不穷了。‘食在广州’的口头禅由是毕竟名不虚传了。”

记荔枝湾

□浩波

以果物作地名的荔枝湾，是多么馨香的一个好名儿呀！单只为了荔枝，东坡居士就有“日啖荔枝三百颗，不辞长作岭南人”的歌咏；而太真妃子，则更不异特派专使，远远地从唐朝都城飞骑沿驿奔驰递取。读者闭目遐想，假使有一个所在，夹岸嘉树成阴，高可数丈，那全是常绿乔木，在羽状复叶的丛中，点缀着朵朵青色的繁花，或累累的朱红的果实，倒映到一湾流水里，丛丛密密，真假交错，而人们则沐着通体的清风，扁舟一叶，容与中流，那是怎样的一种境界？而且兴之所至，还可以舍舟登陆，可以任意择一树的佳果，且赏着碧如漱玉的树叶，赤似流丹的果皮，口啖着白如羊脂的肉，咽着甘芳多汁，视觉、嗅觉、味觉都得到到稀有的满足，量尽而去，所费代价，只不过戋戋二角。其实或即不然，小舟随波徜徉，游人在舟中任意坐卧，看看两岸雄伟的树丛，映在水里，也已大有满地都是荔枝，令人有俯拾即得、齿颊生芳之慨。就只这一些简单的轮廓，还不值得它久负盛名？而身历其境的，岂不真有人间天上之感！

因此荔枝湾上，总是艇仔如织，而每一艇上，又莫不嵌满了游人，像小鱼般一队队地游来浮去。什么东西吸引住他（她）们？

远远地传来一声声女嗓的半高音：“要鱼生粥吪？”“好靓嘅鱼生粥！”也够钓起你的馋涎欲滴。稍稍靠近了，那净洁而黄色闪闪的木板上，摆着一盘盘的鲜明鱼片，淡咖啡色的吊带鱿鱼，和翠绿惹人的香菜……在柔弱的炊烟上，从粥煲里盛起一碗碗香喷喷的“艇仔粥”，也足供游人大快朵颐。——那就是远播盛名于沪上的一种。而其实，吃过广州艇仔粥的人们，见到上海所出售的，很有似是而实非之感呢。如果不是路途不便，能到广州去尝一下异味，也许不见得算辜负了一生的罢。

广州的水果颇不少，我最爱拿荔枝剥肉浸在“双蒸酒”里两三小时，然后像吃“杨梅烧”的法子去吃它，使酒香与果香合而为一，那真是美妙无比。还有一个吃香蕉的法子，我也是爱拿九分熟的，剥肉泡在滚粥汤里，香甜而微带酸味，比吃山楂糕胜过多多了。在荔枝湾，口渴了的时候，应时的水果艇，也会川流不息地浮来浮去，花并不高的代价，就可以满足了你的胃口，还有比这更自然自如的游玩吗？可爱的荔枝湾呀，几时我再能够从怀想走到实境？也许实境还不如这怀想的富有诗意，那么，我还是不如结束了这一片缅怀的心情。

（选自《万象》1943年第2期，有删节）

链接1：《女神》1935年第5期芙洲《广州的荔湾风月》："假如你在南中国的广州，到了夏始春余的天气，总不会忘记那红荔湾头的神秘地方。这里湾泊着南国著名的紫洞菜艇，预备着游人坐花醉月，那流动式卖着汽水雪糕、生果，租赁唱机的小艇，整天不歇往来。尤其是遐迩闻名的艇仔鱼生粥，游人几乎是没有不光顾的，每碗不过小洋一角，价廉味鲜，别处仿制，售价一元尚不及这里的精美，所以泛舟的男女们，纷纷舣舟在粥艇旁边，捧碗大啜，觉得别有风味。"

链接2：《十日谈》1934年第36期何须《夏天的广州》："到荔枝湾去游玩的时候，大都是在晚上。到荔枝湾去游玩的人，大都是觉得夜里热闷的少爷小姐，尤其是以西关的少爷小姐为多。因为荔枝湾毗邻西关的原故，同时西关的少爷小姐还是满肚子封建气，游泳在他们认为是太放荡的。"

链接3：《伉俪》月刊1947年第3期何仲勔《羊城杂写》："到了广州，荔枝湾不可不游，当游艇把你摇出了湾时，你就可看到远山近水，碧树广田而感到心旷神怡了。两岸矮小苍翠的荔枝树，告诉你这是名副其实的荔枝湾。在荔枝湾坐艇摇荡三四小时，欣赏自然的风光，比泛舟杭州西湖还来得幽雅美丽。"

链接4：《永安月刊》1943年第51期袁松年《闲话荔枝》："荔枝湾为广州避暑最胜处，两岸红荔垂杨，一湾绿水，有时舶舟于红荔碧阴之下，不复知有人间炎暑矣。湾内多小舟画舫，每当夕阳西下，少年男女，杂踏其间，有鬓影衣香，笙歌彻夜，荔湾鱼生粥小艇，往来如织，今者海上粤菜馆每多仿其制法，以艇仔粥为标榜，亦足以慰旅沪粤人莼鲈之思也。"

广东的茶馆

□英弟

一

吃喝都是广东人的特长，而尤以喝茶一项，除了广东人就没有人懂得其中可贵的地方。在广东，无论城市乡镇墟集，都至少有一间或一间以上卖茶的铺子。大概说来，每五百人口就需要一间茶馆，假如某地方的人口四千，那就非得有四间的铺子不够供应。

以广州而论，卖茶的铺子大小就有三百多家，在广州商场上占一重要的位置，每年营业额跟米行不相伯仲。最近闹的一次劳资纠纷，把内容完全揭出来，原来区区一间茶馆，其组织却比百货公司还要复杂，工作人员的分类和所订的服务规则，完全适合“学管理法”。其次资本输出方面有“公会”，工人方面有“工会”，都组织很严密的。

开茶铺很不容易。先就资本论，开手就非四五十万元不办。因为多数是一个“托拉斯”，下面拥有几间大楼和好些小茶馆以及几间材料供给处。他们把馆子分配几处繁盛地带，组成一个这样的经营，就广州而言，例如“东如”、“西如”、“南如”、“惠如”等属一公司，“巧心”、“泉心”、“品心”等属另一公司。其余像“云来阁”、“占元阁”、“元香阁”等“三阁”，或是“中山”、“龙山”、“金山”、“香山”等“四山”，各属一家公司。也有把几十万资本通放在一间馆子的，例如“吉祥”和“涎香”是也。

另外做生意的手腕、工人的管理、内部之改良等，非混得烂熟，这种生意是不好尝的。

二

分析来说，广东的茶馆可分三等。

一种是下级的，叫“二厘馆”。“二厘馆”的命名由来已久，因这些地方卖的东西，一律每件二厘银子（就以前说，目下当然不止此数），是专门供给那些贩夫走卒吃喝的地方。铺子是平房，里面摆满了桌子椅子，陈设零乱，地方污浊，装潢更不必提。“二厘馆”最大的特点，就是把厨房设在门口，以为招徕工具。经过这种铺子，门口总是乌烟瘴气，一股儿的油臭味，里面是模糊的人影骚动和凌乱嘈杂的人声而已。招牌是小小的一块，多是黑底金字或黑底红字，随便挂在一个当中的地方，不是给煤烟弄坏了，就是挂的太高，很难使人看得清楚。好在到这里来的人都是一定的，附近的工人，或是每日必经的顾客，他们不必费心找，这种店卖的东西特别便宜，多以色饺、烧卖、粉面及油器为主，只论多、大，精粗美恶，一概不管。可是味儿却不能差，广东人就有这一种本领，顶能辨别食物的味道儿。

另一种是高等的，名叫“茶楼”。因为是楼，所以房子最少得有两层，而三层、四层是很多的，“茶楼”讲究的是门面装饰，单这一项，每就花上好几千银子，装璜以耀目为主，花饰多为龙、凤、山水人物等，颜色用“朱红”、“金黄”、“翠绿”几种。其次是注意家私。家私的材料必须广东特产的“酸枝”木，据说这种木是冬暖夏凉的，而且地方要通爽、光亮，比较整洁。一进门，迎头就是一块顶大的招牌，由名书家题上“××楼”三个大字，两边挂红，好不惹眼。进门是一间大堂，顶大顶大的，左边柜台，右边一把大扶梯，足够四个人并肩齐走。普通楼下不卖座，二楼茶价最低，三楼较高，四楼更高，一句话，楼愈高则茶价愈贵。而每层楼又有前座后座之别，大抵前座近马路，可以看人来人往，后座少了一面窗，所以价钱也便宜，但卖的点心食物，却是一律价钱，不分彼此，食品最低二分四厘起码，以至一元几角不等，普通多是半毛小洋。来喝茶的九流三教，不比“二厘馆”靠贩夫走卒。

第三种是新兴的，叫“茶室”，因为是“室”，所以里面多是一间一间的小房子，通常设在二楼，没有铺面。招牌挂在扶梯顶上，名字儿顶那个，什么“兰苑”、“陆园”、“亦山”、“桃苑”、“白金龙”、“五月花”，一时也说不了。招牌不大，但讲究，不是玻璃的便是白铜的，也有用树皮，用士敏土的，也有装上霓虹管的。茶价贵得可以，起码八分，外加香巾费、酱醋费、瓜子儿，总共至少每人先花上一角五分左右，小账另计。卖的东西比茶楼还要精细，每星期更换一次，叫“星期美点”，价钱一角小洋起码。房间里面的家私，名贵得很，地方更加清洁，招呼格外留心。有一家顶阔的，一间房子里面的家私，就值六百多，沙发椅，铜台灯，江西茶具，象牙筷子，冬天电暖炉子，夏天电风扇子，叫人用电铃，吸烟用电自由火，一切一切都舒服极了，不过就是价钱贵一点儿。可是这并不相干，光顾的尽是政客、阔佬、公子小姐；普通的人，除了有特别用意外，不敢光顾。

前面所说的三种茶馆，却不同属于一个“同业公会”的。“二厘馆”和“茶楼”，属“茶居公会”，“茶室”属于“酒楼茶室同业公会”，不相合作。

前者的工人有“工会”，后者没有。听说近来后者很能赚钱，所以“茶室”目下是愈来愈多了。

三

上茶馆的时间是每日早午晚三趟。但各铺子开门做买卖的时间却不一定。有在午前四点开市，是一些专做工人和小贩生意的。也有下午十二点才开市，却一直到晚上十二点的。普通是早上六点至十点算早市，下午十二点至四点算午市，晚上七点至十一点算夜市。

茶楼的规矩跟茶室很不同。

点心之类的东西，茶楼是派伴当轮流拿到客人面前任择的，卖点心的边行边喊，所以茶楼很嘈什，要是想吃饺子，只好等叫“饺子”的上来才有处买，急不来的。茶室则不然，预先把点心名字价钱印好，客人想吃什么随时告诉跑堂即随时送来，非常便利。

喝茶的时候，规矩不少，茶楼顶讲究这个，不能犯上。比如，把一盅茶喝完了，在茶楼，只须盖子揭去，跑堂的经过看到了，自然给你加上开水，然后再由自己把盖子盖回，可不能乱喊“伙计，开水！”的。这个上茶楼的都晓得，从没有人出花样。假如真有乡老犯了这毛病，任你如何喊他，跑堂的总不会给你加上开水，这是最紧要的一点。反过来，“茶室”的跑堂到相当的时候自然会进房子加开水，用不着费心，就是喊他，他也乐意。少麻烦。

时候到了一定要离开茶楼，规矩是把他自己的东西检齐，就可以走向柜上，准备结数，不必招呼伙计，他自然会赶着给你计好。常常你不会走到柜上，数目已经算好喊出去，这时你会佩服他们加法的本领。可是喊出去的数目，并不以通用银元为单位，而是以净银计，小洋一角值银七分二厘。这个数目很难算，比方喊“钱八分”，那就得是二毛半小洋。不会算，没关系，当掌柜的除法也很可以，不假思索地就告诉你那是几角几个铜板，万不会错。同时因为台子没有号数，有时几张台子的人客同时离开，怎办呢？伙计便把客人做标识，什么“三个人开来……”“大细人开来（父子俩通用）……”等等。爱掉巧儿，就把“礼拜”代表“七”的数目，把“揸住”代表“五”的数目。因此，在茶楼喝茶，常常听到一些什么“大细人开来，一钱礼拜揸住”等不明不白的话了。

再说，茶室就不兴这些个，一点也没有。账单上开的清清楚楚，后面写的是几元几角几分，由跑堂的用银盘送上，代你找账。不过，小引见也得照例抽多少。

二者比较，茶室较茶楼舒服、明白、少麻烦、清楚，可是不便宜。我爱上茶楼，因为真正喝茶的艺术，广东茶馆的特有风味，在茶室就无从领略。现代化的茶室，毫毛没有值得赞赏的地方。

四

每一茶馆，都有它特殊的顾客。贩夫走卒，买卖经纪，大官儿、小官儿，玩雀鸟的，赛象棋的，当教员的，却各有日常聚集的一定铺子。其余太太小姐、娼妓歌伶，也多拣一两间顶贵族化的茶室消遣。也有专门给人家介绍侍妾见面的馆子，就在不久以前，还给公安局干涉过。

一句话，广东人的日常生活，商场交易，国家大事，以至青年男女的恋爱进行，哪一件不在茶馆内解决。朋友俩分别了，若还有些未了之事待商，往往都是说：“明天××见！”这个××，便是一间茶馆的名字。

到茶馆的人有三种。第一种是专为消闲而来，简直是成了习惯，每日非三次到老地方坐上个把钟头不会舒服；到时毫无聊赖，喝一杯茶，翻翻日报，吃两件点心儿，也就完事；这叫老茶客。

第二种是有为而来，或是跟朋友商量一件事，或是明买明卖，或是串同舞伴，不一。在茶馆内商量事体，少有不成功的。

第三种是专为吃东西而来，以青年学生居多。来时气冲冲，一坐下，来不及喝茶，便找东西吃，卖东西经过，包子一吃十笼，饺子儿起码二十碟，有来必取，乱了一阵子，十分钟内肚饱而去。这比较少见。

广东人朋友碰到了，第一句话是："到哪儿？"接着看手表，如果不太晚，则第二句必是："喝茶去！"于是彼此同意，到了茶馆再说别的。

平日，你别想看得出广东的脾性，可是一到了茶馆，就也奇怪，他们真性便流露出来，什么秘密也会从此泄漏。茶馆也是谣言制造所、秘密广播台，多少政客和投机分子利用这些地方达到目的，得到不少好处。

如果有空，请坐到茶馆里去静看，则世人心事，无不看出。就是漫画家到了这个所在，也只有不知所措。

茶馆是广东的命根，没有它，我担心广东人不知道要怎样！

（选自《人间世》1935年第33期，有删节）

链接：《贡献》1928年第3期招勉之《广州的抽喝吃》："茶盅多有盖，不比茶杯的露天露地，又不比茶壶的嘴巴翘然突兀而旁出，亦不比茶碗的阔口大面。荷包里有时，又舍得多花几个子儿，则漂亮的江西瓷器茶盅下面又加了一个白铜或银的茶盏以垫之。上盖下盏，那么茶盅就亭亭玉立于云石面的酸枝——红木，贵重的红木——桌上了，把茶杯里的白开水灌到茶盅里，随后以手指捏紧茶杯的口边团团地在盅盖里转动几次，动作要妥当而安详，慢是没相干的，这就算是洗法。茶杯洗净，茶也开始叹一口；茶话几句，有女招待的和她们也搭讪搭讪——广州近来已不用女招待了，但在香港还是可以一亲芳泽的——点心随后一批批地送过来，任你选择，质量要精，名目也要新颖，分量少些不妨事，否则不切'点心'二字的实在性，却是'点肚'或'点胃'了。"

粤港澳的饮食

□魏修

俗语说："食在广州。"这话可说具有一百万分的真实性，广东饮食足可称得上一声"价廉物美"。如若不信，则请静听俺把在香港、广州和澳门之地之饮食经历一一道来。

民国廿七年间，在香港，每逢星期日，必往酒家饮茶一番，为新纪元、大同、金龙等处之老主顾。一壶茶资一角钱，点心有五分一碟、一角一碟、一角半一碟等。最贵的是一个鸡批四角钱，而此鸡批长约八寸阔约三寸半，厚则亦有三寸半，统计其内有约一寸立方之嫩鸡七块，大小冬菇合有十只半之多，笋粒、虾仁则不计其数。此"批"足够一人果腹之用。烧乳猪一盆四角钱，猪皮烧得松脆异常，风味极佳。荷叶饭一包，其量足有大饭碗一满碗，内有鸡粒、笋粒、冬菇粒、干贝、虾仁等材料，售价也不过才二角钱。各式点心我尤爱名为"叶仔"者，此点心外是碧绿的叶子，用竹签穿好，里面是糯米粉皮，椰丝或鲜虾鸡肉馅的团子一只，一对装一碟，售价才五个仙而已。饱餐一顿一个人所费亦不过一元半左右。晚餐每喜至湾仔之东方餐室吃咖喱饭，咖喱饭一角半一大盆，肉饭各半，即使食量兼人，亦足够果腹，售价之贱尤其余事，而调味之美者，真有余味绕舌，三日不消之慨。

湾仔有街名"馃食"——意即嘴馋——者，整条街摆满各式各样之食摊，其售价之贱无与伦比，而其调味之佳有甚于大酒家者，惜乎顾客皆为跣足袒胸之流，当时因年轻胆小，故未敢一尝。广州，在陶陶居左近有一酒家，已忘其店名，此酒家唯一之特点就是只售鱼类菜肴，别的肉食一概没有。他们把鱼的各部分烹调出各种不同味儿的佳肴，虽是整桌筵席，也不会有捉襟见肘现象。

文园，是广州之贵族酒家，建筑得非常雅致，房室居群树花丛之中，推窗望去，一片花草亭榭，美景如画。该店菜肴调味之佳，亦可谓首屈一指。且有侍女如云，个个如穿花蝴蝶般往来于筵席之间，增加"雅"兴不浅。不过售价亦较他店为高。

一天，与友人某闲步街头，时已中午，遂步入一小酒家，先两人各来冰淇淋沙打一杯，再各来汽水一瓶，继之开始饮茶。所吃点心之碟，积有十四只之多，再点三只菜一碗汤，二碗虾仁炒饭，饭后再各来西瓜一客。此次两人之食量诚足惊人，但其售价一共才银毫三元六角多，只好（如）吃十分之一只大饼呢！澳门的吃食不及香港与广州之价廉物美，但是喝洋酒倒是最便宜的，红酒，二角一杯，芹酒、白兰地、威斯忌、薄荷酒，每杯各售四角钱，各式鸡尾酒亦不过自六角至八角一杯。故在澳门时每天晚上必至中央饭店楼下酒吧畅饮一番。与今上海洋酒论万一瓶论千一杯之售价，真是不可同日而语了。

（选自《小天地》1945年第5期，原题《饮食篇》）

链接：《旅行杂志》1947年第9期程志政《香港的衣食住行》："香港的'食'，自然以中菜为主，西菜为辅，中菜之中，又以粤菜为骨干。中菜馆比较规模最大的，中环有大同、金城、仁人、建国、中国等酒家，石塘咀（过去的市中心）有金陵、广州等酒家，湾仔有英京、悦兴等酒家。大规模的西餐馆香港大酒店、告罗士大酒店、半岛酒店，这都是英国人开设的。香港的川菜馆有大华、福禄寿两家，顾客都是'外江人'。石塘咀有一家沪菜馆'四时春'，虽然地位湫隘，却能顾客盈庭，因为正在凯旋、高乐两大舞厅邻近，沪籍舞侣，谁不想一尝故乡风味呢！在吃的方面，最值得我们一提的，便是香港'饮茶'的风气，特别厉害。花枝招展的舞女们，最爱在大酒店吃下午茶，而一般游蜂浪蝶，也喜欢到那里去追随芳踪，所以吃下午茶在香港如火如荼，英国看了，真要叹'吾道不孤'了（英国人最喜欢吃下午茶）！"

酒菜馆的命名

□圣迹

近年来新开广东馆子，“新”与“华”这二个字，最走运了。广西路的“新华”是第一家，接着京华、南华、大华、荣华、华华，不一而足。新之中，“新新”最老；新雅、大新、新都、新路，又来了一套“新”。康乐与红棉两字的命名，似乎特出。前者大概出于古典：谢灵运的“独醉康乐”定有关系；红棉据说是广东的一种植物，用之却也另得风趣，好像比“新”字“华”字，别具妙音。

南华、南国、国华这三字命名，相映成趣，局外人定认为是一个老板开的三爿店。

永安的七楼命名七重天，新都的七楼命名七重楼，一字之差，意义大有出入。前者似乎稍具“悲剧气氛”，后者似乎“情意绵绵”。

其实，菜也许是新开的粤菜馆够味道。至于命名，老馆子却也未见得不漂亮，我就独爱“状元楼”三个字。至于鸿运楼、正兴馆、五芳斋之称呼，细细想想，滋味无穷。听说李贤影曾经替人家取一个酒菜馆的名字叫做“唐朝酒楼”，英文译做 DON JOSE，可惜未见开出来。这个名字，倒是旧义新音，叫起来又特别响亮。

还有新半斋、老半斋、一枝香、一枝春等，都比“华”呀“新”呀来得奇突可爱。

有一家在富煦路的小粤菜馆，称为“文缘”，大有“绉绉”之风，可爱得很。

老广东馆“会元楼”，骤闻其名，像是本地馆；“万寿山”，好像又是南京馆。“梅陇镇”三个字，与其命名为酒菜馆，不如用之于咖啡馆。我想学乔太守故技与两家商量，何不妨与“大光明咖啡馆”对调，因为咖啡馆苟顾名思义是“大光明”的，还有什么使人便利处？而反过来在梅陇镇上群贤毕至，纵然才子佳人，也使人有醉翁之意不在酒的批评吧！

（选自《新都周刊》1943年第25期《太白酒后语之二》，有删节）

第二辑

时代新变

所谓“罗马不是一天建成的”，“食在广州”的名声也不是一朝一夕获得的。其间的过程，表面上是粤菜由猎奇到惊艳的转变，其实是粤菜烹制及其文化的变迁。物味求鲜，粤菜最大的特点是鲜，保鲜则宜清淡，这清淡新鲜的传统，粤人并未多假外求，讲究烹调的艺术，而多赖其质地天然的优良。然而，过度依赖天然的品质，未免“文化”不够，常被人目为“茹毛饮血”，在他者的笔下，自然摆脱不了猎奇的阴影。

“食在广州”在太史家与谭家以文化开山以后，烹制在坚持品质的同时，愈益讲究做工，为人津津乐道的太史蛇羹和谭家菜的黄焖鱼翅之外，并不以肉质见长而味道甲于天下的牛肉、不求最贵但求最好的新雅的小炒以及最不起眼而卖得价贵兼金的苦笋，都充分体现了广东菜的做工之妙。至于北味南渐的烤乳猪渐成粤菜的独传之秘，家家备炉的烤鸭也远胜北京，更说明粤菜对于做工的独到追求。

而最能体现粤味随着时代新变与时俱进的当属点心了。广州的点心，原本没有这么丰富多彩、独擅胜场，只是“食在广州”，无论本埠或者上海，均肇兴于茶楼，而广东茶楼重在点心不在茶，市场竞争的需求，产生了最负盛名的“星期美点”——每周点心，天天不同，极至者，一月之间，日日不同，而件件精美，令人叹为观止。

因应时代的变迁与市场的需求，秉承传统，保持品质，而又追求新变，这就是“食在广州”的历史渊源。

不求最贵，但求最好

总体并不算富裕的当下中国似乎存在一股亘古未有的邪气，就是“不求最好，但求最贵”，如若不信可以参看海外汉学第一人杨联升教授的《奢靡论》。不幸的是，近些年来，有些粤菜馆似乎也染上了这种不良习气。不过还好，作为民国味道表征的粤菜的主要传统，毕竟是“不求最贵，但求最好”，所以，那几家反传统的餐馆，尽管后来也想改邪归正，结果还是归于倒闭了。由此，我就跟你说说这主要的传统，以为后来者的榜样或曰镜鉴。

当粤菜赢得“食在广州”的雅号时，时论还是颇着眼于其贵的。除了徐珂在多处言及此点，民国名记郁慕侠有一篇文章就直接以《一席菜值三百元》表达这层意思。文章说：“常言说得好：‘生在苏州，穿在杭州，吃在广州，死在柳州。’因为广东人对于别的问题都满不在乎，惟独对于吃的问题，是非常华贵、非常考究，一席酒菜值到几百块，一碗鱼翅值到二十块以上，在广东人看来很平常稀松的事，以故‘吃在广州’一句俗语，早已脍炙于人口了。”但是，谁都没有否认，贵的背后，其实是更好，郁慕侠自己就作了说明：“据说这种奢侈豪贵的菜肴……原料是屏除猪羊鸡鸭常见的肉类，都用山珍海味、奇禽异兽等贵重之品，价值越大，选用的原料也越贵。”如嫌不够，我们还可以再举几个具体例子，以资说明。

民国中期，上海的粤菜馆固已以菜式精美闻名遐迩，但各大粤菜馆还是以物美价廉相招徕。如《申报》1928年4月2日本埠新闻西湖楼的广告说：“武昌路西湖楼之特色：该馆食品素为粤帮公认，允推沪上独步之粤菜馆。今闻扩充营业，特由粤添聘广州四大酒家名厨十余人，分制擅长美味，尤以佛山柱侯卤味如肥鸡肥鸽等类为沪上不易尝得之特别风味，且价平物美云。”而片面求贵则一直被批评着。如《申报》1949年5月4日第4版冷哲祺的《东方之珠：食与住在香港》说："香港人所以上大酒家，所以要叫三五百元一席的菜，往往不过是要吃'面子'，吃'排场'罢了，哪里有不惜大量金钱的找求美味的'笨伯'哩！至于那些为了要'应酬'，一天上几次茶馆，你如果说他嘴馋这才冤枉啊！"

价廉物美，不求最贵，但求最好的最佳与最高典范，当属上海新雅粤餐馆。新雅粤餐馆是20世纪三四十年代后，无论名气与排场，都最足以代表"食在广州"的了。正如解放前的著名的锦江饭店（解放后仍然是上海最负盛名的酒店之一，1972年尼克松访华，在上海下榻于此）老板董竹君在其晚年风行一时的著作《我的一个世纪》中写道："多少年来，南京路上的新雅粤菜馆，曾是上海中菜馆中的头块牌子，名声颇著，它不仅压倒了几家有名的粤菜馆，也超过了其他有名望的中餐馆。"如果我跟你说新雅最著名最持久的招牌菜，不过一道清炒河虾仁，你肯定会意外，也一定不会觉得它贵，它也不可能贵到哪儿去，当时的价格就是每份十元。是以当时业界名流荫庭先生就曾说过："新雅酒店谁都知道它是薄利多卖，营业最旺的一家菜馆，主持者的经验常识，都相当丰富。"（《新都周刊》1943年第13期《跃进中的酒菜业》）但如果我再跟你说说它的讲究，那你就会坚信，新雅真是追求最好。新雅所用的虾，都是来自上海自来水公司吸水上池的巨管里吸上的河虾。自来水公司取水口的水质有保证，能从巨管吸上来的，个头也有保证，只只都是大只佬。待到上海水质变差，他们便又改从苏北建源采集青壳柴虾，以保证品质。而为了保证品质，新雅最出格的举动是，在抗战结束后的一段时期里，曾让美国飞虎队多次从云南、新疆等地为其空运火腿、哈密瓜等。这等讲究，自然一时无两。

正是有感于新雅这种不求最贵但求最好的品格，曾经对粤餐馆颇有些微词的周黎庵老先生，晚年在回顾一生与新雅的渊源时，不禁称赞道："新雅，永远是粤菜翘楚。"那经过了百年的风雨洗礼之后，我们如何才能够让人发自内心地说，现在表征时代味道的，还是"食在广州"？

鱼生的前朝风与今世情

鱼生在广东，始终是上味。

有人考证说，《诗经·小雅·六月》里“炰鳖脍鲤”的脍就指鱼生，隋炎帝嗜好的“东南佳味”、“金齑玉脍”的脍也是鱼生，其实并不见得。到了明代，才有文献证实“脍（鲙）”可指鱼生。元末明初刘伯温的《多能鄙事》“鱼脍”条云：“鱼不拘大小，以鲜活为上，去头尾、肚皮，薄切，摊白纸上晾片时，细切如丝。以萝卜细剁，布纽作汁，加姜丝，拌鱼入碟，杂以生菜、胡荽、芥辣、醋浇。”而李时珍在《本草纲目》中的警示，则从反面证明鱼脍为生：“鱼脍、肉生，损人尤甚。”

然而，就在药学大师的警示声中，在他处吃鱼生变成文献变成传说的时候，文献所见的岭南食鱼生的风气却渐次达至高潮。首先是明末清初屈大均的《广东新语》的大书特书。其他的笔记史料，只要写到广东风物，往往都会写到鱼生。如凌扬藻《国朝岭海诗钞》辑录的诗谚说：“鱼熟不作岭南人。”张心泰的《粤游小识》说：“广人喜以鱼生享客，小菜碟数十，不同样，谓之吃鱼生。吃余，即以生鱼煮粥，谓之鱼生粥。谚云‘冬至鱼生’是也。”到了清末，《时事画报》登载了一幅《食鱼生》图，甚为生动形象，附文说：“鱼生一物，不减莼鲈滋味，吾粤人多嗜之。脔鱼作片，雪葡为丝，每到秋风一起，则什锦鱼生，足供大嚼，不必待冬至阳生，然后食此也。”此将其与著名的江南松江鲈鱼相媲美，视为岭南的一大特色。

这种风气，在民国，有过之而无不及。民初，汪精卫的哥哥番禺汪兆铨为此写了一首《羊城竹枝词》：“冬至鱼生处处同，鲜鱼脔切玉玲珑。一杯热酒聊消冷，犹是前朝食脍风。”而对民国广东鱼生记述最生动、最详细的，当数来自有“刺身”传统的日本的吉田里。他写了一篇《鱼和中国菜》，译载在上海的《大众》杂志1944年第16期。他首先澄清说：“大

《时事画报》登载的《食鱼生》图。

多数的中国人，以为刺身是除了日本以外中国地方是没有的，但是广东、福州一带倒一向嗜吃鱼生。”他还认为中国古代就有吃鱼生的传统：“有句俗语叫‘惩羹吹脍’的，它的意思就是说吃羹时往往会烫痛喉咙，所以吃脍时也要吹了。有了这种俗谚，是中国古代吃生鱼的根据。”接着就以其亲身经历说到民国广东鱼生的盛况：“秋天在广东江门、顺德的街道里步行时，到处是这种鱼（生），尤其在江门，还有专吃鱼生的馆子。”最后感慨道：“真的，吃过鱼生的人，才知道它的美味。”

俗话说，萝卜快了不洗泥。吃得太滥了，卫生难保，问题显现。据1929年、1930年的《广州市政公报》，当局曾连续下令，严禁商家售卖鱼生。这也反衬了市民食风之盛。鱼生在20世纪八九十年代重又勃兴过，同样出现了卫生问题；这时，当局没有动用行政力量，通过新闻舆论就基本压下去了。但是，卫生问题就不能解决吗？日本人不仍在吃得好好的？鱼生，如何生猛重生，不是一个问题，仍是一个话题。

鱼翅虽好吃，只是太难做

看了电视上姚明代言的反对吃鱼翅的公益广告，本不想谈鱼翅的话题，但是，历史的问题不应太迁就现实的话题，尤其是鱼翅这一民国第一味道的话题。而在现实中，它也绕不过。不宜吃鱼翅了，或者吃不起鱼翅了，素鱼翅也得上，连素食单中，也是如此。

胪列民国文献，谈粤菜，或者像样的粤菜，必须要谈到鱼翅。“食在广州”的开创者谭家与太史家，都以鱼翅为其首膳。民国另一谭家菜，饮食江湖上虽说两家齐名而不搭界，其实也搭界，界就搭在鱼翅上。梁实秋先生的《雅舍谈吃·鱼翅》说：“最会做鱼翅的广东人，尤其是广东的富户人家所做的鱼翅。谭组庵（延闿）先生家的厨师曾四做的鱼翅是出了名的，他的这一项手艺还是来自广东。”谭延闿之所以好鱼翅，还在于其年少时随其做两广总督的老窦在广东生活过，他后来考了清室的功名，却又转投奔孙中山，与广东的渊源更深一层；风气熏染之下，除了象征乡土的谭鱼头，自然就是象征身份的谭鱼翅了。

谭延闿都这样，粤菜要闯上海滩，岂能不鱼翅当先？一味鱼翅，确实也能镇住许多上海人，包括自称土老儿的上海名记、名作家、名教授的曹聚仁：“广东馆子‘大三元’，对我这土老儿‘如雷贯耳’……五十元一味大排鱼翅，当然把我们吓住了。其实，大三元的大排翅，还不及郑洪年先生家厨子做得好，也不及张大千先生家的排翅。”（《上海春秋·新雅、大三元》）而郑洪年与张大千，渊源仍在广东。郑作为上海暨南大学的创始人，也是一个地地道道的广州人，因此就自不待说了。张大千的好鱼翅，则是从北京的广东谭家而起的。据说他好谭家的招牌“黄焖鱼翅”好到瘾上来了，便托人从北京谭家取了刚出锅的鱼翅，即时空运至南京；在那年头空运，可稀罕着呢。

也是在这种风气之下，粤餐馆几乎无翅不开店，宴客者“也莫不以鱼翅为主要之品，其价每碗自十元至五十元；十元以下，不能请贵客也”。然而，蜂拥而上自然会良莠杂陈。好的针翅，“翅长数寸，盛以海碗，入口即化，鲜美酥润，兼而有之”，“以群乐、南园两家为最。此外亦未必尽能合法。常有以数十元之重价，而得恶劣之制品者”。（胡朴安《中华全国风俗志·广东的酒楼》，上海广益书局1923年版）

粤菜首推鱼翅，贯穿了整个民国历史。1946年至1948年间，岭南名媛吴慧贞在上海《家》杂志上开设专栏“粤菜烹调法”，开篇即说：“粤东名贵的筵席，必须具有鲍参燕翅，才算上乘。”而“粤席惯例，席单与出菜次序，又必以鱼翅一味为先。据近来科学家证明鱼翅含有百分之八十三以上的蛋白质，而粤法的烹调，更加以肉类精制之上汤，再三煨脍，它养料的充足，可想而知，推为席上首珍，确不是没有来由的”。所以，她也就“依粤席惯例，以鱼翅列前，更以鱼翅居首”，一口气介绍了“红烧生翅”、“蚧钳生翅”、“蚧黄生翅”、“鸡蓉生翅”、“红炖群翅”、“炒芙蓉翅”等好几种，给人以丰富的感慨空间——民国味道，是不能不说鱼翅的。

威廉·C.亨特的《旧中国杂记》记录一个广州人对于在穗外国人的食俗的反应：“想想一个人如果鱼翅都不觉得美味，他的口味有多么粗俗。”可见鱼翅在广东菜以及市民中的地位。

因为广东菜的风行，鱼翅成为高档宴席的象征，外省人士也纷纷仿效，但往往费时费力费大本钱而不讨好。唐鲁孙先生就说，民国“北平饭庄于整桌酒席上的鱼翅，素来是中看不中吃的，一道菜，一个十四寸白地蓝花细瓷大冰盘，上面整整齐齐铺上一层四寸来长的鱼翅”，煞是排场，但“凡是吃过广府大排翅小包翅的老爷们，给这道菜上了一个尊号，称之为怒发冲冠”，真够损的。说实在的，不仅外地人，广东人在家里也很难摆弄得好。有鉴于此，我们就看看吴慧贞女士传授的秘方。

首先，鱼翅的漂洗就是一个难题。解决之道：先将原翅下锅，加些菜灰和水滚数次，然后捞起原翅，刮去皮沙，如此反复，俟刮净后再用清水滚透，取去翅肉，净留翅针，再滚一次，随后放在冷水内浸，宜勤换清水浸透，务使灰味漂清。洗净之后，煨炖功夫也繁复：先用上汤煨三次，次下些姜汁、绍酒和葱白二条，以去原翅腥味，煨透取起，去汤，随用净上汤再煨两次，务煨至极脍，翅始入味，而易消化。翅煨好后，取起成只上碗，再以上汤加些蚝油、宪头，或加些火腿细丝在上面，使味美甘芳。吃时还须佐以浙醋一二小碗，既助消化，又令口味香和。

举纲之后再张目，介绍几款当年的鱼翅的具体做法：

——蚧钳生翅。用漂透生翅，如前法以上汤煨三次至极脍后，上碗时用蚧钳拆肉同会，以蚧垫底，上面加火腿上席，其味鲜美而清爽。

——蚧黄生翅。漂透生脍，以上汤三煨生翅后，上碗时加蚧膏，调薄宪头在面，其味鲜美甘香。该菜又名“大展宏图”，用于开张筵席，以讨吉利。

——鸡蓉生翅。漂净生翅以上汤三煨至烂取起，用鸡胸肉去皮斩肉如细酱，用些豆粉、猪油拌匀，以上汤和搅稍稀，先下上汤于锅，收慢炉火，不可使汤滚沸，然后下鸡蓉即兜匀，淋上翅面，或连翅兜匀亦可，但鸡蓉以九分熟为度，若滚至十分熟，则老而不滑，并且生渣。

——红炖群翅。将洗净漂透之鱼翅，出水去腥，在食前一夜以成只翅同精熬上汤以炭火炖一宵，食时去汤渣上碗，汤中精液，饱吸翅中，美味滋补兼而有之。

——炒芙蓉翅。鱼翅漂透去腥后，用上汤煨至极烂，取起去汤滤干，先用冬笋、北菇、火腿切丝炒熟，然后用鸡蛋和鱼翅、盐花、小菜拌匀，再下油镬煎成饼上碟，味甚香美。

堪比鱼翅的山瑞

在民国的粤菜谱系中，山瑞（山龟）的地位堪比鱼翅或仅次于鱼翅，只是由于现今人口的激增与环境的恶化，山瑞的绝对产量和相对供应量显得极少，以致食客忘了或者无从了解其当年的地位与饮食的时尚及其盛况。这在西粤尤然。《旅行杂志》1936年第9期邵雨湘的《粤桂纪游》，说他们在广西南宁开会，连续四个当局招待的晚宴，“每宴必五十席左右”，“以山瑞为主菜，犹此间之鱼翅，四日合计为数可惊，兼之午宴、便饭等，所食山瑞，当在三四百之数”。这样吃下去，让他都觉得可怕——岂不是要把山瑞吃绝了：“我等若再留一二月，山瑞将无噍类矣！山瑞之视我等，亦犹我等之视蝗虫与螟螨乎。”

两广人这样狂吃，一方面因为山瑞的确是珍馐美味。寒云的《武越招饮与言粤中珍味》说：“君是岭南人，应知故乡味。清鲜推树龙，淳美思山瑞。嚼鼠蜜藏腹，啖狸腴在背。遑论日万钱，一食千金贵。”山瑞淳美滋味的代表，可与另一代表清鲜的过树龙蛇羹相提并论。且不说在两广本地，即便在外地的粤餐馆中，山瑞也是重要的保留节目。秋容的《食在广州？食在上海？》说：“广东菜虽然占着中国各种菜的第一位，并且可以说是占着全世界烹调的第一位，只有一点美中不足的，就是缺少变化，除了排翅，山瑞、鲍脯、信丰鸡，老是这一套。”无论如何，山瑞是仅次于鱼翅的。直到民国末年，雷虹的《东南食味》说：“广东还有几道名贵的菜如响螺、山瑞、海狗鱼等，在粤菜中也是有名的，它的味道，也极鲜美可口。”山瑞仍是位列食单首类。

当年两广人之所以狂吃，另一方面是因为两广山多林密，气候炎热湿润，山溪纵横密布，十分适宜山瑞的生长繁衍。雪庐的《广州的饮茶与吃蛇》说广州的“山瑞者就是山上的大王八，大的有人这样大，普通买不过买四分之一或八分之一便可烧一大碗”，十分形象生动地反映了当年王八

《粤桂纪游》插图《迁江苗圃午膳》。

之多——没有足够多的王八，产生不了那么大的大王八。

然而，这种盛景难再，现在想吃上大王八，可真不是易事，王八也就逐渐在粤菜中式微，而为水鱼而且是人工饲养的水鱼所代替。不过，往事仍堪回味，赘以两款当年的水鱼与山瑞菜谱，吊吊胃口也好：（一）红烧水鱼——将原只水鱼，用滚水泡去外衣，剜去肠脏，去净油膏，洗清血水，然后斩件，取裙去壳，用姜汁酒下油镬炒过，临上碟时，将原汁加蚝油调宪头淋上。（二）红炖山瑞——剜法与水鱼相同。洗净后斩件，用姜汁酒下猛油镬炒过，加料酒四两或绍酒一大杯，和汤炖烂。小菜配料用冬笋、烧猪腩、栗子、冬菇同炖，甘香滑润，为滋补珍品。水鱼、山瑞制法相同，但山瑞用火须比水鱼多些。

烤乳猪何以成了粤菜的独传

烤乳猪，是粤菜中最有代表性的一种出品。改革开放初期，内地人南下，广东人奉上烤乳猪，他还不敢吃，或者吃得不好意思——猪都没长大，吃起来总觉得过意不去，太辜负了广东人的一片心意。自古以来，乳猪都是粤人的无上妙品，是可以祭享先祖神明的；岭南祭祖，祭品随时而变，五花八门，变化纷呈，但唯一不变且风头日健的，乃是烤乳猪，清明祭祖专用的整只的烤乳猪，称为祭祖金猪（猪皮烤得金黄金黄的）。这祭祖金猪，制作相当讲究，多由大酒楼名饭店精心烹制，而且比平时要贵不少——大家可以猜得到了，之所以这样讲究，是因为祭完祖后，献祭者要好好享用它；烤得好的乳猪，即使凉了吃，也还是脆脆的、酥酥的、香香的。

而从内地人的反应来看，好像烤乳猪还是粤菜的独传，其实民国时期还有人认为是承继了满人遗俗呢。如包天笑在《六十年来饮食志》（《杂志》1945年第5期）中就写道："在我们中国的筵席，大概分七种：第一种是烧烤席……酒席中的最高阶级……亦称曰满汉大席。""实在此种筵席，乃为满洲风俗。烧烤席中，除燕窝、鱼翅诸珍品外，必用烧猪，或烧方，皆以全体烧之。""用全只烧猪宴客，现在广东尚有此风，而嫁女必用烧猪，也就是烧烤席的遗俗。"满人出身的民国著名食家唐鲁孙先生在《炉肉与乳猪》一文中也写道："在实行屠宰税之前，北平很盛行吃烤小猪，皮酥而脆，肉细而嫩，最妙是滑香腴润毫不腻口，自从屠宰猪只加盖蓝色印戳后，想吃烤小猪简直是戛戛乎其难了。"北京人好吃烤乳猪，固然可以说承继了满族好烧烤的传统。而其又说"广东省也是最讲究吃烧猪肉的省份"，还说广东曾偷师北平："仿照北方烤法皮上不抹作料，皮上凸起微粒，起名叫芝麻皮，脆而且酥就不易回软，蘸海鲜酱吃或是下酒，的是无上隽品。"

但是，话又说回来，广东烤乳猪虽有师法满人之处，但不能说承继自满人，而是中华优秀传统饮食文化在岭南一隅的遗存。据邱庞同教授在其专著《饮食杂俎》中考证，烤乳猪的传统在中国久远得很，可以上溯到春秋时代，认为《礼记》中记载的“炮豚”即指烤乳猪。而且在后世代有传承，且创新不已，如“濡豚”、“蒸豚”、“炰豚”、“沦豚”都是不同做法的乳猪食品，而最为流行的《随园食单》里记述的“烧小猪”，更分明是烤乳猪。只可惜，烤乳猪这么好的东西，在内地竟渐渐不传，以至于视岭南的这一食俗为奇风异俗。

这种观念，不独当代，早在民国时期，即已形成。如雷虹的《东南食味》就说：“至于粤桂独有的日常便肴，烧猪尤其是乳猪、叉烧，卤味尤其是柱侯食品，那是一年四季天天供应的熟食，佐饭妙品。”很显然，已将烤乳猪视为粤菜的独传。其实，岭南僻处一隅，中原许多传统，传入岭南后，不致受太多的世事扰攘，得以有良好的遗存，这在语言、文学、文化以及诸多风俗习惯中都体现了出来，学者们对于这方面的论述也很多，烤乳猪这一食俗也是其中之一吧。

海参席，不输燕席与翅席

在中国的饮食传统中，山珍海错，以示高贵。海味之中，鱼翅居首，除了闽粤尤其是广东沿海一带外，内地人一般不会弄，因此，居于其次的海参便当仁不让是海味的首选了。笔者小时候，听爷爷辈的人形容清季和民国时期宴客的高贵，便说：“那可是吃的海参席啊！”因此，包天笑的《六十年来饮食志》（《杂志》1945年第5期）说：“在我们中国的筵席，大概分七种：第一种是烧烤席，第二种是燕菜席，第三种是鱼翅席，第四种是鱼唇席，第五种是海参席，第六种是烟干席，第七种是三丝（鸡丝、火腿丝、肉丝）席。”

海参席之受到尊崇，还与方便储藏、运输、加工颇有关系。沿海地区，固可用湿海参、鲜海参，内地则用干海参，一发泡即可用，方便得很。加工成菜，也颇为方便，而且款式丰富，味道鲜美，彩头也不错。且看几款民国粤式经典海参菜单，便可明白。

婆参乳鸽。先将猪婆海参煮滚出水，开肚去净沙泥，再用牙刷把外面沙泥灰刷净，再滚一次，再刷再洗，然后用清水冷浸，泡透后，连同劏净乳鸽，上汤隔水盅炖至烂，其味甘清，有滋阴之功，为席中珍品。

心印良缘。先将海参如制婆参方法，滚透、刷清、泡透后，用上汤滚至烂，再以斩猪肉、虾肉加些豆粉，搓成肉丸，下油镬炸好，同会上碗。此味因“参丸”与“心缘”谐音，故嫁娶宴席，多喜用之。

食海参羹。先将海参洗净泡透，用上汤滚烂，取起切粒，小菜用冬笋、冬菇、猪肉切粒，同会上碗时加些宪头、火腿松在面，味颇清隽爽口。

由猪婆参之名，我们应该知道，广东人吃的海鲜是有很多种的，这里不详加介绍，而着重要说的是，海参在粤人眼里，更有妙用，就是海参胜良药。这是清人梁章钜《浪迹丛谈》里介绍的。他说，他在做广东巡抚

（省长）时，属下的桂林知府（市长）兴静山身体极好且滴酒不沾。问他为什么能如此守酒戒。他说二十多岁时因为嗜酒，虽然没有醉死，也差不多成为废人。后来有人教他每天将掏洗干净的海参不加盐淡吃两条，不仅酒疾痊愈，而且身体日益强壮。但是，要做到这一点不容易，因为淡吃海参，实在难以下咽，那些仿效他这样做的人，因为忍不住放了点盐，效果便大打折扣。孤证不立，梁氏又举了另一例子。说他的一名幕客（私人顾问）八十多岁了，体健无病，全靠海参——海参的功效，简直不可思议。他自幼家贫，后来做幕客也没有多少钱，一生所吃海参，竟然靠亲友招待与馈送维持，“以此至老不服他药，亦不生他病”。有此妙用，于海参才算名实相符吧；而凭此妙用，海参席的身价应该更高，包天笑先生更不应该将其排名那么靠后了——包先生是小说家，但愿那是小说家言吧。

再说，1941年第5期《科学趣味》登载的麦道坚的《中国人的佳肴观念》，还认为海参的营养价值在鱼翅、燕窝之上呢：燕窝的“主要成分为蛋白质（百分之四九）及碳水合物”，但“燕窝的蛋白质经很多生物化家的研究证明，是属于‘不完全蛋白质’，毫无一点营养价值”。“鱼翅乃沙鱼之鳍，多产于广东海滨，也是中国人视为珍贵食品之一，它主要的化学成分就是蛋白质（百分之八三）”，但“就质方面讲，也是属于不完全蛋白质一类，营养价值很差，绝不值得花这样高的价钱去购买”。而海参的蛋白质“含量并不丰富（百分之二一）”，但“较前两种为优”，“在内地，海参的售价是很贵的”。

犹忆烧鹅不兴时，焙鸭家家亦入诗

我一直没太弄明白，什么时候烧鹅成了粤菜的代表，因为历史文献以及民国文献中，鲜有广东人吃烧鹅的记载，更少烧鹅盛行的记录，就连吃鹅的记述也不多见。反之，吃烧鸭则的确盛行过，其他关于鸭馔的记述也不少。

民国初年，十分喜好粤菜的稗史大家徐珂，谈及广东各种美食，没有提到鹅，倒是对鸭脯记忆深刻："鸭脯，以鸭入酱油浸透，更爇竹蔗皮薰之，竹蔗与广州之蔗、唐栖之蔗皆异，沪无之，乃代以崇明芦粟之皮也。"而广东籍的老饕张亦庵，有一篇专谈烧腊的文章《烧腊》（《新都周刊》1943年第17期），提到广东的各种烧腊食品，"如叉烧（这是连上海人也最为熟知的一种食品）、烧肉、烧鸭、白鸡等东西"，基本不提烧鹅。还说："上面所举的叉烧、烧鸭、白鸡，大概是烧腊台上的主要物品，虽然在许多烧腊台上尚有他品，但是上述的几种则至少必具有其一。其他诸品，可多可少，可有可无。"只是在这其他诸品（烧鸡、蒸鹅、扎蹄、烧肠、烧排骨、烧肝、烧鸭脚包、卤水猪肚、猪肝、猪脚爪、猪心、猪头肉、猪耳朵以至红烧牛肉等）中，偶有提及，并加解释："烧鹅、蒸鹅是有时间性的，要及时当令才有。"

这种解释，不由得勾起笔者的早年记忆以及相关知识。笔者少时，如同刘伯温所说的"多能鄙事"，对于鸭鹅的饲养颇有心得。在过去禽医不兴的年代，养鸭相对养鹅要容易得多，产量也大得多，尤其是南方炎热地区，情形更甚。这或许是烧鹅不兴或者难兴的原因之一。或许也是因此之故，民国广东食谱中，谈鸭的不少，谈鹅的却少。鸭食谱中，最著名的当属鸭脚包了。唐鲁孙先生虽曾是"食在广州"的开山祖师之一谭家的座上宾，但他最为怀念的似乎是上海大三元的"鸭脚包"："老资格的广东菜馆，要算南京路的大三元了……他家烧腊中的鸭脚包，的确是下酒的隽品，鸭掌只只肥硕入味，中间嵌上一片肥腊味，用卤好的鸡鸭肠捆扎，每天下午三点开卖，总是一抢而光。”因为“上海虽有若干卖广东腊味的，可是谁也比不了大三元”。虽然如此，另一广东烤鸭“广茂香烤鸭”在上海滩风头还是颇健的。

粤菜尤其是海派粤菜的鸭食，的确令人怀念。朱金晨先生就说过：“大凡来到新雅的文人，皆会像何先生陷入这种怀旧的情绪中，我也不例外。总会油然想起‘文革’初期时，应上海的一位诗人陈晏相约，那是我第一次到新雅，陈晏是个老上海，非要请我这个刚‘冒尖’的青年诗人吃顿片皮鸭。”而现在，片皮鸭仿佛成了北京菜的专利！而罗国材的《羊城竹枝词》里反映的当年广州烧鸭盛况，岂是北京所能比：“焙鸭家家火一炉，不须官税不须租。”

民国时期，广州食鸭盛况空前，不独反映在“焙鸭家家火一炉”的烧鸭上，而在其他吃法中更显风采与高贵。像谭家菜，以做工精细、价格昂贵著称。唐鲁孙先生曾应邀在谭家吃饭，记忆深刻的正是其“浓焖鸭掌”：“鸭掌，要洗净去膜先在高粱酒里泡三四个月，泡得像乳婴幼指，茁壮肥嫩。”鸭肉在当年最显地位的，见于吴慧贞女士的两则食单——鲍鱼炖鸭与腿会鲍丝。其“鲍鱼炖鸭”的做法是：先把鲍鱼出水滚过洗净沙灰，然后用姜汁酒下镬爆过取起，再以剜净鸭一只，用油煎匀，起镬加绍酒一大杯，和上汤隔水炖至烂。鲍鱼切片，同鸭上碗，滋味浓厚，是一种滋补的食品。在这里，数只小鲍与整只的鸭相比，鲍鱼仿佛成了点缀，成了配角。

在上海滩，广东菜除了烧鸭风行，其他鸭食单也同样各擅胜场。浙江嘉兴人朱文炳的《海上竹枝词》就写道：“广东消夜杏花楼，一客无非两样头。干湿相兼凭点中，珠江风味是还不。冬日红泥小火炉，清汤菠菜味诚腴。生鱼生鸭生鸡片，可作消寒九九图。”原来鸭片可以用来打火锅的，在今日可不多见，而且还压倒今日打火锅常用的生鸡片。又说：“莲子羹汤沁齿牙，消痰犹有杏仁茶。冬菇鸭粥还兼饭，偶尔充饥亦不差。粥店家家带酒酿，野鸡团子也充肠。今朝蹩脚君休笑，昔日天天一品香。”鸭可煲粥，今天更不常见，而从其自嘲的口吻里，虽然鸭粥在当日不见得高档，却见出其大众与流行。

且不说海派粤菜，来到广州的人，也多留恋当年的种种鸭食。如邵潭秋《广州杂记》（《旅行杂志》1936年第11期）：“三脚鸭乃合烹全鸭鸡爪火腿蹄爪而成。”显然鸭掌的地位要高过鸡凤爪。又说：“柚皮人以为苦者，至此乃鲜美如鸭脯。”鸭脯成为了美食的标志之一。

其实，广州气候炎热，水土性热，吃鸭是最好不过的地利食品了。尤其是夏天，天气更加炎热，而鸭利水祛湿，清热解暑，引得食客甚众。有一位署名老伯的人写了一篇文章《夏天广州吃》（《现世报》1939年第65期），以老人家的地位，列举了广州夏季餐馆中的四种主打食单，鸭竟占其二：“在热天广东人大多吃食咸鸡、冲拌鸭、姜芽鸭片、凉瓜牛肉”。可惜的是，今天的广州人多不用鸭做菜，而是用来煲种种水鸭汤了。也好。《紫罗兰》1944年第17期有一篇沈毅的《花果馔》，记录道光吴门张墅毛荣的一份食谱，当中颇有取资粤菜者：“荔枝鸭：以荔枝肉铺瓦钵底，将宰就之鸭调味，置荔枝上，更覆荷叶，隔水蒸二小时，即可取食。”此乃反映了当年广东食鸭风尚的影响是颇及于他方的。

但有鉴于鸭食当年在粤菜谱系中的盛况，今日又各路餐馆齐聚羊城，带来种种鸭食经典，如湘菜中的永州（宁远）血鸭、南京菜中的酱板鸭、江西菜中的咸鸭煲汤等等，在重振“食在广州”大计的时候，是应该好好发掘整理食鸭传统——与其让烧鹅替代烧鸭独擅胜肠，怎比得上鹅鸭比翼双飞！再者，毕竟养鸭业在广东颇盛，而鸭肉却倍贱于鸡肉与猪肉，也是广东地利的一大损失。尤其是当年风靡上海滩的烤鸭，一定有不输北京烤鸭的独得之秘，最值得期待发掘。

最后，要介绍一款粤味鸭食谱，那可是载在袁枚的《随园食单》中的：“杨鸭，不用水，用酒，煮鸭去骨，加作料食之。高要令杨公家法也。”

烤乳猪的独传之秘

烤乳猪在民国成了粤菜的独传。

烤乳猪之所以成为粤菜的独传，笔者经过细思细考，原因有二：一是深厚的传统，二是不断发展创新的独特手艺。

最能体现传统者，一为可以用以祭享祖先神祇，前已有述；一为可以用来进行婚丧嫁娶，从头道来。据清人傅溥臣的《荷廊笔记》记载："广州婚礼，于成礼之后三日返父母家，必以烧猪随行，其猪数之多寡，视夫家之丰啬。若无之，则妇为不贞矣。"乳猪的多寡，竟关乎妇女的贞操。百年之后，唐鲁孙先生谈起乳猪，也津津乐道于这一节。广东乳猪的地位，还使其声名传于海外，相关文字见于英国著名散文家兰姆根据朋友马宁（1800年代曾在广州逗留）的叙述所写的名文《论烤猪》（著名学者赵景深教授译，载《论语》杂志1946年第118期）。

而体现不断发展与创新的手艺者，唐鲁孙先生的说法最见真谛。他一方面说广东的烤乳猪师法北平，同时又不得不承认："（他们）选料火工两皆拿手，他们选用不超过十斤重的仔猪非常严格，宰杀收拾干净后，撑开挂在墙上风干，用一种特制工具——前尖后钝中空小钢扦子，插成若干小洞，然后用腐乳汁、豆豉汁、甜面酱连涂带搓，让味道深入肌理。"也就是说，广东乳猪本来就自成特色，不逊北平。"后来仿照北方烤法皮上不抹作料，皮上凸起微粒，起名叫芝麻皮，脆而且酥就不易回软，蘸海鲜酱吃或是下酒，的确是无上隽品。"此并无偷师之嫌，而是转益多师，精益求精而已。因此之故，尽管北平人好吃烤乳猪，而最好的烤乳猪，也还是出自广东名士梁鼎芬的秘方："广州黄黎巷有一家莫记小馆，他知道梁太史家烤乳猪，所用酱色跟蒜蓉都有特别不传之秘，据梁均默（寒操）先生说：'莫友竹老板原本是风雅人，用家藏紫朱八宝印泥一大盒，才把梁太史这套手艺秘方学来，其家小馆从此就以烤乳猪驰名羊城，而生意鼎盛

民国，广州大新街。

起来。’后来梁大胡子家又把烤乳猪秘方传给蒯若木家的庖人大庚，蒯住北平翠花街，大庚烤乳猪的手法，跟一般烤法并无差异，可是入口一嚼，酥脆如同吃炸虾片，的确是一绝，蒯老也颇以此自豪。”

至于在选料方面，广东的烤乳猪更是占尽天然与人工之利。清人吴震方的《岭南杂记》（四库存目丛书本）说，广东南雄有一种龙猪，那可是天然绝佳的乳猪原料：“龙猪出南雄龙王岩，在城东百里，重一二十斤，小耳庳脚细爪。土人烟熏，以竹片绷之，皮薄肉嫩，与常猪不类。广城亦重之。”而在人工方面，唐鲁孙先生的《食在上海》的记述可为代表：“所谓烤小猪，他家（怡红酒家）的所用小猪，绝对是乳猪。他们在龙华有牧场，他家的猪，饲料考究，饲期适当，猪仔就先比别家地道，烤出来的乳猪，焉能不好，同时他家吃乳猪蘸的酱，也是自家调制，味道也跟别家不同。”烤乳猪在上海，不独怡红，他处也令人齿颊难忘。曹聚仁先生就曾回忆他当年在新雅出席胡桂庚摆的乳猪宴，称为“参与盛会”。

南杂店时代的广东烧腊

腊味，全国许多地方都有，因为在物质生活不丰裕的时代，将一些肉食腊制，无论待客及改善生活，都是必需的。孔夫子向学生收取的束脩（学费），就有腊味（干肉）。但相信没有一个省，像广东这样大量地、广泛地制作腊味（烧腊）。所以，张亦庵在专文《烧腊》（《新都周刊》1943年第17期）中便说：“烧腊这两个字在广东语言中已成一个专门的名词。”而最有意思的是，当年这些烧腊，在上海的售卖，主要不是在饭店酒楼，而是在南杂店：“所谓烧腊者，是指‘广东店’所卖的那些新鲜烤制好的肉类而言，如叉烧（这是连上海人也最为熟知的一种食品）、烧肉、烧鸭、白鸡等东西。出卖这些东西的那一部分称为‘烧腊台’，普通是附设于杂货店面的一角。这种广东式的杂货店，就是上海称为广东店的。”到后来，发现有利可图，酒菜馆才接过茬：“现在，不只杂货店附设烧腊台，有好些酒菜馆也附设烧腊台了。”

南杂店时代的烧腊，品种款式也远比现在要丰富，除了上面所举的叉烧、烧鸭、白鸡等“烧腊台上的主要物品”外，“烧鸡、蒸鹅、扎蹄、烧肠、烧排骨、烧肝、烧鸭脚包、卤水猪肚、猪肝、猪脚爪、猪心、猪头肉、猪耳朵，以至红烧牛肉等”都经常摆上案台。因此，“若至烧腊台而谓之曰：‘购卤味若干。’则操刀者把柜台上所有各种卤味各切些少，混成一起卖给你”。民国人可有口福了。所以雷虹在《东南食味》中对此欣羡不已：“至于粤桂独有的日常便肴，烧猪尤其是乳猪、叉烧，卤味尤其是柱侯食品，那是一年四季天天供应的熟食，佐饭妙品。惟有腊味的香肠、腊鸭、金银肝之类，却要冬天有北风时的腊味，才是可口，而受人欢迎。”

为了满足人们日常对这些“佐饭妙品”的需求，冬芬女士还在《三六九画报》1941年第11期撰文介绍《广东的腊味自制法》，其实并不复杂。例如腊肠的制法：将肉“切成半寸大小的块状，盛入一盒内，加入食盐酱油拌搅之”，“然后继续加入香油、姜末、白糖、味精等佐料”，“以筷用力搅之，使佐料散布在每一块肉上”。再将猪肠“用筷穿入，使肠反转过来，里面反来外面时，用刀刮之，将肠之一层污油刮下，使成为透明的肠子，用清水里外洗净。用细麻线将肠子的一端结扣，一端插入漏半，再将味好的肉顺序灌下，至满时用麻线结扣，就成了一条长长的腊肠；若用麻线在其中间结成数节，就成普通店中所售卖的腊肠了”。“腊肠腊好后，就于洗净的竹杆上，悬挂于有太阳光线之处，使晒干之。”一个星期后即可大功告成，“将晒的腊肠取下，装入箱内，以备食用”了。

至于腊肉的制法，则更简单，要领是选择上好的半瘦肥之肉，用菜刀切成条状，加入食盐酱油搅拌之，然后加入香油、姜味、白糖、黄酒、味精等佐料，经两三小时即可取出，“肉端用麻线穿起，悬于竹杆上，挂在日光中晒之”。再用一碗盛入适当的佐料，拌匀之后，每天平均分两三次，用刷子拈此佐料向腊肉上刷之，“如此，一星期后，腊肉即可腊好矣”。而要注意的是倒是吃法：“不可放入锅煮之，因用水煮即使肉中的美味煮尽，失去了腊味之美。应该在食前用清水将腊肠或腊肉洗净，放入饭锅内和饭同时煮熟，则可不失其腊味矣。否者用笼屉蒸更妙。”

作为异味的艇仔粥

岭南人尤其是广州人喜欢喝粥，而且什么都可以往粥里放，尤其是北方人认为腥膻的海鲜与肉类，无不可以与粥同煲。因此，这样的粥，便被视为奇食。也因此，浩波在《万象》1943年第2期发表的《记荔枝湾》中很煽情地对读者说：“如果不是路途不便，能到广州去尝一下异味，也许不见得算辜负了一生的罢。”在广州人眼里这口中的日常食品，竟成了值得一生追求的异味，这艇仔粥，恐怕称得上史上最牛的粥了。

俗话说，吃的是食物，更是环境。艇仔粥成为异味，当也与其特异的环境有关。艇仔粥要在广州荔枝湾上吃。“荔枝湾上，总是艇仔如织，而每一艇上，又莫不嵌满了游人，像小鱼般一队队地游来浮去。什么东西吸引住他（她）们？”——“远远地传来一声声女嗓的半高音：‘要鱼生粥吡？’‘好靓嘅鱼生粥！’也够钩起你的馋涎欲滴。稍稍靠近了，那净洁而黄色闪闪的木板上，摆着一盘盘的鲜明鱼片，淡咖啡色的吊带鱿鱼，和翠绿惹人的香菜……在柔弱的炊烟上，从粥煲里盛起一碗碗香喷喷的‘艇仔粥’”。这实在是一种岭南水乡渔女唱晚的情调，当然会引起一种别样的情怀和食欲。因此，浩波说：“那就是远播盛名于沪上的一种。而其实，吃过广州艇仔粥的人们，见到上海所出售的，很有似是而实非之感呢。”这种“似是而非”之感，未必就是做工有多少差异，而是环境实在差异太大，因此才“似是而非”——似的是做工，非的是环境。而作者所说艇仔粥在上海的广受欢迎，倒是民国文献中笔者所仅见的，值得特别提出。

因为环境的原因，作者在荔枝湾上似乎吃什么都别有心意，别有风味。比如，他说：“在荔枝湾，口渴了的时候，应时的水果艇，也会川流不息地浮来浮去，花并不高的代价，就可以满足了你的胃口，还有比这更自然自如的游玩吗？”而他的不自然的吃法是：“广州的水果颇不少，我

摄影作品《艇仔粥》。

最爱拿荔枝剥肉浸在‘双蒸酒’里两三小时，然后像吃‘杨梅烧’的法子去吃它，使酒香与果香合而为一，那真是美妙无比。”“还有一个吃香蕉的法子，我也是爱拿九分熟的，剥肉泡在滚粥汤里，香甜而微带酸味，比吃山楂糕胜过多多了。”这又是艇仔粥在异味异用了。这种情境，使作者情难自已，最后，只能依依地说：“可爱的荔枝湾呀，几时我再能够从怀想走到实境？也许实境还不如这怀想的富有诗意，那么，我还是不如结束了这一片缅怀的心情。”

而真正使艇仔粥具有异味特质的，乃如《西北风》1936年第9期野平的《荔枝湾——广州杂记之一》所述：“湾里有一种食品，叫做‘鱼生粥’。味道可口，以白粥、鱼生、鱿鱼、花生等东西配制而成的。卖粥的人乘着小舟随水流而上下……据说，鱼生粥不但不经济，而且很是不洁，因为鱼生粥是以鼠肉来煮的，取其味道甘呢。然而，老饕的我，哪里得闲去管，一股脑儿又吃下去了。”鼠肉，在内地人眼里，确是不折不扣的异味。

民国船菜：异曲同工，各竞风流

无锡船菜，名震东南。其实东南各地，水乡泽国，不独无锡，“家家尽枕河”的苏州等地都有船菜。像一些花酒画舫，更是别具风雅与风味。像明末清初秦淮八艳中的柳如是、董小宛，都曾在船上生活接客，她们款待大款权贵的饮食，总不至于差的，董小宛还曾被列为中国古代十大名厨之一。柳如是在访钱谦益于半野堂前后，也有好长一段时间生活在船上，她与陈子龙的一段姻缘，也发生在船上。只不过涉于情色，色夺于食，饮食文字留传不多而已。而江南的沈三白，却在其名著《浮生六记》中，醉心于记述珠江花舫。确实，珠江三角洲同样是水乡泽国，同样有以紫洞艇闻名的船菜，而且无论风雅与风味，均较江南有过之而无不及。像南海名士陈子壮的“此花身”，取唐诗“几度木兰舟上望，不知原是此花身”之意，东莞名流邓云霄的“天坐轩”，取唐诗“春水船如天上坐”之意，皆是极风雅的豪华紫洞艇。江南江阴人金武祥游幕岭南，见珠江江面宽阔如水，花艇成排，蔚为壮观，较之江南有如江海之别，便在《粟香随笔》中大书特书道：“予谓珠江泛舟，以灯月交辉胜。盖珠江江面极宽，紫洞艇排列水面，有上中下三塘之分。当夫华筵夕张，明灯万盏；纤云四卷，潮平不波；皓月当空，照耀如昼。所谓炫目沸耳者，亦以此时为最胜。紫洞艇以行厨著称，其设备之华缛豪侈，远过于苏杭游艇也。”

然而，船菜的好处，却不在于其“华缛豪侈”。船菜最重要的传统一是就地取材，力求新鲜；二是对有限的材料精细利用，别出心裁，独具风味。就第一点讲，船上空间小，一般只做一两桌菜，不用准备一大堆菜堆在那儿堆老了。再者量小，可以“一只只地炒”，否则再新鲜的食材也会煮老；20世纪八九十年代大排档之所以风行，这是一个重要原因。就第二点讲，陈荆鸿先生举的例子很好：“一鸭三味，用一半配冬瓜炖汤，用一半起肉配波罗炒片，剩余的鸭骨，还利用来酥炸后，捣成粉末，加入肉蓉，作假鹌鹑松。诸如此类，都是大酒家所不屑为，而紫洞艇所优为的。”

紫洞艇所优为的还有粤菜至为重要的调味高汤。吴慧贞的《粤菜烹调法》（《家》1946年第12期）说：“酒家中上汤一味，价值万千，视为常事。”但是，“这种高汤，一般人家是用不起的”，而“购些猪骨、火腿骨，与用剩的肉头肉尾、虾头蟹壳、鸡鸭鱼骨等废物，全放汤内同熬，其味也很鲜美，不输于西菜之五鲜汤；且汤内含有各种丰富的养份，可谓实惠而不费”。这种做法也是一般大酒家做不到的；勉强去做，反而成本更高。而当年珠江紫洞艇的船菜，就因为“取法于此，所以他们有价廉物美之誉”。

船菜的优长，写过《多收了三五斗》、有底层生活体验的大教育家叶圣陶在《三种船》（《太白》1934年第7期）中倒是能说得很明白：“船菜以好就在于只准备一席，小镬小锅，做一样是一样，汤水不混和，材料不马虎，自然每样有它的真味，叫人吃完了还觉得馋涎欲滴。倘若船家进了菜馆里的大厨房，大镬炒虾，大锅煮鸡，那也一定会有坍台的时候的。”所以江南地区20世纪40年代后，因为岸上酒店业的发展和水上环境的相对恶化，“洗脚上岸”，便渐渐衰落了。因此，没有多少机会到乡间船上走走的老饕唐鲁孙，他关于船菜的说法固然传播很广，却难免有点隔了：“无锡菜馆在上海要属山景园，无锡是以船菜驰名全国，在山景园要吃船菜他家也能承应，不过不能放乎中流，临风四顾，总觉情趣索然。”这样着重环境，也有点舍本逐末。

苦笋益人贵兼金

央视饮食纪录大片《舌尖上的中国》，对于竹笋的采掘与食用方法，给读者留下了深刻印象，而在民国时期，在粤菜尤其是海派粤菜中，竹笋也给人留下了一种至为深刻的印象，那就是“竹笋长成了竹杠”。何以故？因为一般竹笋，竟然价贵兼金。三联书店新近出版的刘仰东先生编著的《去趟民国：1912—1949年间的私人生活》对此有所记述，然语焉不详。其详细的出处，在于唐鲁孙先生所撰的《食在上海》一文：“爱多亚路南京戏院对面的红棉酒楼，有人说他家是广东菜的竹杠大王。其实那要看你怎么吃。有一对中年新婚夫妇到红棉吃便饭，要了一个干烧冬笋，先生在新夫人面前，要表示自己对吃很内行，于是关照堂倌，冬笋越嫩越好。等吃完一看帐单，可就傻了眼啦，这一盘干烧冬笋的价钱，把两人口袋掏光，才勉强够付帐的。问堂倌何以这盘菜这么贵，堂倌马上叫厨房里抬出两大筐冬笋，都是去掉笋尖的，这对夫妇只好照单付帐。”

其实，这也不是广东馆的刻意之作，而是通行的做法。这是因为，岭南炎热卑湿，并不十分适合各种竹类的生长，所生之笋，如清吴震方《岭南杂记》（四库存目丛书本）所言：“粤东之笋，十九皆苦。”然而，粤人善于因势利导，化劣为优，“以为苦者益人，甘者作胀”。但苦毕竟是苦，故尽管观念上可以这样自我调适，仍须在烹调技艺上有所创新：“凡煮苦笋，以黄豆同煮，未熟不可开釜。”这样煮出来，才恰好以黄豆丰富之营养，调和苦笋之瘦损，味道凉爽而益人，于粤人甚宜。

上述的苦笋，一般称为苦竹笋，多属杂小竹类之笋。至于像《舌尖上的中国》所述的冬笋、春笋，多指大的毛竹笋。这种笋，广东亦有之，唯存于近北之地的韶关、连州一带。这种笋，如清范端昂《粤中见闻》所记：“性迅锐，益人气力，但难克化，能瘦损人。”故于采挖及烹制，皆须讲究。其采挖之法，乃趁其尚埋“于雪中，得一阳之先，未出土，其正气全，未经雷雨甲拆，其神全”，此时采挖出来，“食乃益人……笋味清甜”，因而“远近著名”。《舌尖上的中国》说到了这一层，而在咱粤人，自古即是如此，而且采挖条件要讲究不少。而其烹制之法，则更为讲究，最突出的典型，即上述民国时期上海粤菜馆红棉酒店的吃法，《舌尖上的中国》的编导听了都会舌尖挠起下不来。如若不信，认为孤证不立，不妨再举一例。《旅行杂志》1936年第11期邵潭秋的《广州杂记》说，广州人吃竹，只吃竹心；竹心者何：“竹心人之所不知者，伐小竹淹之水中，竹皮尽，竹心出，加以烹治，乃细腻如鸡绒。”这种吃法，难道不与红棉酒店异曲同工，如出一辙？

广东竹笋，声名还传到海外，据徐钟佩的《伦敦和我·中国菜馆》（《中央日报周刊》1948年第5期）所述，有的洋人去海外的粤菜馆“假充中国通，装腔作势地要点竹笋，问他竹笋是什么样子也说不上来，逢到这种场合，我们（侍者）常把豆芽端上去应景，洋人吃着，还直嚷好吃，好吃”。真是令人解颐。

近读叶楚伧《世徽楼笔记初稿》，中有谈到当年他在广州吃蛇羹的情形：“是岁在广州，始尝蛇味，庖蛇以三尾为一副，脔为细丝，和以笋韭，清炖至烂，客各一盅，佐以丝垂如针之油条，一匙初引，四座朵颐。”发现这款广州的传统大菜，当年也是放了竹笋的，足见粤人于竹笋之嗜好。

粤人好竹笋，也好竹荪——一种寄生在枯竹根部的隐花菌类——粤菜谱中，触目皆是。虽然其非竹类，亦可见粤人于竹笋等之情有独钟。

和之美者，越骆之菌

央视纪录大片《舌尖上的中国》谈到一些地方吃竹笋的情形，生动形象得让人嘴馋。可一了解中国吃竹笋的历史，让人觉得呈现得还是粗浅了一些。梁实秋先生《雅舍谈吃·笋》，对吃笋的历史娓娓道来，风雅得很。笋在民国岭南饮食中也起着调和味道的重要作用。《吕氏春秋·本味篇》说："和之美者：阳朴之姜、招摇之桂、越骆之菌。"

"越骆之菌"，据汉代高诱注释，就是指骆越国出产的竹笋；骆越古国的地理范围正在今两广地区。历来谈笋，几乎不谈其作为和味的调料配料的一面，《本味篇》的说法就真如空谷跫音了，千载之后，清代大戏剧家兼美食家李渔在其名著《闲情偶寄·饮馔部》中重发其凡，说"笋之为物，不止孤行并用，各见其美"，"凡食物中不论荤素，皆当用作调和，菜中之笋与药中之甘草，同是必需之物，有此则诸味皆鲜"，连"焯笋之汤，悉留不去，每作一馔，必以和之"，以之取鲜，足见其对于笋作的调味地位的重视，但鲜见嗣响，又一两百年后，才在民国的粤菜食谱中见到热烈的回应。而粤人的独特贡献，还在于将其充分用于制作海鲜上。

海鲜之著名者，鲍参翅肚，而民国烹之，皆不离于笋。吴慧贞《粤菜烹调法》的例子最资说明。像"腿会鲍丝"，将鲍鱼切丝，"用姜汁酒炒过，再以冬菇、冬笋切丝，用猪油煨透，同鲍鱼和上汤煮烂后，再加叉烧丝、鸭肉丝同会，临上碗时再加韭黄、火腿丝兜匀上碗，味至甘美"；"食海参羹"，先将海参"用上汤滚烂，取起切粒，小菜用冬笋、冬菇、猪肉切粒，同会上碗时加些芫头、火腿松在面，味颇清隽爽口"；"炒芙蓉翅"，"用上汤煨至极烂，取起去汤滤干，先用冬笋、北菇、火腿切丝炒熟，然后用鸡蛋和鱼翅、盐花、小菜拌匀，再下油镬煎成饼"，这样才香才美，都用到了笋丝来调味。

除了这些名菜之外，其他普通海鲜，更用到竹笋。如"炒鲟龙片"，

“用冬笋、冬菇、葱白、白菜先行炒熟，再用油锅炒鲟龙片，入口鲜而且爽”；“八宝蚝松”，“用冬菇、冬笋等同炒”，“甘香非凡”；“炒明虾片”，“用冬笋等先行炒熟，乃将虾下油镬一炒”；“炒鲈鱼片”，“先将配料冬笋、冬菇、葱白、白菜梗切片炒熟后，同时用快刀把鲈鱼起肉去骨切片，即用熟油调匀，下油镬一炒”，“味至鲜嫩爽口”。

海鲜用竹笋调味，河鲜就更不离了。如“金簪绣球（一种炒鲩鱼片）”，“加冬笋、冬菇、葱白等配料同会上碟，鲜滑无比”；“炒鲩鱼片”，“配料用菜远或瓜菜片、冬笋、冬菇、云耳、葱白之类”；“红炖山瑞”，“用冬笋、烧猪腩、栗子、冬菇同炖，甘香滑润，为滋补珍品”；“鲩尾笋汤”，“配以酸笋，更为醒胃”。连近于河鲜的田鸡，都宜用竹笋作配料。

不独河海鲜，以鲜味见长的“食在广州”开山大菜太史蛇羹，也同样用竹笋调鲜。如叶楚伧《世徽楼笔记初稿》，其中谈到当年他在广州吃蛇羹的情形：“是岁在广州，始尝蛇味，庖蛇以三尾为一副，脔为细丝，和以笋韭，清炖至烂，客各一盅，佐以丝垂如针之油条，一匙初引，四座朵颐。”

凡此种种，足见粤人将笋的鲜和功能，发挥到了极致，只可惜今日我们吃粤菜，吃海鲜，难觅笋的踪影，不知其故安在。而据调味研究专家杨冠丰教授介绍，竹笋之所以鲜，是其富含天门冬氨酸钠，有鉴于此，那我们今天更应该将竹笋的鲜和功能发扬光大才是。

广东牛肉甲天下

在一般人眼里，似乎牛羊肉都是北方的天下，因为一说到“风吹草低见牛羊”，大家就联想到北方，而南方本不以产牛羊见称，尤其是广东，在一般人眼里，是以吃海鲜、吃异味见长的，殊不知，广东牛肉曾经盛名甲于天下。比如，广州特产之一的沙河粉，传统的炒法，要用牛肉才见佳——干炒牛河或者湿炒牛河，均是最经典的炒河粉；汤粉之中，牛腩粉面至今仍是最受欢迎的品种之一。陈梦因先生的《粤菜溯源录》言及最受广州市民欢迎的菜式，也有“光记”煲牛一种。而外地人对广州的菜馆的牛肉感觉更好，《生活》1932年第5期的“雪庐杂谈”说：“广州还有几家专吃牛肉的馆子，有各式各样的烧法，吃的时候使你猜不出是牛肉。”明显是在褒赞。而广东人之吃牛百叶、牛杂等，更是独步天下，至于今日。牛百叶，是广州早茶的经典供应；和味牛杂，则常见街头摊档，人头涌涌，令人啧舌。

其实，如果离开了广东，广东人的牛肉做得更好。曹聚仁在《上海春秋·新雅、大三元》中说，民国时期中国最大的食品企业、广东人冼冠生开的冠生园，当年在上海就是靠卖橘汁牛肉等发达起来的。“所谓橘汁牛肉，乃是把中法药房蒸过了牛肉汁的牛肉，包了下来，加香料、酱油和味精，再煮一过，用纸包了再出卖的。”通常，这种已经蒸煮过的牛肉，味道不会好到哪去了，而他能凭此行销上海滩并发达起来，可见其加工制作，必有独到之秘，为他人他处所不及，而其之所以能有这一招式，当然离不开粤人烹制牛肉的独特传统。这一点，上海粤菜馆味雅的成功可为佐证。少洲的《沪上广东馆之比较》（《红杂志》1922年第41期）说：“味雅开办的时候，仅有一幢房屋，现在已扩充到四间门面了，据闻每年获利甚丰，除去开支外，尚盈余三四千元，实为宵夜馆从来所未有。”其之所以如此成功，乃在于“他的食品，诚属首屈一指”，尤其是“炒牛肉一味，更属脍炙人口。同是一样牛肉，乃有十数种烹制，如结汁呀，蚝油呀，奶油呀，虾酱呀，茄汁呀，一时也说不尽，且莫不鲜嫩味美，细细咀嚼，香生舌本，迥非他家所能望其肩背，可谓百食不厌”。并现身说法道：“有一回我和一位友人，单是牛肉一味，足足吃了九盆，越吃越爱，始终不嫌其乏味。”两个人吃九盆，可以想象这牛肉有多好吃，现在市面上有哪一种菜，能让两个老饕一口气吃九盆！

不独在外地，就是在海外的中餐馆中，广东人也善于烹制牛肉膳馔。钟宝炎的《美国的中国菜馆》（《艺文画报》1947年第5期）就说：“美国之中餐馆，纯为广东菜清一色”，而其中最著名的菜式就是杂碎，因为“此间一个普遍现象就是每一家菜馆门口必高悬CHOP SUEY二字来号召国外主顾，此二字即‘杂碎’之译音”。这杂碎的主打用料，即是牛肉，外加“猪肉、鸡肉等杂碎”，再“加上青菜、洋山芋、萝卜等的一个热炒，外加白饭，类似什锦炒饭”。中国人或许会觉得其味无甚特出，“但外国人皆极爱好”。

当然，广州人做牛肉，最有特点，最令他处所不及的，当属牛排了。牛排本是西餐的做法，但广州人能够做到外国人都自愧弗如，而且早在民国以前就已如此了。1861年2月22日《纽约时报》的新闻专稿《清国名城广州游历记》写道：“我洗漱完后，就自己到餐厅去用早餐。在这里，我们开始谈论一种最豪华的清式大餐，是用牛排做的。先前，我常听人说广州牛排如何如何美味，但从未有亲口尝过。”能有这种功夫，还不可以说“广东牛肉甲天下”！

广州星期美点的故事

初读涂景元先生的《广州星期美点》（《人间世》1934年第9期），颇有点感觉不知所云。文章说：“‘食在广州’一语，诚与‘广东是革命的策源地’同属轰然在人耳目间；而‘广州食谱’四字亦随革命军北进——至少在上海，成为动人的招徕口号，招展南京路各大酒家楼头；使见者往往与革命党——国民革命军联想而为一。”这段话的意思当是，“食在广州”，是与革命一道“北伐”的。这当然不确，不过北伐的胜利扩大了“食在广州”的影响，倒有可能。又说：“是则广州之‘星期美点’在日夕享用已惯，舌根已为此种食味所麻醉者当然视为无足重轻。而广州以外之人士心以为新鲜可口也无疑。即以上海之已尝过‘广州食品’者而言，恐仍不免有‘不是地道’之叹。《红楼梦》之‘见土物虀卿思故里’，一般作客之‘广东先生’岂无同感？此吾之所以愿将本地风光举以告读者，是为‘星期美点’。”这段话，头尾两个“星期美点”，大意是想说，吃过地道的广州“星期美点”的人，必会觉得广州以外的粤菜总是没有那么地道，但他结尾的“星期美点”，却转成了广州“本地风光”了，转得也太快了。

这段话，作为本文的引子，当然不错；作者固然说得不清不楚，却让我顺着疑惑找到了真正的“广州美点”故事。其中一则出处是野平的《关于“饮茶”》（《西北风》1956年第14期）：“（广州）茶室和茶市的点心有叫做‘星期美点’，这就是说点心每一个星期变换一次。”广州的点心，向来为人所称道，如晚清民国名士徐珂说“粤多人材”而从点心说起：“吾好粤之歌曲，吾嗜粤之点心，而粤人之能轻财，能合群，能冒险，能致富，亦未尝不心悦诚服，而叹其有特性也。粤多人材，吾国之革命实赖之。”言外之意，精美店心，是建立在致富轻财的基础上的。

然而，再好吃的点心也会腻，要想人不腻，则须花样繁多，且时出新

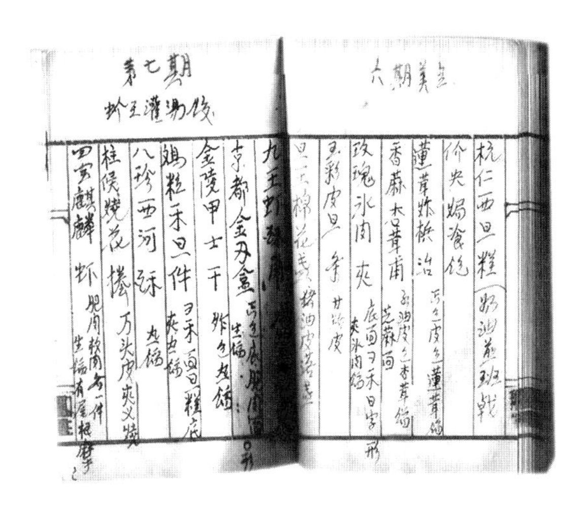

星期美点的策划草稿与记录。

巧。这一点，正是广东点心的特点，而且粤人做得无出其右。柳雨生《赋得广州的吃》（《古今》月刊1942年第7期）说："广州点心的特点，不外乎它的巧小玲珑，和种类奇多。什么是小巧玲珑？每入一间广州茶楼（在广州，像陶陶居、莲香、占元阁、惠如楼都很好），必可看到伙计们捧着大盒各式新制好的点心，走来走去，任人选择。每一小碟，至少一件，至多呢，却也不过三件。"小巧必然多样，不然怎么够吃；小巧而不多样，"如果要像在南京夫子庙的雪园吃灌汤包子，一笼十二个"，纵小巧也会吃腻你，但在广州，"那是从来不会有的"。"并且，点心的样式，又是新奇而巧小的居多，在那里所谓大的鸡肉包子，一碟一个的，还不及夫子庙的包子的一半大。"多样的另一种方式，就是每天出几个花样，然后三五天换一换，不让食客一眼瞅尽所有花样，从而保持一种新鲜感，但总体来讲，比起外地，那是多多了，即使"比起京沪的广东馆子，式样还要多个几倍"。

广州的星期美点，是盛风不坠的。牧惠先生在《广东的叹茶》（2002年5月15日《光明日报》）里说，在建国以后，"一次来了几位日本客人，他们在广州住了一个月，要求每天早茶的点心不重复，酒家轻而易举地交了差"。所以他说："你想知道有什么好点心可吃，上茶楼'叹'一下就是了"，广州的星期美点，真是美不胜收，可惜今日酒家不用这一招，"星期美点"也就美名不再了。

岭南粥

内地有一句俗语叫做："把粥当饭吃啊！"意思就是粥是不能做主食的，它只是特殊情况下的食品，比如人生病了，不能或不宜吃饭，要喝粥；或者太穷了，吃不起饭，只能吃粥——过去赈济饥民的通常做法便是施粥；或者大鱼大肉吃腻了，用粥来解一解。总而言之，粥是不能当主食的。可是广东不然。

岭南过去有两种粥，一种"白粥"，又叫"明火白粥"，用瓦制牛头煲来煮上两三个小时，米粒都溶化了，加一点盐，早餐用来配油条，清爽宜人。但显然不是用来饱餐的。用来饱餐的是另一种斋粥，顾名思义似乎与白粥差不多，其实差得远。"斋粥"是煮好的白粥里加上各种海鲜鱼肉，其取名就是粥底的实。所以，这斋粥其实是大荤的粥。其中最出名的两款：一是艇仔粥，前面已专文介绍过；一是及第粥。及第粥之出名，不仅在于其意头好，还在于其名堂多。最基本的及第粥是在粥里加猪肉丸、猪肝、猪腰，叫三及第粥，简称及第粥。柳雨生《赋得广州的吃》（《古今》月刊1942年第7期）："于上列三种之外，还要加上猪肠、猪肚。另外，最好还有一个新鲜的鸡蛋打在每碗里面。"而除此之外，还有加青鱼、腰果、猪心等的，叫五彩及第或七星及第；加牛肉牛杂的叫牛及第，加鱼叫鱼及第，加虾则称虾及第。而最稀罕的及第粥，当属唐鲁孙先生所记，当年曾做过国民党中央宣传部长的"高要才子"梁寒操所说的鲸鱼及第粥："广州吴连记有鲸鱼及第粥，那是属于鱼粥别裁，当年梁均默兄（寒操）曾经吃过。并且给吴连记写了一张'粥恣啜，味胜椒浆'小条幅，以彰其美，到了民国二十四年以后，大概世界限制捕鲸，来源困难，在广州就不容易吃到鲸鱼粥了。"

当然，也有人不认同这种说法。柳雨生《赋得广州的吃》就认为："最著名的似乎是鱼生粥，里面的配料有生鱼片，有江瑶柱，有细萝卜

艇仔粥及其配料。

丝，有‘薄脆’，有时候还有海蜇皮。这种鱼生粥的制法，不过是在煮滚了白粥之后，把这些配料很快地完全倒进锅里面，略微烫熟，立刻就盛出取食。这种滋味当然是很鲜的。”其实这种粥与艇仔粥的做法已无甚大区别。不过他喜欢的劲儿，倒是令今天的粤人都觉得高兴：“在阴雨蒙蒙的季节里，闲坐在市楼的一角，看完了自己爱读的几部书籍，正待苏散下精神的时候，突然你的太太端上一碗热气腾腾的鱼片粥来，这个大概是没有方法拒绝的罢！”

当年市面上比较流行的还是鸡粥与海鲜粥。鸡粥当然以鸡肉为主；梁寒操到台湾后，曾将鸡粥的做法在台湾传授，大受欢迎，被誉为“梁公粥”。海鲜粥主要用虾和蟹，一般要用砂锅煲。这些大荤的粥，当然是可以饱餐当正餐甚至连菜都可以不点的。当年人们泛游荔枝湾，品尝艇仔粥，哪还要什么菜。不仅不要菜就能吃饱，还且还饱得需要解腻消食。涂景元先生的《广州星期美点》（《人间世》1934年第9期）说当年人们在荔枝湾饱餐艇仔粥后，“湾内亦有卖‘咸酸味（菜）’者，以为食粥者消化之助”，而这“咸酸味”“物品整洁，售价亦昂，嗜粥者无不嗜之”，正说明吃得太饱，正好需要，否则价格是昂不了的；而吃得太饱，不独荤腥的缘故，还因为它做得太好——内地也有荤粥，相信就很少有人饱餐过。

赋得广州的吃

□柳雨生

“吃在广州”这句话不知道是什么时候有的，但是在我很小的时候，就经常听到许多乡人谈起。我自己虽然也是粤人，可是出世的地方是在故都北平，长大后又有多少年在江南，对于广州的感念，可说奇少。民国十七年曾经回过去一次，那时候正值北伐告成后，住了不过一年，又回到上海来。所以最近这一次我由香港到广州去，中间已隔离了十三年，许多平淡的事情在我看来，都觉得新奇可喜了。

在广州，别的特点也许还不算怎样显著，而吃的方面则极为有名。在民国纪元以前，康南海环游世界的时候，他在义大利看到古代罗马伟大的建筑的遗迹，危垣断墙巍然矗立，不禁发生一番议论。他说的大意是，一个民族的文化发达到相当程度之后，他们努力的对象不免向奢侈的一方面去发展。这种发展有的可以说是好的。他以为，在衣食住三项，最上等的是奢侈的建筑，因为它除了富丽堂皇的外观之外，还有实用的目的。像欧洲的古代建筑，都可归入这类。其次是奢侈的衣服，因为它也有较长时间用处。只有食的方面的奢侈，才是真正的奢侈。他叹惜中国人的饮食，特别是广东的饮食，为世界冠，其他方面，则不逮外国远甚。南海的观察和认识，可以说是很深刻的。他是我们广东人，广东的饮食，说它为世界冠，或者不免过分一点，然而从这里也大概可以看到它的美味了。

许多外省的朋友，都颇爱吃所谓的广东菜，（我的朋友）沈君，他对于广东馆子的脆皮炸鸡和红烧鲍脯，就常称道不置。今日说广州的食品，想把它分为三种，曰粥、菜、点心。在广州吃面食是不免逊色的，就算是护短一点，也至多觉得在广东所吃的面，汤汁比较的够味，配料比较的丰富而已。但是配料和汤汁并非就是面的本身，广东煮面用的配料或汤好，那是因为他们所做的其他的菜肴好的缘故，和面的本身并没有什么关系。不如还是谈广州最好的吃食罢。

还是就讲广州的粥罢。粥本来是大众食品，原无足奇。但是广东吃粥，除了一锅白稀饭之外，还有许多佳美的配料在一起烧煮。最著名的似乎是鱼生粥，里面的配料有生鱼片，有江瑶柱，有细萝卜丝，有“薄脆”，有时候还有海蜇皮。这种鱼生粥的制法，不过是在煮滚了白粥之后，把这些配料很快地完全倒进锅里面，略微烫熟，立刻就盛出取食。这种滋味当然是很鲜的。我有几位潮州朋友，据说有一种海边捉来的极细的虾，嫩极，他们都是生吃的，味才叫鲜美呢，煮过就不甚好吃了。此亦可为吾乡吃鱼生之一种副署。我比较喜欢吃的粥，是“鱼片及第粥”。这种及第粥的名字，至少要包括三种不同的猪肉类做配料，通常为猪肉（切碎，弄得和肉圆相似）、猪肝和猪腰。但是常于上列三种之外，还要加上猪肠、猪肚。另外，最好还有一个新鲜的鸡蛋打在每碗里面。这些猪肉猪肝……配料，都是放在白粥里一齐煮熟的，鸡蛋则在半热时放入。鱼片呢，平常是切成一小碟子，拌些姜丝、胡椒粉和酱油，等到粥从锅里盛出来之后，把它一齐倒在碗里，用匙羹搅上几搅，看到那些鱼片由生嫩的颜色淡到发白的程度，就是熟得可吃了。这样的一碗粥，在自己家里也可以做，在广州的大小粥店里，用很便宜的代价，也都可以吃到。虽然各家的配料都是差不多的，但是仍要看煮烧时的火候和调味的高下。在阴雨蒙蒙的季节里，闲坐在市楼的一角，看完了自己爱读的几部书籍，正待苏散下精神的时候，突然你的太太端上一碗热气腾腾的鱼片粥来，这个大概是没有方法拒绝的罢！

粥之余，顺便谈谈点心。广州点心的特点，不外乎它的巧小玲珑，和种类奇多。什么是巧小玲珑？每入一间广州茶楼（在广州，像陶陶居、莲香、占元阁、惠如楼都很好），必可看到伙计们捧着大盒各式新制好的点心，走来走去，任人选择。每一小碟，至少一件，至多呢，却也不过三件。如果要像在南京夫子庙的雪园吃灌汤包子，一笼十二个，那是从来不会有的。并且，点心的样式，又是新奇而巧小的居多，在那里所谓大的鸡肉包子，一碟一个的，还不及夫子庙的包子的一半大。

（选自《古今》月刊1942年第7期，有删节）

广州杂记

□邵潭秋

粤菜在中国肴馔中最为特色，猫犬蛇鼠并可入鼎。南园文园两家稍丰异之席，每桌非百元不办。饮茶嗜好，家喻户晓，市民上午十时早餐，下午六时晚餐，上午十时之前十一时之后，与下午七时之后十二时之前，皆足登茶楼、手把茶瓯之际，此风染被极广，虽妇女童孺皆然。初到广州者，莫不异之，此亦广州特异之点，非富侈习奢之都会不至此也。

吃在广州之风，予夙闻之，自来羊城一月，粤友见招，遍尝异味，如龙虎凤一味，乃合烹蛇猫鸡肉而成。三脚鸭乃合烹全鸭鸡爪火腿蹄爪而成。其他菜名如凤爪、白花脆皮鸡等，取义皆耐人思。柚皮人以为苦者，至此乃鲜美如鸭脯。竹心人之所不知者，伐小竹淹之水中，竹皮尽，竹心出，加以烹治，乃细腻如鸡绒。粤菜清淡鲜洁，不事肥浓，不多施盐，宴罢退席，令人口吻不燥，心腹清虚。予三至扬州，一至新安，皆患其菜油腻难下筋。居苏州半年，又常至无锡，亦苦其菜过甜，若进小儿以饴糖。杭州住十载，生菜亦蒸食如烂草根，市上酱园，栉比而设，常笑西子未尝蒙不洁，特为盐水渍透，未能以秀色餐人耳！昔东坡读庄子大快，观其汪洋恣肆，以为无有，乃知文家向来无口。予来广州吃粤菜后，始觉有口腹之适；彼食前方丈，夜半不嗛，主妇操面杖，灶婢议酒食者，乃徒增其烦动而已。

到羊城之次日，天气酷暑，老友顺德陈荆鸿偕夫人连城璧女士过访梅花村梅花精舍，招泛荔支湾……船至中流，就卖酒菜艇子进晚餐，粤人治饪极精，虽水上之浮厨，亦复不肯苟简。吴兰雪《西溪》诗“买鱼呼酒有谁闻”，则远不能与荔支湾比矣！是夕游至十一时，复进鱼生粥一器，椰子嫩姜一盘，此游有诗一首：“白鹅潭水夜凫飞，惊掠船灯复合围。莫信风波渡桃叶，但容驿骑媚杨妃。浮厨列舫鱼虾贱，盲女传歌弦索微。仙侣同舟忘主客，浮云如浮上人衣。”

（选自《旅行杂志》1936年第11期，有删节）

鱼生

□（日）吉田里

大多数的中国人，以为刺身（“沙希米”，是日本鱼生的小菜名）是除了日本以外中国地方是没有的，但是广东、福州一带倒一向嗜吃鱼生。古代中国亦有吃鱼生的，有句俗语叫“惩羹吹脍”的，它的意思就是说吃羹（热菜）时往往会烫痛喉咙，所以吃脍（冷菜）时也要吹了。有了这种俗谚，是中国古代吃生鱼的根据，换句话说，在古代中国就有了。

现在广东菜里的鱼生，是以普通草鱼和青鱼为限，草鱼就是白鲩鱼，青鱼就是黑鲩鱼，中国人烧鱼生的“和头”（按：当即广东菜的宪头）比日本人烧刺身的来得讲究：把鱼切成薄片，放在盆的中央，边头加些条切的萝卜、花生、薄片的苹果、蟹、虾，吃的时光再加些辣椒、生姜、葱、蒜和酱菜等，时放时吃。一年中只有初秋最好，同时出产量也最大，和日本的河豚、香橙的季节是不相前后；日本人吃河豚一定要加香橙，而广东人吃鱼生一定要和同季节的萝卜。秋天在广东江门、顺德的街道里步行时，到处是这种鱼（生），尤其在江门，还有专吃鱼生的馆子。

《广东新语》里，关于鱼生有这么几句话：“将活鱼生除其剑皮，洗其血，红肌白理，嫩薄如蝉翼，入口即冰融。”真的，吃过鱼生的人，才知道它的美味。

（节选自《鱼和中国菜》，原载日本《扬子江》第6卷第11号，译载上海《大众》1944年第16期，高行译）

链接1：《中美周报》1948年第20期范烟桥《食在中国》：“广东馆冬天的‘生’，苏州人称为‘菊花锅’，北方的涮羊肉，有些相似，不过他们只有一种生羊肉的片子而已。这种吃法或许从西北传来，现在日本也通行了。”

链接2：《紫罗兰》1944年第17期王市隐《文人好吃》：“文人好吃，自古如斯。博学于文的孔子，《论语》也说他‘食不厌精，脍不厌细。’前句意思甚明白，后句怎样讲？脍俗作鲙。就是以活鱼洗净，切为薄片，和以老醪椒品；自古视为席上之珍。汉魏以来，如枚乘《七发》、张衡《七辨》、曹植《七启》，都极力称赞他。今广东人好吃‘鱼生’，即古代作脍遗法，古味重于中原，今转流行于岭表了。”

夏天广州吃

□老伯

广州是在很热的南国，所以广东的吃食，在热天吃起来是很有趣味的，我最喜欢吃的是伦教糕，冷冻冻吃下去真舒服。以前在苏州，只有广南居一家有得出售，迟一步去便买不着，和叶受和的小方糕一样出风头。

到了上海之后，伦教糕到处都有卖，而且其他有味的食物很多，广东馆子小食店开了不少，那（哪）一家不是在把“吃在广州”的秘密，公开给上海的吃客。

凉茶、冬瓜水、茅根水，是广东人最喜欢吃的，虽然吃上口有些淡而无味，但是很合卫生，不论天怎样热，走得汗流如雨，喝一杯下去，有益无害，比冷茶冰水要有益多呢。

杏仁茶是用杏仁去衣磨烂冲茶的，味甜，可以止咳化痰，杏仁糊是用杏仁和米放在陶器盆里用木杵磨细，便成糊状。芝麻糊是用黑芝麻做的，制法和杏仁相同，可以利大便。

红豆沙、绿豆沙是用赤豆绿豆放在沙罐里焗熟，加广东冰糖，这冰糖的味儿甜香如蜜，非普通者可比。

凉茶里面加有药材，可以避役辟暑，强身健体。广东人居家，常冲午时茶或甘露茶的。

在粥里加着鲜荷叶、赤小豆、白扁豆、川萆薢，食之可以去湿去暑，同上海人吃绿豆粥一样，是热天的食物。

广东冬瓜连皮，切成小块，加广东大头菜少许做咸料，油、酱油均不用，煮汤烧四五小时，色带红黄色，其味鲜美，亦有解暑去湿之功，但上海冬瓜，其味不及广东之佳。

在热天广东人大多吃食咸鸡、冲拌鸭、姜芽鸭片、凉瓜牛肉，以上都可以加咖喱或是番茄。吃鱼，名叫不见酸，或是五柳居的可口，读者倘若上广东馆子，不妨点一只试试。

（选自《现世报》1939年第65期）

广州星期美点

□涂景元

（一）本文之“广告”

“食在广州”一语，诚与“广东是革命的策源地”同属轰然在人耳目间；而“广州食谱”四字亦随革命军北进——至少在上海，成为动人的招徕口号，招展南京路各大酒家楼头；使见者往往与革命党——国民革命军联想而为一。是则广州之“星期美点”在日夕享用已惯，舌根已为此种食味所麻醉者当然视为无足重轻。而广州以外之人士心以为新鲜可口也无疑。即以上海之已尝过“广州食品”者而言，恐仍不免有“不是地道”之叹。《红楼梦》之“见土物蘡卿思故里”，一般作客之“广东先生”岂无同感？此吾之所以愿将本地风光举以告读者，是为“星期美点”。

尝见上海某刊物为聊备一格之故，往往谈及广州，固以广州之“口味”—抗日—十九路军—最近之美人鱼，易使人有新鲜别致，特别醒胃之处。于是“广东菜”之几乎成为摩登食品，为一般刊物利用奉客，有意无意间将“广东菜”弄成一塌糊涂。食客之明眼者当然有“不尽不实”之感想，甚或对于该刊之其他部分亦起怀疑，此辈特广东片面之损失而已耶？兹为纠正“广州食谱”起见，借《人间世》一爿地位开张，并加“货真价实、童叟无欺”字样于其上，以为开张“广告”。

（二）大华烈士园游会

本刊之“东南风”作者大华烈士，广东土产也。是读者所稔知，而有欲知其最近行踪者，本人虽未得其同意，亦在所不计将其在广州“园游会”一幕报告如下：烈士此次偕其新夫人杨玉仙女士遄返故乡，第一次宴客即假座广州最著名而资格最老之酒家——南园——园为清代岳云楼主人孔氏物。名字依旧，园林之胜为此邦各酒家冠。园之中心曰赤雅堂，茶资最昂。是日烈士择其邻座开会，来宾尽忘形交，客到较主人为早，不知为急一见新夫人否？人数仅一桌而未“十三”。开会时，主人夫妇相对就主席位，肃客入座，点心入度，热荤四盘，味殊不恶，故费亦“略资”。酒已三巡，或大言炎炎，小言沾沾，虽未及“上下古今”，然亦极“东南”、“西北”风味。

（三）荔枝时节

“增城挂绿”为广东增城县某寺门唯一产物，清代列为贡品，除非三品以上之守土大员，始有一尝之机会，否则未许正视也。迩者皇室虽倒，而荔枝亦未能平民化，仅仅小官僚化而已。一等三级以上之荐任官，有时亦可以一尝。仍属非卖品而为馈赠品。（荔枝每四枚为一匣，匣为玻璃镜及织锦所制。）然产量有限。此外“增城”而不“挂绿”，或“挂绿”而不“增城”，则随便可得而食。

啖荔者趋萝岗洞，“逐丽”者趋荔枝湾，湾已不产荔枝者久矣，而“荔”名犹挂人齿颊间，“荔枝湾”，殆指其全盛时代耶？清代海山仙馆，昌华苑是其前身，最近客死上海之剪淞园主人潘兰史氏，其近族也。或谓湾似上海半淞园，饶“曲线”美，此间“大众”推为消夏胜地。潮水涨时，绿荫深处，一舸舢板，不知撮合几许摩登男女。昌华旧苑已在“大众”模糊意识中，现易以荔香园名，主人陈氏，今行政院长汪精卫夫人母氏居也。

湾内既为运输孔道，亦为排泄孔道，两郊之粪艇，固所从出。当年汪先生游园，其题壁云：“十里荷香撑屎艇，道是晚凉天气，鱼生粥，真堪啫。”盖纪实也。词句一时传诵，惜不复全忆。“鱼生粥”这荔湾著名食品，亦主要食品也。卖粥者放瓜皮小艇，粥之材料为鱼肉、鱿鱼、海蜇、炸花生米、虾子、五香等，切丝成片，各载以盘，和之为粥。而五色之材料，杂陈艇后，缤纷相映，谐合入画。艇首置瓦巨埕一具，大可容二石粥，备一日之需也。自午至暮，炉火常温。游人有尽三四碗犹以为未足者，喜其“野味”也。继而香港之“安乐园”，亦以“艇仔粥”款客矣。其影响于食客也如此！

湾内亦有卖“咸酸味”者，以为食粥者消化之助，物品整洁，售价亦昂，嗜粥者无不嗜之。亦有叫卖荔枝者，类皆放艇中流，珠孃软语，不让吴侬。身穿黑胶绸衣，大都健美。与游艇中之粉白黛绿，相映成趣。湾之对岸人家，各因其近水余地，作亭台小筑，凭览游人，亦具肉竹管弦之盛，与园中各酒家众响遥相唱和，湾之条件，于矣完成。

（选自《人间世》1934年第9期，有删节）

链接：《永安月刊》1943年第51期袁松年《闲话荔枝》："粤中最有名之荔，莫'挂绿'若。树在增城县西山寺前，其荔子之形颇异，每一荔子，其壳必有一条绿色线形环绕，以其肉浸酒，酒亦作绿色，且于摘下多日，仍能保持其鲜红如故，核极细形如瓜子，其味之香甜浓郁，殊非他种所能望尘者，惜此树只有一株，故非达官贵人不容易得一尝也。闻诸故老云，此为前清之贡品，每岁于初结果时，将军府即遣兵一营前往监视，偶落下一果，亦须呈报，余曾官游增城，幸得一尝此佳果，亦平生快慰事之一也。西山寺僧曾以嫁树之法，移植两株于寺中，其果实亦佳，但无此绿线矣，传闻八仙中之何仙姑，增城人贫家女，登仙籍时，偶然以其女红所用之绿线挂诸此树，其后即有挂绿荔子之仙迹，所闻如此，虽不足信，斯亦奇矣。"

第三辑

海上传奇

晋人郭象说：“言出于己，俗多不受”，而“寄之他人，则十言而九见信”矣。岭南僻处一隅，人民向来淳朴自守，不作大言，因此饮食之事，无论多么出色，即使“桃李不言，下自成蹊”，食客盈门，仍是夸在心里，言于邻舍，而“不足为外人道”，因此，岭南饮食，即使饱受猎奇之苦，如笔者一再提及的韩愈、苏轼，吃了人家的还舌长如妇，总认为岭南饮食如何也不脱蛮夷之气，而岭南乡民仍甘之如饴，对他们这些“文化人”尊崇有加。

宋明以后，随着中国经济大势的南移，尤其是晚近以来，得欧风美雨之先，岭南文化迅速崛起，引领时代，以至先贤如陈寅恪等都惊呼：“江淮已不足道，更遑论黄河流域矣。”新儒学大师张君劢更直言中华文明珠江时代的到来。但岭南的文化人，仍然恪守古训，自美不言。方此之际，广东最有声名于外的，一是革命，二是美食，而美食的金字招牌，闪亮全国，实乃拜海上各方文人之赐。而笔端背后，“食在广州”，也实实在在地在上海这个新兴经济和金融中心，上演着一段惊艳的传奇。

上海尚未开埠，精明的潮汕食家，已随着海运的红头船逐浪而上，先开饼铺，后开茶楼，至民国时期，以冠生园为代表的食品业成为行业的巨无霸，以新雅为代表的酒楼业更是表征时代，使“食在广州”的金字招牌牢不可破。而上海人对于粤菜，也厚爱有加，食之于口，笔之于书，传之于今，令人无法不心存感激。杏花楼、新雅，这两家老字号的粤菜餐馆，如今在上海更是老树繁花，发展成拥有一百几十家分店的大型餐饮集团，足以令广州本地老字号食家相形见绌，令人惊奇，也令人感慨。这段粤沪合奏的传奇，是怎样一种内生形态？本辑文章试为你一一道来。

“食在广州”的上海历程

翻开晚清民初的老报刊，找寻“食在广州”的历史踪迹，无论在广州还是在上海，总是先见着许多茶楼的记述，酒楼显然要后起些许。可以说“食在广州”，兴起于茶楼；这在今天茶楼早已变为酒楼或者酒楼的附庸了，仍然是若脉可寻的。比如说，去到一个有广东人聚居的地方，且不说北京，就在洛阳涧西的广东街，要解决早餐的问题，就想着喝早茶；茶楼固然是没有的，但那里的粤餐馆多半会解决。也就是说，广东人喝茶，主要还是吃东西。这一传统，我们还由今天越过民初上溯到屈大均的清初时代，在《广东新语》里，关于广东人喝茶的篇幅自然也不能跟送茶的饼饵——茶素——相比。因为重吃的缘故，广东的饮茶，在清雅品茗的中国传统中，是方家并不以为然的。但是，其于广州饮食，却仿如制作包点的发酵粉，生发之妙，妙不可言。梳理一下“食在广州”因饼饵而起的上海历程，最能说明这一点。

话说上海尚未开埠，精明的广东商人，已经越海北上抢占商机了。就像当年张翰在洛阳想起了故乡的鲈鱼莼羹一样，在上海的广东人也总会想吃故乡的食品。有鉴于此，1839年便有潮州人开设了“元利”食品号，专门制作潮汕一带出名的糕点食品。而据上海商业史家考证，这竟是上海最早开设的可以称得上食品店的商店。待到开埠以后，上海愈益繁荣，去上海的广东人也越来越多，1862年，另一家著名广式食品企业“锦芳食品”也开业了。而至今在上海滩仍负有盛名的杏花楼粤菜馆的前身“胜仔”甜品店，则在二者之间的1851年开业。

然而，吃饼饵糕点，总得有茶水相送吧。店家便往往择一楼房，一楼卖糕点，二楼供应茶，这就是茶居了。广州人过去称饮茶叫“上高楼”，正缘于此。广州如此，上海亦然。上海最早的广式茶居利男居（开设于1902年，创始人钟安），也正是做糕点起家的。利男居如此，当时上海滩

1905年，上海易安茶楼。

的广东茶楼六大居（即利男居、同安居、同芳居、群芳居、怡珍居、易安居）更是居居如此，后来最负盛名的新雅粤菜馆，也同样如此。而从时间上来考察，上海广式茶居的出现与广式糕饼店产生相距了数十年，之所以如此，是因为开茶居茶楼，所需资本相对不菲，得有些积累；上海早期茶楼多由糕饼店发展而来，正说明其生意良好积累不少。

嗣后，茶居为了不断扩大销售，糕点而外，叉烧香肠、熟食卤味，步步引入，连酒也随着肉食引了进来，这茶居，就变成了酒楼，无所不吃不喝了。也正是靠着这一段长长的茶与茶素的“前戏”，后来在以菜系论英雄时代的“食在广州”，才能在上海滩迅速地确立起不二的地位来。而回顾“食在广州”在上海的发展历程，我们可以总结说：广东茶，未必甲于天下，但广东茶素，确是名副其实地甲于天下的；“食在广州”，由其开路，顺理成章。

上海人对粤菜的厚爱

粤菜入沪未几，上海人不仅欣然接受，而且在报刊上大张旗鼓地表彰，至获得“食在广州”的美誉。这且按下不表，先说说粤菜在本土的低调或者被低调——或者自家的好处不便说吧。

广东人固然也讨论粤菜，不然太史菜等也不会风靡一时，不过那多止于口碑，报章上是不见得有多少广告及文章的，这对于一地饮食及其文化的发展，是较为可惜的。从最早的晚清的期刊《时事画报》与《赏奇画报》看，上面没有多少酒楼茶楼的广告，像1906年第4期《赏奇画报》登载的“颐苑茶居”广告，也不过一个简单的形象广告而已。至于《时事画报》上的一些饮食图画，着眼的是风情民俗，而非饮食本身；谈得饮食，有时还板起脸来教训人，目的就是让你不要吃。如《生菜大会图》，在今日看来是既民俗又环保，当日编者却解读为诲淫；再如《夏至食狗图》，也是大骂好之者听信狗肉好吃之“无稽谰言”，几致“我地丧良”。期刊既不佳，报纸虽然更大众化一点，但谈及饮食，也并不见佳。如《中西日报》上刊登的《省城怡珍酒馆》告白词，文雅得小老百姓食客不知所云：“山珍备蓄，海错纷呈。酒旨嘉肴，咸擅易牙之技；价廉货美，洵称适口之宜。”

这其实反映了岭南文化的一种保守性。保守与开放，有时是非常奇特地并存着。插句题外话，胡适20世纪20年代南游广州，因反对当局不知所云的读经运动，被一班教授鼓噪要以“乱臣贼子”之名就地正法，简直匪夷所思。这种风气，直到三四十年代上海的粤菜馆中都还留存，比如菜名雅得不知所云，而为后起的新雅粤菜馆痛加革汰。所以，在这种风气之下，你在广东本土的报刊上，找不到几篇像样的谈粤菜的文章，真正的好文章，得到上海找。

上海的报刊，是大谈特谈粤菜的，即便是沦为“孤岛”的抗战时期，

《赏奇画报》登载的“颐苑茶居”广告。

《新都周刊》等仍在定期讨论粤菜的做法及其文化，并不断推出新的菜式。而在解放前夕的风雨飘摇时期，《家》杂志还约了吴慧贞开设“粤菜烹调法”的专栏，大谈特谈粤菜渊源及其做法，而此时，在广州本土，如陈梦因所说，“食在广州”的光环早已褪色了。而广州本土的写家，如张亦庵等，写了关于粤菜的文章，也基本上拿去上海发表。上海人待粤菜，真不薄也。或许正是这个缘故，与广州本土的百年老店纷纷凋谢相对照，上海的老牌粤菜馆，如新雅、杏花楼等，却上演着跨世纪的繁荣传奇，如今分店，都是好几十家甚至一百余家，广州有哪一家老牌饮食企业堪与匹敌！餐馆而外的当年食品巨头冠生园，如今也是老树新枝，不独上海，南京、杭州等地的分支机构，也各自发展得好好的。凡此种种，实是令人深思。

粤菜在上海的文化之旅

上海人厚待粤菜，老百姓用嘴巴消费的行动表达，文化人则还加上了笔；老百姓的厚待空余想象，文化人的厚待则有迹可寻——有文字相佐证。

最早高度宣扬粤菜的著名人士，当数客居上海的杭州人徐珂。他在所撰的传世名著《清稗类钞》以及《康居笔记汇函》里，对粤菜再三致意，并提升到一个人文高度。如他在“粤多人材”条里说：“吾好粤之歌曲，吾嗜粤之点心，而粤人之能轻财，能合群，能冒险，能致富，亦未尝不心悦诚服，而叹其有特性也。粤多人材，吾国之革命实赖之。丙寅北伐军起，自广州首途，越一年为丁卯之冬，广州人民，乃备受焚掠屠戮之祸，甚至于湘鄂豫章，苍苍者天，共谓之何！”在徐珂看来，粤人轻财的一个侧面，即是自奉，自奉在吃上。如他在“粤人财力之雄”条里便写道：“先施公司之月饼，有一枚须银币四百圆，冠生园亦有之，则百圆。惟角黍有一枚须银币五圆者。先施冠生之资本，粤人为多，购月饼、角黍者，亦大率为粤人，否则且骇怪且咨嗟。珂谓此固足以见粤人财力之雄，丰于自奉。”并因食及人：“然就在粤之粤人，未为他方所同化者觇之，其待人亦厚。生则资以财，死则葬以地，慷慨性成，非尽由势利而然。”因人及事：“且有激于人言，倾其私囊者，故凡掀天动地之事，若戊戌维新，若辛亥革命，莫不借粤人之力以成。吾浙之甬人，且瞠乎其后，而况于其他。”这种文字，待粤菜之厚，真是无以复加了。

文化饮食，饮食文化，菜式出品而外，环境氛围，至为重要。上海对广东餐馆、茶楼的文化环境，尤其是洁净方面，揄扬备至。按照春申君《广东菜在上海》（《上海周报》1933年第1卷第20期）的说法：“广东菜馆在上海发达的唯一原因，可以说是清洁。”因为“向来上海的菜馆，除了西菜馆而外，可以说是龌龊不堪，非但台凳碗筷泛满油腻，而且完全

20世纪初的广州茶楼。

恶浊，使人不耐久坐。惟于广东菜馆，内部布置精雅，红木椅桌，参与新式用具，令人心爱，同时碗碟筷杆，也是洗涤得清清爽爽”。这一点，引发了文化人的强烈共鸣。在著作新版时已被冠上了国学大师称号的胡朴安先生，在其《中华全国风俗志》里，说到广东的酒楼，极言其布置之美：“此等厅房之组织，均用极珍贵之品，估其价值，每厅有达数千元者。”而上海滩最著名的新雅粤菜馆，则打其前身尚为茶楼时起，其环境品格即已超然西餐馆咖啡厅之上，而为文人聚首雅集的首选之地，如曹聚仁先生所言：“文化界熟的朋友，在那儿孵大的颇有其人。傅彦长君，他几乎风雨无阻，以新雅为家。”（《上海春秋·新雅、大三元》）遑论后来移居南京路，并拉了摄影大师郎静山入伙，从而上演一曲新雅与文人的跨世纪传奇——个中故事太精彩，得专写一篇文章为你道来！

新雅粤菜馆的跨世纪文化传奇

文人雅集是中国文学与文化的一个重要传统，多本有分量以此为选题的博士论文已经面世。这里面略举一例子。当年的三月三日，王羲之与一班酒朋诗侣在会稽兰亭流水曲觞，赋诗纪事，临末，王羲之作了一篇文章与书法双绝的《兰亭集序》，有人方之石崇的《金谷园序》，后者也是一次重要的文人雅集的诗序。雅集的重要性可见一斑。这种传统，在“食在广州”开创者太史江家与谭家那里仍然继承着。可是，时光到了20世纪初，到了社会分工与商业发达的上海，在家里行雅集之事，便有点不合时宜了。由此想起初入中山大学，前辈们介绍我的师爷董每戡先生，说那是一副标准的名士风流——读书写文章，是要上咖啡馆的，便明白，雅集当借一好的茶楼酒店咖啡馆为媒，而世俗的餐饮营生者，往往不文，鲜有能够提供这样的环境。有之，新雅粤菜馆是也。

新雅早年在北四川路作为茶室时，曹聚仁先生说已是“文化界熟的朋友，在那儿孵大的颇有其人。傅彦长君，他几乎风雨无阻，以新雅为家”。鲁迅日记里多有上新雅的记载；有的人认为鲁迅去的是新亚酒店，他的日记里确实是这么写的，其实当是鲁迅的笔误，要知道，当时新亚酒店还没有呢。新雅与文人关系最为人所乐道的当是几则经典的恋爱初见。巴金与萧珊的初次相见，约的是新雅；郁达夫与王映霞的初次订交，也是新雅；戴望舒与穆时英胞妹穆丽娟初坠爱河，还是新雅，新雅的魅力可见一斑。此外，邵洵美、陈望道、林语堂、叶灵凤、施蛰存以及广东梅县籍的著名作家张资平等，还有艺术界的周信芳、白杨、赵丹等，都是新雅的常客。

而最为常客的，一个当为摄影泰斗郎静山，新雅为其辟有专门的“静山茶座”，成为上海滩的顶级摄影沙龙；另一则为《时事新报》副刊主笔林微音。林微音因为老喜欢约人在新雅聚谈，有人认为是他开了“上海滩

民国，上海新雅茶室。

文人相约新雅的先河”。据他本人所写的一篇《老新雅东厅素描》记述，即使约不到人，他也会上新雅，枯坐着想：“叶灵凤、刘呐鸥、高明、杜衡、施蛰存、穆时英、韩侍珩等有的时候简直好久不来，有的时候就好几个人一起来。”这种沈从文《边城》结尾式的语句，令人想象他比傅彦长更以新雅为家。而由林微音开创的新雅文艺沙龙，有人比之为林徽音在北京的太太客厅——另一处著名的文艺沙龙。这仿佛是京派与海派区别的一个象征——上海更商业化，客厅沙龙是不适宜的。

而更堪称传奇的是，新雅这种资而又资的酒店，在解放后仍然成为文人雅集的重要场所，连行事甚为低调的何满子先生也为此写过一篇《话题围绕着新雅酒店》的文章，记述从解放后他与陈望道、黄嘉音等在新雅的相聚，一直到20世纪八九十年代应邀前往参加的活动。

风行上海的伦教糕

在1939年第65期的《现世报》上，看到署名老伯的一篇《夏天广州吃》，说“广州是在很热的南国，所以广东的吃食，在热天吃起来是很有趣味的，我最喜欢吃的是伦教糕，冷冻冻吃下去真舒服”。此公到了江南，想吃可不容易了。因为他旅居的“苏州，只有广南居一家有得出售，迟一步去便买不着，和叶受和的小方糕一样出风头”。这记述颇让人兴奋。因为广东饮食，民国时期的影响主要还是在大上海。现在一种在广府地区尚不十分流行的食品，在苏州虽止一家，但其“迟一步去便买不着”而与苏南食品小方糕一样的风头，还是令人诧异的。而作者进一步说，“到了上海之后，伦教糕到处都有卖”，则更令人惊叹了。

下面两则材料，则证明了作者所言，实在不虚。《申报》1927年5月8日第17版有一则当时中国最大食品托拉斯的伦教糕广告：“冠生园纯素清洁冰糖伦教糕，乃最合时宜之食品……伦教糕始制自粤之伦教乡，为最著名之品，故该园特请当地名手到申制造。”有这样的大公司大广告，背后必有大需求大市场，自然是到处都有得卖。约一年之后，我们再看到《申报》1928年4月13日南京路易安精建饮冰室的伦教糕广告：“今岁之作料制法均已改良，较诸寻常伦教糕为优。”看来广东伦教糕都快变成上海伦教糕了。而最让人信服的是，如《申报》1934年7月3日火雪明的《上海夏季测验》所说：“白糖梅子的声音过了节候，替之以‘阿要伦教糕’，那卖糕的广东人，会把盛着白糕的筐子戴在头顶心，而不用双手去把握的。小弄堂里的赤膊孩子听到这亲切甜香的呼唤，一个个飞出来瞧，有的丢了铜圆买，送进小嘴巴，津津有味地嚼；另外几个孩子，突出了眼，垂了手，在咽唾液。”小小的伦教糕，竟成为了上海最美好的童年记忆之一，能不让人惊叹！

惊叹之余，我们来看看这款民国时期风行江南，但人们记忆中多已淡忘的伦教糕的来路，或许有助于我们明白个中因由。据咸丰《顺德县志》载：“伦教糕，前明士大夫每不远百里，泊舟就之。其实当时驰名止一家，在华丰圩桥旁，河底有石，沁出清泉，其家适设石上，取以洗糖，澄清去浊，非他人所有。”他处清泉不易得，改用鸡蛋清来“澄清去浊”，效果也不错，便广泛传开了。今天的做法或有改进，但大致不差。制作伦教糕首先要米好，将上好的大米浸泡磨浆，然后加糖水、糕种，放上十来个小时，再倒入蒸笼用中火蒸半个小时即可。雪白晶莹，光洁如镜，爽软滑润而有韧劲，好吃得很。在穷奢极欲的晚明，能征服嘴巴尖得很的士大夫，树立名声，传至后世，是很不容易的事，足以见出伦教糕的品质。这种精致细腻的品质，很对文人士大夫的胃口，而其口味的甜腻，也颇合于江南，大概是其风行江南的内在因由吧。笔者曾撰文讨论过岭南文化与江南文化的渊源，这可成一佐证乎？

最后，鉴于民国时期，因粤菜风头太劲，广东点心在沪上又成名太早（多在前清），民国文献鲜少述及，故再拣一二，以飨读者。据唐鲁孙先生《食吃在上海》一文的记述，上海滩当年还有两款广东点心，十分风行。一款是西式的永安公司七重天的“七彩圣代”，一款是憩虹庐最著名的粉果。当年粉果在广州，以十八甫茶香室的娥姐粉果最为著名；马武仲家的私家粉果，当然也别有名声。而在憩虹庐，做粉果的也是一位阿姑，是鼎鼎大名的陈三姑。三姑做的粉果，被认为即使比不上娥姐，至少也比马武仲家的好。好还好在，虽然娥姐与马家的做法没有文字记载，但是三姑的做法则被有心的唐鲁孙先生写了个明白：“粉果的皮子是蕃薯粉跟澄粉揉合的，香软松爽，不皱不裂，馅儿红的是虾仁火腿胡萝卜，绿的是香菜泥荷兰豆，黑色是冬菇，黄色是鸡蓉干贝。包粉果也有特殊手法，皮儿必须光润透明，颜色还得配得匀称，乍一看只只粉果，都是青绿山水，甭说吃，就是看也觉着醒眼痛快。所以大家都是排班入座，等着吃粉果，绝非谬采虚声，凑热闹起哄来的。”而且，这么好的粉果，别说在上海，即便在广州，现在也是吃不到的了，至少笔者屡寻不获。

南京路上粤餐馆

南京路是旧上海最繁华最资产的象征，号称远东商业第一街。那地方寸土寸金，能把店开到南京路上，没几把刷子是顶不住的。再说，广东人主要聚居在虹口的北四川路和武昌路一带，广东的酒楼，都是在这一带发了，而且也逗起了本地人和其他帮的人的食欲，才到南京路上去打天下的。因此，南京路上粤餐馆的多少与兴盛与否，实可见出广东菜的受欢迎程度。

最早在南京路上开餐馆的，当属先施和永安两家。旧上海的四大百货公司，先施、永安、新新与大新，均是海外粤人开设。1917年，马应彪家族的上海先施公司开业，在附属东亚旅馆的屋顶开设先施乐园，供应粤餐及中西大菜，风靡一时。1918年，郭乐家族的永安公司开业，顶层的天韵楼（因在七楼，又名七重天）学着先施的范儿，风头有过之而无不及。

待到1926年与先施渊源甚深的蔡昌家族的新新公司开张，虽然也在顶层附设饮食设施，不过风气已过，后来难以居上了，遂干脆于1936年将餐饮部改为新都饭店。不过新都酒楼倒也没有忘记顶楼传统，也在其七楼开设了“七重楼”、“喜相逢夜花园”。而此独立的新都饭店，倒能后来居上，力压群雄。上海滩闻人大亨杜月笙当年为其子摆的婚宴，即席设于此，风光可见一斑。而唯一难压风头的，则是望衡对宇的粤餐馆新雅。尤其是抗战胜利后，新雅几乎三分之二的客人都是欧美人，李宗仁做代总统时莅沪宴请各国各界贤达，假座的就是新雅，较之杜月笙的排场，岂可同日而语。

除了四大公司和新雅外，大东酒楼也是食客如云的粤餐馆。据曹聚仁先生回忆，当年他常去大东酒楼，认为点心与菜式“和新雅差不多。我记得上大东酒楼有如上香港龙凤茶楼，热闹得使人头痛”。而民国过来的唐鲁孙先生，认为南京东路上的大三元，资格更老。大三元资格当然老，按

20世纪20年代，上海南京路，右为先施公司，左为永安公司。

曹聚仁先生的记述，它在四马路时代，就已经雄踞一方，名头响亮，连曹氏这样的名记都觉得如雷贯耳。

酒楼而外，据《商业杂志》第2卷第7号记载，“食在广州”的另一方面的代表冠生园，也早在1923年即在南京路开设了分店，并于1926年将总店迁至南京路。这样，既可满足市民糕点、果饼、汽水、果汁尤其是月饼等的需求，也可充分保障粤餐馆这些食品的供应。再者，冠生园在酒食上虽不及四大公司与新雅，可早茶这一传统强项，还是它要强一些。曹聚仁在离开上海之后，还不禁回首道：“近十多年来，上冠生园吃点心，也还是上海市民的小享受呢。”这也是“食在广州”的应有形象。这样两相呼应，南京路上“食在广州”的风景才算完璧。

除此而外，也许还有像今天广州北京路上摆卖牛杂等项的粤食小摊小馆，今已无从查考，不过短短一条南京路上，有了这些家大的广式酒楼食肆，已是独步天下，笑傲同侪了——民国味道，舍我其谁！

广东菜的坎儿

如果一味地在说广东菜的好话，虽然有为了证明“食在广州”何以表征“民国味道”的原因，不过仔细一想，世上哪有完美的东西，实在有自我揭揭短的必要，而这也更有助于我们今天“食在广州”的复兴大业。近现代饮食史上，揭陈粤菜之弊的文章不少，关于奇与特的批评姑且不论，这里仅拣一些名家就一般粤菜所发之言，以为代表。

名流之中，严独鹤率先在《红杂志》1922年第36期上刊发的《沪上酒食肆之比较》中，认为“几于无处不有”的小粤菜馆，“实无纪载之价值”，够不上批评的档次，所谓“自郐以下，无足论矣”。大的高档的粤餐馆，除了“杏花楼资格为最老，菜亦最佳”，其余各家，如“粤商大酒楼、东亚、大东、会元楼”等，则“皆鲁卫之政，无从辨其优劣，盖广东菜有一大病，即可看而不可吃。论看则色彩颇佳，论吃则无论何菜，只有一种味道，令人食之不生快感。即粤人盛称美品之信丰鸡，亦只觉其嫩而已，未见有何特别鲜味，此盖烹调之未得其法也”。同时，对广东餐馆擅长的西菜做法，除“四马路之倚红楼、大观楼为较胜。余如一枝香、岭南楼等，则皆卖老牌子而已”，“东亚、大东、一品香，虽皆以番菜著，然不过卖一场面，论菜殊不见佳，一品香尤逊”。

对严独鹤之论，虽有反驳者，但对于后一方面的批评，则反驳者如少洲也表赞同。他在《沪上广东馆之比较》中说：“江南春专售中菜式的番菜，又可以唤作广东式的大菜。大餐每客只须八角，公司餐每客只须六角，烹调还可以过得去，所以生意也不弱。其余的几家，自郐以下，不足论了。”

对于有如广东大排档一般的小粤餐馆，严氏等不屑于批评，倒有上海滩上的名编周劭（黎庵）在广东人办的《新都周刊》1943年第5期上撰写《饮食琐忆》严加批评：“余自幼生长海滨（浙江镇海），所以最喜欢吃鱼腥，下饭几不可一日无此……粤东虽亦为海滨，但与浙东不同，余于粤菜初无所嗜，忆昔求学北四川路东吴法学院，每晚九时始散学就食，偌大神秘之街，除粤菜外，殆无其他菜馆，不得已每晚食于此，两月后，渐不能耐，每食心中作恶，遂舍之就他。”这一批评很要命，要知道，北四川路一带，可谓粤菜的发祥地和福地！后来傲视全上海的新雅，起初也在那儿呀。而周先生对于新雅倒是情有独钟，一辈子都在说它的好话。这恐怕也与一段风月有关。前面我们说到，现代大诗人戴望舒与像其传世名诗《雨巷》中的“丁香一般”的情人穆丽娟初相见的地方是新雅，而周氏后来冒全家之大不韪迎娶并迎来终身幸福的，正是与戴氏离异后的穆丽娟也。

还有一种批评则是针对广东菜的缺少变化。如秋容在《食在广州？食在上海？》中所言：“广东菜虽然占着中国各种菜的第一位，并且可以说是占着全世界烹调的第一位，只有一点美中不足的，就是缺少变化，除了排翅、山瑞、鲍脯、信丰鸡，老是这一套。”

而对于粤菜的批评，也不独是外江佬，陈梦因也说，“食在广州”在20世纪二三十年代已经开始走下坡路了，其中一个主要原因是滥用味精。甚至认为，因此之故，“在四十年代出道的厨师，没味精不能弄出美味的肴点，大有其人”。

海派粤菜新时代

现在，无论本地人还是外江佬，许多人都会怀念广州的大排档时代，那种休闲、适意，尤其是那种镬气，是现在越来越高档的餐厅酒楼所缺少的。但是，随着城市的发展以及饮食的讲究，大排档终归只能供怀念与凭想。现在，近郊、远郊，也还有大排档，为什么就不那么受欢迎了呢？原因有二。其一，当年广州尚未成大都市时，市中心区也是安闲宁静的，门前树下，架锅即可开炒，可是，现在的郊区，无论如何没有当年市区的氛围与情调。其二，当年是厨师在民间，大排档的好厨师多得是，可现在大排档的厨师们，已多非广州人了，能炒出那种味儿来吗？

历史仿佛惊人的相似，当年在上海，粤菜的发展经历也是这样。当年上海滩的名编名记周黎庵对于大排档的粤菜甚不“感冒”：“此乃粤菜之幼稚者，若高等粤菜，则又作别论，以其精益求精去芜存菁，初非设备简陋不讲求进步者之可比。”（《饮食琐忆》《新都周刊》1943年第5期）周氏后来对新雅等新式粤菜馆的追捧，也是令人刮目，前已有述，可见其并非虚誉。

而这“进步”，在许多人看来，也是一种“退步”，就像我们今天明知“回不去了”，还对大排档怀念不已一样，所以，对这种进步与退步要辩证地看。《新都周刊》1943年第4期穹楼的《论中国菜馆》就说：“真正研究吃的人，应该不斤斤于菜馆的规模如何，而应该注意到是否原味。”这种原味，移以论广州或上海的大排档，就是那种镬气。“原味第一之外，第二还要说到本色。这本色的解释，譬如北方馆子侍者的京片，宁波馆子的白木桌与脏抹布，龙华那一带本地酒馆的粗桌凳，都保留各地方的土风，反觉得配合得宜。”这本色，则可谓追求大排档时代那种特有的情调。但是，“照上面这两个原则来论今日的粤菜，条件都失去。其实今日之粤菜，以我看来，已不能算地方原味，而应该说是上海的普通菜”。又说："广东人有一个特点，就是能够吸收外来的文化，而放弃其成见；这是他们的长处，也是短处。上海的广东音乐，里面有中国的胡琴，也有外国的梵亚林。广东菜馆里，有时很容易吃到各地方的菜，而且还有西方的烹调；从真正中国的烹调艺术上讲，这是退化，但也是根据这一点，广东菜能够普及，而吸引大量食客。我想，这或许是粤菜风行一时的一个理由。"

1901年，上海杏花楼菜馆。

穹楼先生的话，有褒有贬，更有偏颇。要知道，海派粤菜这种"普通"，其实是一种适应，同时兼有"创新"，更重要的还要葆有粤菜的基本的核心的特色。秋容的《食在广州？食在上海？》还将其视为"食在广州"的一个注脚："食在广州，已经成为中国公认的一句话，因为广东菜不但烹调得法，而且色、香、味，三者俱全，其它的四川菜、山东菜（即京馆）、福建菜、河南菜、徽州菜、本地菜（即上海菜）、扬州菜、宁波菜、杭州菜，香和味是有的，却缺少了色！广东菜哪里来的色呢？是采取西餐中的配合方法，用种种植物、花瓣、果蔬，红的红，绿的绿，不但好吃，而且好看。"这种创新求变，在西餐馆中表现更为明显。少洲的《沪上广东馆之比较》说："江南春专售中菜式的番菜，又可以唤作广东式的大菜。"广东大菜成为了上海番菜的代名词，这一点谁人能及？而最不能及的，是《论语》半月刊1947年第132期舒湮的《吃的废话》的一番说法："古人生活简单，吃法亦必不会复杂。现时以粤菜做法最考究，调味也最复杂，而且因为得欧风东渐之先，菜的做法也搀和了西菜的特长，所以能迎合一般人的口味。上海的外侨最晓得‘新雅’，他们认为‘新雅’的粤菜是国菜，而不知道本帮菜才是道地的上海馆。”如果没有求变、适应与创新，并葆有特色，粤菜如何能成为“国菜”？

粤菜的这种变化，不独反映在菜式上，更反映在菜馆的方方面面，通过粤菜馆的新型化、企业化，乃至当作一番大的事业来做，从而开创粤菜的新时代，不断创造新的辉煌。戈正璧先生的《大饭店》（《大众》1943年第4期）对此有很好的介绍。他说：“新型粤式酒菜馆发展到企业化，这是都会的需要，也是时代的进步。”餐饮业，向来被视为贩夫走卒的行业，而通过粤人的努力，使人认识到，必须要有“进步的思想”，即“要不要把它的地位提高，该不该把它当作一种‘事业’”。在粤人眼里，“酒菜馆是一种事业，是高尚的事业”。因此，“旧式‘饭店弄堂’、‘老广东’之类，虽还有一部分人欢迎”，也还是应该与时俱进。具体而言，这种新的事业，新型的酒菜馆，“当以北四川路的‘新亚大酒店’为创始，西洋大饭店的特色，尽量利用到中国酒菜馆里来”。在这种号召之下，“‘新雅’、‘新华’、‘京华’、‘红棉’一窝蜂地开设出来，此后又有‘南宁’、‘荣华’、‘美华’、‘金门’等新式粤菜馆继续开张，真是洋洋大观，懿欤盛哉！”而后来居上的，就是“新雅”和“新都”了——新雅赢得了国菜的殊荣，新都则成为“科学管理”的典范。

关于后者，新都的管理者李贤影有过夫子自道：“酒菜馆行业若要成为企业，最大的条件是缺乏不了施行科学管理。”（《与荫庭君论新型酒菜馆》，《新都周刊》1943年第12期）允先生的《饭店漫谈》（《帆声》1944年第3期）作了呼应：“在我国因商业落后，一切事业皆无专家之造就，故虽为第一大都市之上海，所有西式大饭店均为外人所经营。利权外溢，还在其次，一切操纵及低视国人之心理，亟须纠正。”这个层面上，粤人的成就，便值得大书特书，而且在今天，仍足资启迪。

广式月饼，美如胡蝶

“食在广州”在上海以茶素糕饼起家，但在小农经济迈向大市场经济的进程中，随着茶楼、酒店的日益繁荣，更兼现代工业化的糖果业釜底抽薪，传统的糕饼铺越发显得小型低端。但有一种产品，不仅渗透整个广式食品产业链，而且异彩纷呈，为成就“食在广州”的盛名，立下赫赫功勋，那就是月饼。

上海广东饼店酒楼制作的月饼，初期主要是在旅沪粤人间自产自销；最早的锦芳食品以及早期的先施、冠生公司，莫不如此。大约能闯上海滩的粤人，总是有些钱的，故看人做饼，制作非常精良，每每为人夸道。但价钱也高得令人咋舌。民初居沪名流徐珂在其《康居笔记汇函》“粤人财力之雄”条中就写道：“（上海）先施公司之月饼，有一枚须银币四百圆，冠生园亦有之，则百圆。惟角黍有一枚须银币五圆者。先施冠生之资本，粤人为多，购月饼、角黍者，亦大率为粤人，否则且骇怪且咨嗟。珂谓此固足以见粤人财力之雄，丰于自奉。”有学者认为，早在锦芳食品时代，广式糕饼已经获得上海各色人等的认可，并迅速占领了上海月饼市场的“半壁江山”，应该有些夸张与溢美。

当然，广式月饼占据上海市场半壁江山的日子，也不会迟多久。因为到20世纪30年代，冠生园食品公司已经一步步发展成为中国的食品大王了。这种规模的企业，是不可能靠着老乡的帮衬所能支撑的。冠生园当年的一招广告壮举，就生动说明了这一点。1934年，冠生园老板冼冠生礼聘自己的嫡系老乡、中国最红影星胡蝶拍摄月饼广告，广告语“唯中国有此明星，唯冠生园有此月饼”至今仍堪称经典。同时，又在最热闹的上海大世界游艺场建造一座月饼大牌坊，题曰：“冠生园中秋月饼真工实料，与众不同；科学炉焙，无生熟不匀之弊。”这样一虚一实两组广告，一时间把大上海搅得沸沸扬扬，形成竞相抢购的场面。而当时的另一著名广东酒

阮玲玉（1910—1935），原名阮凤根，广东中山人。

家杏花楼，也打出“借问谁家月饼好，人人都话杏花楼”。这种“共同奋斗”的结果，上海月饼市场，广式月饼占有的岂止半壁，而是大半壁江山。

附带说一下，在世人眼里，岭南女子给人的印象往往是皮肤较黑、颧骨较高，实在谈不上美。而方此之际，上海滩头，一个胡蝶，一个阮玲玉，均是红得发紫，而阮玲玉是至死还不太会说国语，满口的白话，实在是给广东人长了脸，实在是广东月饼或者说“食在广州”的最佳代言人了！而另一方面，当我们看到，今天上海市场上，已经彻底本土化了的老字号杏花楼等生产的广式月饼仍占有不少市场份额，而我们地道的广东月饼却难以搅和动静时，不说令人汗颜，也足以令人怃然。而当北大中文系教授陈平原先生在报刊文章中，说他的导师吴宏聪教授在世时，每年给他寄月饼以解乡思，都强调寄的是香港某品牌的月饼时，我们的内心能不更加五味杂陈？

挑箩卖担的粤菜世界

粤菜馆无论在广东、上海还是海外，给人的一个突出印象就是高档、豪华、洁净，这一层前面的文章里多有提及，后面的文章里也会经常提到。只是，万丈高楼平地起，许多做粤菜或者说后来做高档粤菜生意的人，早年都是挑箩卖担，走街串巷起的家。而且粤菜之中，即使后来高档酒楼林立，挑箩卖担者仍然以其低廉、美味的出品征服着一代一代的饕餮食客，比如你在今天的北京路这样的步行街，仍然可以见到挑担卖牛杂等的饮食行商。这可谓粤商的一个重要传统，非常值得玩味，故梳理一二以飨读者。

民国时期红极一时，蒋介石、陈济棠、李济深、李汉魂、陈策、汪精卫、林森等纷纷捧场的西餐馆太平馆，其创业也始于挑箩卖担。创办人西村的徐老高，早年在沙面其昌洋行做厨工，学会了一手做牛扒的绝活。但是，想开一间西餐馆，因为餐具等的讲究，费用不菲，他便挑起担子，做起牛扒生意，随街叫卖，赢得了上至医生、学者以至官员，下至有点钱的市民的青睐，赚够了钱，于1860年在南关开设了广州第一家西餐馆——太平馆。民国时期，关于挑担食品最生动的记载见于罭庵的《广州情调》："西关的九记馄饨担子非夜午不出来，在住宅区的街道穿插，转眼卖光了。三圣社池记面，也是在桥头摆上担子，晚上九时才上市，可是达官富人、名优贵妇都把汽车停在路边，站在担子旁一尝它的'银丝面'。"（《旅行杂志》1948年第10期）

在成就"食在广州"声名的民国上海，挑担叫卖的广东饮食行商也十分有名，当年的名记郁慕就专门写了一篇《馄饨担》，说粤人发明了一种矮式馄饨担子，专门叫卖虾肉馄饨，"不敲击竹筒而敲竹片，一面敲，一面喊：'虾肉馄饨面。'因为这种馄饨担子都兼卖面条，馄饨的馅是用虾肉、猪肉拌和，其式甚大，故有'大馄饨'之称，每碗起码小洋一毛，面价也相同，价虽低，而利甚厚，引起外人的仿效，镇江帮、扬州帮也不少”。其中，最有名的，当属唐鲁孙先生在《食在上海》中所记的阿施云吞（广东人所称的馄饨）：“西摩路南洋新村弄口，有一个广东阿施卖脆皮云吞的，他的云吞，不但皮子脆，馅儿也脆。吃到嘴里爽脆适口，别有风味，可是我始终研究不出，他是怎么做的。”这一挑担云吞，还引出了一段艺坛佳话：“上海雕塑名家李金发，对于阿施的脆皮云吞，特别欣赏。每到神思不属，腕不从心的时候，就是到阿施那里吃碗脆皮云吞，然后拿起刀凿，好像性灵大来，得心应手，攸往咸宜。江小鹣开李金发的玩笑，说阿施的云吞，是李金发的灵感之源，李对小鹣说法，也不否认。后来李的学生，都成施的常客，全是找灵感去的。也算是艺坛一段佳话。”

而当年大影星大美人阮玲玉所偏爱的上海陕西南路304号美心酒家的云腿青鱼饺，从1946年第12期《家》上美心酒家所做的一则广告看，也有近于挑担叫卖之处：“高尚粤菜、烧腊卤味、粥品面食、美心快餐、电话叫菜、随接随送。”一方面强调高档时尚，另一方面又宣称即送外卖，这在当时其他菜系的高档菜馆中是鲜见的，可见粤餐馆中的行商基因。

在海外，粤人更是如此。陈以益在《珊瑚》1932年第9期上有一篇《馄饨与云吞》，说旅居日本的中国人中，有四分之一从事中国料理（中餐馆）业，其中“贫苦侨胞肩挑馄饨担以行商者，一如本国”，数量不少——“此等商人大半为广东籍”，“其价格比面馆更为便宜，大约叉烧面或馄饨均卖十钱”，虽然便宜，也是本小而利厚。大约后来遍布日本的广东料理店，就是靠这样赚第一桶金起家的。

广东饼店的兴盛

近年来，广州的饼店有增多的趋势，但论其大宗，比如月饼，还是酒店占了大头。在晚清民初的时候，则是茶楼占了大头。如《中西日报》1892年6月4日刊登天元茶楼的告白：“本店专办奇雅蜜饯糖果及龙凤礼饼、中秋月饼，皆务求其真价必算其实。已蒙远近光顾者时向赞赏，谓粤省中糖果茶饼以小店为最。所以开张以来，日月虽浅，而远迩驰名。香港各庄着办糖果不下数千之多矣。”大约当年也像今日一样喜欢跟风假冒，“不料近有垄断者流或假冒本店，伪称本店分枝，遍向香港各庄接货，以搀渔利，此等影射，无耻实甚”，“嗣后富客光顾，欲在本店定办糖果礼饼等物，请函知第八甫本店照办”。而此时，茶楼的兴起尚历时不久。由此，我们可以逆推，在茶楼尚未产生的年代，广东的饼店该是何等的风光？对此张亦庵说：“饼店在广东，也算是一种规模宏大的门市营业。”它的产生，有一特殊的背景。“广东旧俗，女子出嫁，则向男家要索各种果饼以为聘礼，其数目动辄数千枚，富有者或以万计。女家得此，拿来别赠亲友，作为‘有女于归’的通知。”而“所赠愈多而丰，则女家愈觉其场面之光荣”。因此，过去的饼店，其生意“以承接人家婚嫁时的礼饼为大宗”，其产生自然也是适应这种需要。

广州如此，上海亦然。上海早期六大茶居利男居、群芳居、同安居、怡珍居等，皆是饼店起家。而随着茶楼业的兴起，尤其是如一首《羊城竹枝词》所描述的“百行生意近俱淡，惟有茶林独拥挤”的茶楼鼎盛期，饼店业便渐渐由蔚为大国降而成为茶楼业的附庸。但是，像上海冠生园这样新兴食品工业托拉斯的出现，使饼店业再现独立风采，虽然已非传统，却也再显“大国”风范。

吃腻了广东菜，请尝试四川菜

民国时期，广东菜在上海出尽了风头，也可谓独占了鳌头，正面的文章报道多不胜数，而《新都周刊》1943年第8期《干炸牛肉丝》所记录的一则川菜广告——“吃腻了广东菜，请尝试四川菜”——则是一个绝佳的侧面反映。在中国各大菜系中，川湘菜的辣，尤其是川菜重口味的麻辣，让相对清淡的菜显得乏味；吃多了清淡菜系，有时也需要一下重口味的刺激，而一经“刺激”，便难以忘怀，所以麻辣之味，霸道之味。因此之故，川菜扩张势所必然，只是在民国时期，就像李一氓教授在《饮食业的跨地区经营和川菜业在北京的发展》中所说：“限于交通条件、人民生活水平和职业厨师的缺乏，跨省建立饮食行业是很不容易的。解放以前大概只有北京、上海、南京、香港有跨地区经营的现象。”四川远守西部，自古“蜀道难，难于上青天”，食材与人口出川均殊为不易，供给与需求两端都成问题，因此无论如何霸道的川菜，都难有作为。

所以李一氓先生记忆所及，川菜馆北京不多，沙滩红楼对过有一家，上海也仅有都益处、锦江饭店两家，香港九龙有一家，汉口有一家，广州则没有。而据严独鹤的《沪上酒食肆之比较》（《红杂志》1922年第36期），都益处之前尚有一家很有名的川菜馆醉沤，因价格奇昂，已经倒闭；都益处之后也还有陶乐春、美丽、大雅楼几家；这位浙江籍的名士老饕甚至认为川菜好得不得了，实应居于各大菜系之上。另据《旅行杂志》1947年第9期程志政的《香港的衣食住行》，“香港的川菜馆有大华、福禄寿两家，顾客都是‘外江人’”，尤其是大华饭店，早在1938年，《旅行杂志》第11期就有它的广告了。但无论如何，跟广东菜是没得比的。像锦江饭店1944年曾在《良友》第150期上刊登广告：“中国菜是全世界最好的，四川菜是全中国最好的，锦江的四川菜是四川菜里最好的。”牛则牛矣，其富有传奇色彩的女老板董竹君还是承认，与粤菜馆新雅等相比，甘拜下风。

不过，稍稍迟一点，川菜就开始风行了，因为“民国时期抗战八年，大家都聚处南都（重庆），男女老幼，渐嗜麻辣，一旦成瘾，非有辣味不能健饭”。川菜的风行，乃“是时势所造成的”（唐鲁孙语）。可是，向以开放吸收著称的粤菜馆早已向川菜敞开了大门，充分吸收川菜的优长以吸引顾客。像《干炸牛肉丝》介绍的这款新都饭店的广厨川菜名品，虽说是“道地的四川风味”，并抬出了名演员活金莲李绮年来作证：“李小姐最嗜这味菜，每到新都必不忘此菜，她在绿宝登台期内，还特别派人来买，据她说取其炸得干，有辣味，够刺激！正像伊人！”但作者在介绍了其具体做法（原料：腓脷牛肉，芹菜、青椒丝、辣油；制油：将牛肉切成粗丝，味料拌入牛肉内，然后落入油锅内炸，约十分钟后，再将芹菜青椒丝拌炒，放下适量辣油；成份：十二两牛肉、三两芹菜、少许青椒丝，这样装在七寸碟上，便是丰富的一道菜）后，却说：“结汁牛肉吃过吗？这有点像。铁汁牛肉干吃过吗？这又有点像。咖喱牛肉干吃过吗？这更有点像。”这摆明了不是地道的川菜，但你不得不佩服粤人善于吸收利用的功夫。就像今天，粤菜馆里可以吃到相对地道的其他菜式，而其他菜馆中要想吃到地道的粤菜，则难了。因此，粤菜馆完全可以打出一个招牌：“吃腻了广东菜，可以点××菜。”以有容乃大的王者风范。

沪上广东馆之比较

□少洲

前数期本杂志，登着一篇独鹤先生所著的《沪上酒食肆之比较》，旁搜博采，洋洋大观。我读了，顿时觉得馋涎欲滴，食指大动，恨不得立刻跑去各家菜馆里，鼎尝一脔，冀快朵颐。我虽不是狼虎会的会员，然而我却是一个有名的老饕，纵不敢说对于饮食一道，研究有素，但我吃过的广东馆子，倒也不少，就把来给诸位介绍一下罢，续貂之诮，自知难免。

广东人多住在虹口一带，所以广东的酒食肆，亦以虹口为盛，统计大酒店二家：会元楼和粤商大酒楼；宵夜馆十二家：味雅、冠珍楼、小旗亭、美心、品芳楼、江南春、荃香、宜乐、中意、广吉祥、怡珍，及最近新开之广东大酒楼。其余独鹤先生已经述过的，吾也不说了。

会元楼的酒菜，调味较粤商为胜，但只宜吃三四元的陶碗菜，若十余元的整桌，也就无足录了。曾记得有一次，和友人划鬼脚（即拈阄，谁拈着的，就是谁做东道，粤语谓之划鬼脚），吃了四元的陶碗菜，菜虽只有六味，却是非常可口，尤以一碗清炖鲍鱼为最佳，至今还觉香留齿颊间呢。

粤商规模颇宏，不似会元楼这么湫隘，加以地方宽敞，所以逢有红白的事，人们多乐就之为应酬。

宵夜馆以广吉祥和怡珍两家开设最早，资格最老。然而地方亦极逼仄，吃客强半系劳动界中人，因为售价既廉，肴馔又多，他们乐得大吃大嚼，还问甚么好不好吃呢？到如今已成为他们的盘踞地了。

味雅开办的时候，仅有一幢房屋，现在已扩充到四间门面了，据闻每年获利甚丰，除去开支外，尚盈余三四千元，实为宵夜馆从来所未有。若论他的食品，诚属首屈一指，而炒牛肉一味，更属脍炙人口。同是一样牛肉，乃有十数种烹制，如结汁呀，蚝油呀，奶油呀，虾酱呀，茄汁呀，一时也说不尽，且莫不鲜嫩味美，细细咀嚼，香生舌本，迥非他家所能望其肩背，可谓百食不厌。有一回我和一位友人，单是牛肉一味，足足吃了九盆，越吃越爱，始终不嫌其乏味。还有一样红烧乌鱼，亦佳，入口如吃腐乳，目下广东馆子效颦的不少，但是终及不到味雅的好。

冠珍楼在味雅对面，门可罗雀，因为营业尽被味雅占去了，故而支持不住。旋开旋歇。自从刘□接办后，大加刷新，扩充店面，兼售大菜，营业稍振，食品尚不恶，舍味雅外，亦可算数一数二的了。

宜乐初开办时，极为认真，招呼亦周到。红烧鱼头一菜，绝佳，可与味雅之牛肉媲美，可惜后来越弄越糟，互相倾轧，遂至闭歇。今年重新改组，但是大不如前了。

小旗亭和沪江春对峙，三层洋房，装潢甚美，日间市茗，入夜始卖酒食。他的广告上说，是用女子做厨司的，怪不得无论什么菜，都有另有一种说弗出的味儿。诸位有不信的，何妨走去尝试一下子呢。

美心在会元楼隔壁，吃客多葡萄牙人，犹小有天之多木屐奴也。

江南春专售中菜式的番菜，又可以唤作广东式的大菜。大餐每客只须八角，公司餐每客只须六角，烹调还可以过得去，所以生意也不弱。其余的几家，自郐以下，不足论了。

除上述各酒食肆外，尚有许多小食店，便道及之。

正气斋的馄饨，香浓味厚，汤尤鲜美，每碗仅售小洋一角，便宜极了。海香的水饺子，馅是用什锦制的，汤是用鸡杂煮的，合起来，滋味的好，是不消说了。谭满记的蛋炒饭，软滑甘美，很可果腹。以上数处，都在武昌路左近，不过地方也很卑陋的。

（选自上海《红杂志》1922年第41期）

粤式新型大饭店

□戈正璧

新型粤式酒菜馆发展到企业化，这是都会的需要，也是时代的进步。任何事业从初创到企业化高峰时期，必然经过许多奋斗与改革，这进步除了人为的以外，当然还有着时代的因素。今日新型酒菜馆事业的蓬勃气象，虽然它的发展过程相当短暂，虽然时代的因素占有相当的成份，而主要的因素，该说是现代人思想的进步了。是的，酒馆在中国，即使在大都市的上海，似乎是一种卑贱的事业，从没有被人重视过；虽然每个人都得上菜馆吃饭，而每个人的心目中，必以为酒菜馆老板准是油头垢面，满脸横肉的“白相人”之流。但，既是一种一团糟，便有它的前途，问题在乎操业者有没有进步的思想，要不要把它的地位提高，该不该把它当作一种“事业”。

酒菜馆是一种事业，是高尚的事业。从前的酒菜馆确实是油头垢面满脸横肉的“白相人”之类的事业。可是人类是进步的，酒菜馆也跟着进步了。旧式“饭店弄堂”、“老广东”之类，虽还有一部分人欢迎，但高贵的人们，需要高贵的饮食场所，文化的进步，无非为常有“强门”牛排或“烩八珍”、“炒香螺片”可吃，那么新型大饭店的成为一种企业，正是显示时代文化的进步的无疑的了。

谈到“大饭店”——新型酒菜馆，当以北四川路的“新亚大酒店”为创始，西洋大饭店的特色，尽量利用到中国酒菜馆里来。可是新亚还只是利用到一部分，这是创始。接着的是“新雅”、“新华”、“京华”、“红棉”一窝蜂地开设出来，此后又有“南宁”、“荣华”、“美华”、“金门”等新式粤菜馆继续开张，真是洋洋大观，懿欤盛哉！中国人是世界上最有名的健食者，中国人之贪吃正是中国人的一种哲学，中国的哲学就是建筑在这个“吃”字上，古人贪吃，今人犹烈；酒菜馆事业成为企业化，谁曰不宜！

新雅等一轮酒菜馆，可说大都是新亚的支流，有人说这是新式粤菜馆发展的第一时期，现在将要由第一时期进步到第二时期，那么我们不妨再谈第二期的酒菜馆该是怎样的呢？又有人说，新都饭店是第二期新型酒菜业的代表作。那么，我们且看看新都饭店究竟有些什么“代表作”呢？

“无巧不成书”，该是“无巧不成事”。新新公司总经理李泽，是个富有魄力的事业家。李贤影，他是新亚酒店的出纳主任，当时被称为新亚上海派的首领，号称为上海粤式酒菜业权威的钟标——当时新亚的总经理——想重用他，他不为钟标所用，可是他暗暗在学习，开大饭店似乎除了钟标以外没有第二人，李贤影也不作声，可是他有他的主意，他有一股年青的宁波人的傻气，就是想，他至少须为除钟标以外，还有个李贤影能开设更进步的新型酒菜馆。这个傻气的宁波青年人始终被人认为是广东人的李贤影，忽然与李泽碰见了，由不相识而一见如故，成为莫逆，便谈起恢复新都饭店的计划，广东人有股傻气，宁波人也有股傻气，两个青年傻子，结成硬干的精神，二百二十万元开一爿酒菜馆，而到开幕之日，已用去二百九十八万元，超过原有资本，还真有些傻气！而新都饭店之能成功，也就全靠这个“傻”字呀！

李贤影，卅三岁，南京中央大学社会学系毕业，精究社会心理，富有文学天才。他在新亚时代，兼任立报馆的特约外勤记者，战后一度回到他的故乡宁波创办宁波花园饭店，成为全宁波最新型的饭店，后来回到上海，擘划美华酒家，这是他开设酒菜馆的试金石，又兼营开美科药厂，现任新都饭店总经理。现在上海新型酒菜馆分成两派，一派便是酒菜业权威钟标领导的广东派，以“康乐”为大本营；一派便是李贤影领导的上海派，就是“新都”。现在在新都服务的职工中，占有昔日新亚的人计有十八名之多。

新都有些什么特点，没有；可是他们有年青硬干的精神，他们都有新的思维，人事管理是科学的，这是酒菜馆的首创，每天上午十时签到，晚间十时签退。每周例会，礼拜二是全体职工大会，请富有人事管理职业指导经验的学者如赵宗预、顾炳元诸氏演讲，平时由李经理主讲，灌输员工知识。礼拜一是高级职员会议，检讨业务上的一切事件。礼拜三是部分会议，研究各部事务的情形。新都饭店是“年青，新型，使人满意；它永远站在时代的尖锋”。男女侍者约二百人，女侍者都经过严格的挑选，决非如别的酒家任人介绍的，新都的女侍决不容许任何人介绍，她们须合乎标准的体格，体重须在九十磅至一百十磅以内，体高须合五十五吋至六十吋，腰围二十吋至二十五吋。当时有四百余人应试，结果只考选二十二人。所以，她们都具有初中以上的程度，美丽，温文，细致，殷勤服务，人人满意。其余的侍者，每个都是肯勤诚，和气，有技巧的服务精神，助以餐厅调和的灯光，色彩，舒适的活动靠背椅，洁白的台布每天换洗，杯碗一无缺口，银器清晰大方，中西菜点，咖啡名茶，一切的一切，都使人满意。所以人都这样说："坐在新都饭店里，虽坐了很久，还不觉得疲倦！"这些说法是新都的特点，事实上不能成为"特点"，每一家高贵的菜馆，都应该如此的；可是事实上谁都不能严格地保有这些必具条件，所以被称为新都的特色了。

"爵士午餐"是大胆的尝试，西洋社会里交际舞餐被利用到中国酒菜馆，是新都的创史。"君子茶座"又是中国酒菜馆的新作风，有歌星唱歌，有乐队伴奏，有舞池供男女顾客跳舞，民国三十一年圣诞之夜，著名音乐教授赵梅伯曾在新都举行圣诞音乐大会，西洋高贵的古典音乐，假中国酒菜馆餐厅举行，这又是一件创举，这些也可说尽是新都的特色，事实上一家贵族的酒家馆也必须具有的这些条件。

新的新都饭店是民国三十一年七月二十九日开幕的。总之，新都饭店能够具有西洋大饭店必具的条件，新型酒菜馆的第二时期是已经实现了。一切事业，须要有新的思想，新的人材，新的创造力，由"饭店弄堂""广东消夜"的小饭店，发展成为高贵的交际场合，这是中国酒菜馆事业的成功，也就是新兴酒菜馆事业家的成功！

（选自《大众》1943年第4期，原题《大饭店》，有删节）

链接：《新都周刊》1943年第13期荫庭《跃进中的酒菜业》："新都饭店是目前上海无论管理、装璜、人事上是最进步的酒菜馆，更设音乐、歌唱、跳舞，开中国酒菜馆未有之前例，他们仍不敢自满，力求改进，最近已决议增资，将新新七楼西餐部并入'新都饭店股份有限公司'，改辟新局面，将以最新型的姿态出现。六楼中菜部仍维持原状，将成为最热烈最兴奋的场合，七楼西菜部将成为最幽静、最雅丽的别致风格。"

茶经外章

□胡为

上海应运而生的而最能汇合人的脚踪的，莫过于茶室了。记得客边有二句谚语，叫做“日里皮包水，夜里水包皮”。上海是劫后了，劫后的一切，都呈着衰败的景象，只有茶室，依然保持着原有的生意，而且欣欣向荣，像“雨后春笋”般滋长着。

前一期《卡德路上的战后风光》中，我已经谈起过，戏院的楼上开了南国风味的茶室。我更看见静安寺路一家百货商场楼，也开了茶室。最近爱多亚路的一条横马路一家旅舍，也划出了一角小楼作为茶室了。南国风味的茶室，广播在劫后的上海，而茶室的屐踪，总是那么的多。

这使我想起上海最早的一个茶室的两句诗来：“绕楼四面花如海，倚遍栏杆任品题。”那茶寮名叫丽水台。不过，那时的风味是古雅，现在自然只有南国风味的茶室，挂人齿颊了。但是，南国风味的茶室，其引人留恋情调的是南国的姑娘（一般人口头称之为茶花），和那时的“绕楼四面花如海”不是“异曲同工”吗？

茶花，南国的姑娘，绿色的制服，罩了一条白围巾，越显得那么袅娜娉婷。当她托高了一盘子糕点，轻灵的脚步，蹑过你的面前，你会对南国风味的茶楼增加留恋的情绪。

南京路上的茶室，可说最多了，而我也差不多都跑过。最初到大东，以为人太多了。陶园，可惜小一点，不过我也留恋过长久的时期。新雅，似乎高贵一些，新辟的大新茶室，座位最算舒服了，但我近来常去的，还是东亚，因为出来的方便，自从经过了一度革新，我尤其常去了。

茶边的情调，那南国的茶室风光，一直在我脑膜里印下了好感。茶花，我平常的一种观察，使我增重了故国的感慨。因为茶花多半是南籍的，南国的姑娘，她们总是静默的，没有话，隐隐在眉际流露的也是在怀念她们烽烟笼罩下的南国吧！茶花，南国的姑娘，她们是当家姬吧！我每次看她们娉婷走过的时候，我佩服，她们并不是不高尚，拿双手来仆仆工作，交换她们的食粮，我看出，当她们走过的时候，具有一种娉婷的庄严。

（选自《上海生活》1930年第12期，有删节）

苏广月饼

□张亦庵

端午的粽子，中秋的月饼，在国人的季节饮食里是占有同样重要性。在秋言秋，让咱们来谈月饼吧。

日前在南京路某食品店前走过，看见店面上高扬着“苏广月饼”的广告，大可与苏广成衣并传。

月饼之在苏与在广，不论形式品味，都有显然不同之处而各有千秋。苏式月饼，都是小巧玲珑，大小不过如茶杯口。广式月饼，大都有二寸左右的直径，一寸左右的厚薄。以饼的表层而论，苏式的全是酥皮，层层松起，比之高桥松饼油水多一点；广式月饼则从来没有用酥的，如有酥者，即不名为月饼，亦并非适应中秋之用。

苏式月饼在表层上印红字，广式月饼则除了红字之外，更用硬印印成浮影花纹。这都是说明该月饼的名称和出品的店号的。

广式月饼，馅的部分所占甚多，皮的部分所占甚少，大约是四与一之比。苏式月饼则馅占约五分之二，而皮占五分之三。所以吃广式月饼，几乎等于完全吃饼内之馅，其表皮，不过是绝不重要的一层包护其内层的东西。苏式月饼吃起来表里并重，殊无轩轾。然而称作“冰皮”者，饼皮不作焦之色而洁白如冰雪，品质特别柔软，然仅限于某几种馅之月饼始有之，非一切月饼均可得而冰皮也。

月饼的名称，视其馅为别。苏式月饼有南腿、葱油、百果、细沙、玫瑰、枣泥等；广式月饼则有莲蓉、椰蓉、豆蓉、豆沙、枣泥、五仁甜肉、五仁咸肉等。我对于五仁月饼，不问其为咸肉或甜肉，平生最怕吃，然自入饥不择食的时代以来，即使是从前最憎最怕的东西都变成美味了。

除了上述之外，广式月饼又有一种倾重装饰风味而专供摆设送礼之用的，饼的大小不一，而大小与厚薄的比例又与普通的月饼不同，饼面不用硬印浮雕而用手工描绘，或者用糖花纸之类堆砌。每一个饼，各占一个圆形的盒子。起码的盒面蒙以极稀薄的纱布，可以望见盒内的饼；考究的用玻璃盒面。还有一种做成像小猪形状，大不盈握的，外面罩以一个竹编成而涂染彩色的小猪笼，这是哄孩子之用的。以上两种都是可目而不可口的。

广式月饼的价钱比什么饼都贵，贵得真有点不近情理。这是一向如此的。从前有好几家饼店，他们营业上的利润，就靠每年一度的中秋月饼。这两年买高价月饼的人虽然不少，但是一般买客却没有以前那样普通了。

日前看见广式月饼的标价每只自二十八元至六十二元不等。

在战前，某大公司的饼点部已有百元一只的月饼，不过那是硕大无朋，一个人轻易拿它不动的。那种月饼，只合作为广告之用，动人耳目而已，如果真有谁把它买回家去，就未免有点冤大头气。那时候的那种大月饼，放在目前，每只就非万元以上不可。

（选自《新都周刊》1943年第28期，有删节）

链接：《常识周刊》1928年第89期秦福基《月饼》："说起月饼一项，可以分为广东月饼和本地月饼二种。广东月饼中，也可以分为两派，一派是广州人做的，一派是潮州人做的。本地月饼中，也可以分为苏派和宁派。广州人做的广东月饼，南京路先施公司、冠生园等，五马路同芳居，爱东亚路张裕酿酒公司，各大小广东食物铺及虹口一带均有出售，每只的代价从几角到几元不等，他的馅子有甜果、咸百果、豆沙、绿豆蓉、南腿等多种，一只月饼差不多有半斤重呢。潮州月饼与广东月饼却两样的，一个是圆而厚，一个是大而薄，比较本地月饼，约大四五倍，五队路元利糖食店、勃郎林糖食店等，均有出售，代价较广东月饼稍廉，他的馅子是用糖与猪肉捣得烂而润的，吃起来要粘牙的。本地月饼，苏派和宁派是差不多的，他的代价较广东月饼便宜得多了。"

第四辑

中西互渐

“食在广州”的确立与岭南文化的崛起同步相应，其中一个重要因素是充分吸收融合外来先进的文化元素。20世纪40年代穹楼先生在《论中国菜馆》里就敏锐地捕捉到这一点，可是今天我们许多广东人未必意识到这一点，真是外来的和尚会念经：“广东人有一个特点，就是能够吸收外来的文化，而放弃其成见；这是他们的长处，也是短处。上海的广东音乐，里面有中国的胡琴，也有外国的梵亚林。广东菜馆里，有时很容易吃到各地方的菜，而且还有西方的烹调；从真正中国的烹调艺术上讲，这是退化，但也是根据这一点，广东菜能够普及，而吸引大量食客。我想，这或许是粤菜风行一时的一个理由。”同时代的董镇贵先生，则完全从正面来看这一点：“广东人的特性，最容易接受外来的东西，融会中西文化的，音乐如此，食品亦如是。所以粤菜中特别多西式菜肴。”

长短优劣，见仁见智。本辑文章，乃是以实证的方式，看看当年饮食先贤们是如何开放包容外来元素，并加以点化创新的。譬如说红烧乳鸽，当年的西餐厅招牌菜，如今在西餐厅见不着，在粤餐馆，倒是广为招徕，其故安在？诚可谓一曲餐饮界的化胡传说。广州的牛排也是做得比西餐馆还好，以至外国记者来了，也要慕名追食这“清式大餐”。

而最可乐道又最少人知道的是，在“食在广州”崛起的同时，粤菜东渐也渐渐达至高潮：在日本，实现了吃中国菜（实则广东菜）娶日本老婆的最美心愿；在欧美，中餐馆赢得口碑，成为中国人在海外贸易中唯一兴盛之业，以至于有人鼓吹：“有国家思想之厨子先生，何不连翩出洋，搂取此等黄光灿灿之金镑，以裕国富家耶？”粤菜馆更是一枝独秀，从巴黎到纽约，从伦敦到柏林，执海外中餐馆牛耳的，莫不是粤餐馆，略不似今日的海外中餐馆的五味杂陈。这一光辉篇章，实须大书特书，以裨益有司探寻“食在广州”复兴之道。

石岐乳鸽今犹美

红烧乳鸽是粤菜中的名菜，不少酒店至今仍将其作为招牌菜待客。但是，一般人不知道它悠久的历史，也不知道它源自西餐。在广州，它成为招牌菜，始于1860年，始于第一家西餐馆太平馆；1936年7月，蒋介石还曾亲往广州太平馆吃乳鸽，堪称餐馆以及乳鸽的殊荣。但是，它进入岭南食单，自然要早得多，具体早到什么时候，文献乏载。不过，既然其源自西餐，不妨从西餐传入路径作一探讨。

有许多饮食研究专家认为，西餐最早当从传教士手里传入，其实未必见得。早期的传教士，往往先经停澳门，觅得时机入境传教，而其所以选择澳门，乃是葡萄牙人早早强租或曰骗租了澳门。再者，今日的香港，在当时还是一个小埠头，不比得澳门，是珠江的出海口，是一口通商的门户之地，形势旺得很；十三行的洋商们，也是先经过这里的——洋商，被认为西餐中渐的另一重要渊源。所以，西餐尚未传入大陆，早已在中国大地澳门生根发芽，只是时人不觉，后人不察而已。

如果说澳门是西餐中渐的基地，那如今的中山石岐，当年的香山县驻在地，澳门入门闸后的第一市镇，理应是承接的桥头堡。乳鸽，最早当从这里开始中国内地之行。或许基于这一因由，太平馆以及广州西餐厅的红烧乳鸽，名气固大，晚清民国文献中却鲜少有人多谈它；多谈的，倒是石岐小镇的乳鸽。即使在今天，我们吃够了广州的红烧乳鸽，到了中山，朋友还是建议去石岐尝尝。一尝，果然比广州不同凡响——炸得刚刚熟透，不仅外观金黄润泽，吃起来更是肉汁和着口水流，与当年甘贝先生描绘的境界相仿佛。

甘先生在《乳鸽》（《新都周刊》1943年第23期）中说，当时他们随便走进了一家名叫佛笑楼的餐馆。该餐馆的乳鸽炸得“上透而不焦，实而不枯；切下来是一块完整的嫩肉，放进嘴里，舌头牙齿上下颚，稍会运动

民国初年太平馆外景。

一下，肉粒已失其所在，只芬芳甘美的液汁，涂满了你的口腔，同时你的味神经立刻受到诱惑刺激，自动的嘴又张了开来，手又把第二块乳鸽之肉，或连着甘脆之皮的鸽肉，朝里边送”。“朋友和我对做着这种节奏的动作，在二十分钟之内，四只乳鸽化为乌有，而成为我们两人至高的颂赞之点了”。

他还谈到，石岐除了红烧乳鸽外，“以蒸、炒、烙、炖……八大类手法来处置，这一个拳样大小的乳鸽，至少就可以变成八个不同的口味”。而广州的吴慧贞女士，则记述了当年广州乳鸽的另一种吃法：“婆参乳鸽——先将猪婆海参煮滚出水，开肚去净沙泥，再用牙刷把外面沙泥灰刷净，再滚一次，再刷再洗，然后用清水冷浸，泡透后，连同剜净乳鸽，上汤隔水盅炖至烂，其味甘清，有滋阴之功，为席中珍品。”这种红烧之外的种种吃法，一方面显示了广州浓厚的乳鸽传统，另一方面表明，已经由西餐中渐，变成洋为中用，成为地地道道的中国菜了。

广东杂烩，驰名海外

前面多处提到杂碎（亦可称为杂脍、杂烩），其实这杂碎，还有许多称谓，如李鸿章烧肉、李鸿章杂碎，或李公杂碎，让人颇为不解。《艺文画报》1947年第5期钟宝炎《美国的中国菜馆》对此作了一些解答：这是因为“美国之中菜馆，纯为广东菜清一色。因为老板大都是广东籍华侨，其菜名往往非常古怪，连国人也不懂，如‘中山鸡’、‘李鸿章烧肉’等怪名字”。其实不仅在海外，在国外，粤菜馆及其菜式的命名也是如此，而颇为人所诟病。作者紧接着进一步解释道：“此间一个普遍现象就是每一家菜馆门口必高悬 CHOP SUEY 二字来号召国外主顾，此二字即‘杂碎’之译音，内有牛肉、猪肉、鸡肉等杂碎。所谓‘杂碎’，即在猪肉或牛肉外加上青菜、洋山芋、萝卜等的一个热炒，外加白饭，类似什锦炒饭，其味当然无甚特出，但外国人皆极爱好。”

徐钟佩的《伦敦和我·中国菜馆》（《中央日报周刊》1948年第5期）则记述了杂碎在英国的情形，十分富有故事色彩：“英国外相贝文，常去伦敦中国饭店用餐，但始终不识中国菜单。一天和我国大使郑天锡见面，谈起中国菜，贝文就说你们有一菜味道正好，非鸡非肉非鸭，他只知道是‘第八号’。”以号码称菜式，是海外中餐馆的一种便宜之策，因为“怕外国顾客记录菜名麻烦，常把菜单编号数，由侍者帮着解释这一号是什么菜。如果顾主碰巧吃到一道合他胃口的，他不必记菜名，只要记好号数，下次进门一说号码，侍者就知道是哪一道菜了。”但是，尽管贝文说的是号码，却难不倒郑大使，“郑大使精于烹饪，听贝文的描写（述），胸有成竹，约他下次到大使馆吃‘第八号’。贝文应约前往，一碟端来，立刻认出是他心爱的‘第八号’——原来是一盆杂碎。杂碎有如炒什锦，外国人最欣赏，在伦敦的一家中国馆子，干脆就取名‘杂碎’。”

不过，徐钟佩对杂碎颇不以为然，认为“在英国的中国菜，可以说每碟都是杂碎，可怜中国菜馆，在伦敦虽负盛名，和国内菜馆相较，真不知相差凡几。那里中国菜馆的厨司，大半不是科班出身，而是中途改行，有的过去本来是水手，为厌倦海上生活，加以开饭馆有利可图，脱离舱房改入厨房，对烹饪一道，根本未精，只是依样葫芦，随便凑几色小菜而已”。说得有一定道理，但在当日海外，物流业不发达，你纵有好的厨艺，也因买不到材料而难有作为——这一点，徐钟佩也是承认的。

其实，这倒更见出广东人的随机应变，同时也显示了广东菜的杂烩传统。《万象》1943年第6期倚虹的《岭南异味录》，干脆将广东人十分看重的“三鞭”也称为“牛羊猪的‘大杂会’”。殊不知这正是广东菜的传统特色。要知道，广东菜通常是会众彩于一炉，最具象征意义的广东老火汤更是——哪种汤不是“大杂会”？

而粤菜的根本，是否也在于其杂？比如动物喜欢吃动物的“杂水”——各种内脏，鱼也喜欢吃杂鱼煲——各种小海鱼混于一煲，青菜都要杂着吃——各种名目的一品煲都是这样。而且外人也注意到了这一点。如冷哲祺的《东方之珠：食与住在香港》（《申报》1949年5月4日第4版）说香港人不会吃，只知道吃贵吃排场，“然而，在这里，真正的老饕和‘知味’的食客，也不是没有的，在间常的时候，我们就见到不少人，不惜‘冒险’到筲箕湾之类的地方，去吃其‘三六’……也不时会见到一些西装笔挺者流，在撚着牙签，蹲在牛什档的面前，津津有味地吃着东风螺！”并将其溯源于广东传统：“谁都知道，广东人是什么也可以吃它一顿的，蛇也好，鼠也好，虫子好，都一样‘照擦！’香港人自然也保留着这种习性，所以，这里卖‘牛什’的小贩，就多得像放了哨位来站岗的警士一样，几乎走过任何一条大街小巷，你都可以发现一两档这样的小食担……这里的小市民差不多十人中就有八人是嗜食这些东西的，他们把这种小食和凉茶同时称之为‘可口可乐’。”

大饭店的小炒菜

由于当年的国际环境以及运输条件，尽管中餐馆尤其是粤菜馆在海外极受欢迎，可其发展也极受限制。比如，徐钟佩的《伦敦和我·中国菜馆》（《中央日报周刊》1948年第5期）说："英国自一九四五年后未曾许一颗白米进口，因此中国菜馆也无从以白饭饷客，只是把炒面、汤面来代替，香港楼独出心裁，还有油炒大麦供应。"吃中国饭而无饭可供，还算中国饭吗？又说，连国内最普通的广东食材粉丝、腐乳和最基本的调料酱油、豆豉等，都奇货可居："偶尔能在中国馆子吃到那些腐乳、粉丝、虾米、豆豉，都是索价奇昂。记得我在那里买过几次酱油，一瓶要一镑（即四美金），粉丝一扎要半镑。""最苦的是无油可炒菜，在伦敦一人一周才一两猪油，济得什么事？他们大半到美国去寄猪油或花生油来填补，否则无油无米，根本无以饷客。"在这种境遇下，这餐馆还怎么开？

所以，在民国时期，在海外的豪华中餐馆里，其实供应的，在国内看来，就是普通的小炒而已。不信我们且看《坦途》1928年第5期刊载的秣陵生的《巴黎之中国饭馆》，其中开列的万花楼的菜单如下："顿饭：炒肚丝、火腿白菜、红烧牛肉、拌生菜；特别菜：虾仁烩豆腐、鲜炒干贝、炒虾仁、鲜蘑烧肉、红烧蹄子、会粉丝、熘排骨、酱汁鸡、洋粉拌鸡丝、冬笋肉片、蘑菇肉片、辣椒肉丝、火腿炒蛋、黄花肉丝、醋熘白菜、炒牛肉丝、蛋花汤、白菜肉片汤。"另一家著名的萌日饭店的菜谱也大同小异："顿饭：长葱炒肉片、红烧排骨、红烧鱼、白菜炒肉丝；特别菜：蛋花汤、火腿白菜汤、春不老肉丝汤、三丝汤、醋熘活鲤鱼、鲜炒虾仁、炒鱼片、肉丝炒游鱼、干炸虾仁、红烧鱼肚、熏鱼、蘑菇烧鸡、炒鸡片、熘鸡丁、炸八块、炒鸡杂、红烧鸡素、红烧元蹄、蘑菇烧肉、熘排骨、熘里脊、炒腰花、冬笋肉片、木耳肉片、炸春卷、包牛肉、辣椒豆腐、豆腐干炒、春饼肉丝、素炒白菜、伊府面、炸酱面、酱萝卜。"这些个菜，有的连小炒也算不上。

那我们再回过头来看这两家菜的排场。《商业杂志》1930年第1期戈公振的《海外之中国饭馆业》说："伦敦之杏花楼、新杏花楼与梅花楼，巴黎之万花楼，柏林之天津饭店，纽约之PALAIS D' OR，旧金山之上海楼、新上海楼与共和楼，则规模宏大，名驰遐迩，为彼都人士所艳称。"万花楼是作为巴黎中餐馆的代表驰名欧美的。《东省经济月刊》1929年第4期《巴黎之中国饭店》介绍得更详细：万花楼很高档，"楼下附设跳舞场，非富家子弟不敢问津"，"墙壁满绘埃及古画，绣屏之类，亦见陈设"。《旅行杂志》1929年第4期浣南《巴黎之中国饭店》则介绍了万花楼的背景："万花楼与中华为广东人所开，厨司亦为广东人，执行亦且有华人为之。二家布置座位，较其他者为佳，朱壁彩灯，悉仿古式，西人多往就食，而万花且于楼下设座招待西人，夜间并有跳舞，为巴黎中国饭店中规模之最大者。"所以广东籍的"中国诗人梁宗岱常衣翻领衬衫就食于是"。至于萌日饭店，《东省经济月刊》1929年第4期《巴黎之中国饭店》"谓萌日店主系昔日随曾文正出使而留居于是者"，来头也很不小。

然而，这些大店仅能提供的"小出品"，却是奇货可居，其价特昂："万花楼与中华若先期定菜，亦可得甚佳之广东菜，惟其价特昂耳。"（《旅行杂志》1929年第4期浣南《巴黎之中国饭店》）不过这也给我们想象与启示：这种小炒之所以受欢迎，就像螺蛳壳里做道场，一定在做工上有过人之处；我们今日的海外中餐馆或有志海外发展的中餐馆，一定要受到前贤的感奋，在有利的条件下，把中餐馆的事业推上新的高峰。

海外中餐馆，粤馆执牛耳

广东人由于地利之便，很早就移民海外，早期多在南洋。由于经济文化相对发达，从业广泛，从事餐饮业者固不少，但占比并不太大，饮食文化也多有相近之处，故媒体不甚关注。唯鸦片战争之后，广东人开始大量移民欧美，尤其是移民美国者，大多数是为开发西部和修筑横贯中西4000公里的太平洋铁路的劳工和被拐卖的“猪仔”；据统计，到1873年，广东籍劳工已达13.5万人之巨。这些后来留下来的劳工，别无他能，多半只能从事餐饮、洗衣、开杂货店等的营生。由于早期90%以上的华侨为广东人，至二战后期才逐渐降至60%，民国期间，闻名遐迩的中餐馆，多为广东人所开。故钟宝炎的《美国的中国菜馆》说：“美国之中菜馆，纯为广东菜清一色。因为老板大都是广东籍华侨”。这一点，在英国更甚。因为当时香港沦为了英国的殖民地，广东人通过香港移民英国甚易，在华侨中的占比达到80%以上；这些人，也多半从事餐饮业。

民国期间，国内都是广东菜的天下，在海外，这么大量的广东华侨和广东餐馆，量变引致质变，那更是广东菜的天下——广东餐馆执海外中餐馆之牛耳，当仁不让。下面就举其荦荦大者，以资说明。

《宇宙风》1935年第1期华五的《伦敦素描·中国饭馆》，列举了几家有名的中国饭馆：“新牛津街附近的华英楼，老板是广东人……牛津街最华贵也是英伦最早的中餐馆杏花楼”，老板也是广东人。后来又开了新杏花楼，老板还是广东人。《商业杂志》1930年第1期刊载名记戈公振的《海外之中国饭馆业》说：“欧美日本大小城市几无不有中国饭馆。伦敦之杏花楼、新杏花楼与梅花楼，巴黎之万花楼，柏林之天津饭店，纽约之PALAIS D’OR（在时代广场，其舞厅能坐三千人），旧金山之上海楼、新上海楼与共和楼，则规模宏大，名驰遐迩，为彼都人士所艳称。”其中杏花楼、新杏花楼、万花楼、PALAIS D’OR、共和楼均为粤餐馆。据《东省经济月刊》1929年第4期《巴黎之中国饭店》介绍，万花楼更是高档，“楼下附设跳舞场，非富家子弟不敢问津”。《旅行杂志》1929年第4期浣南《巴黎之中国饭店》也说：“万花楼与中华为广东人所开，厨司亦为广东人，执行亦且有华人为之。二家布置座位，较其他者为佳，朱壁彩灯，悉仿古式，西人多往就食，而万花且于楼下设座招待西人，夜间并有跳舞，为巴黎中国饭店中规模之最大者。”两家必须“先期定菜”，才“可得甚佳之广东菜”，而且“其价特昂耳”。另有伦敦的利安饭店，甚有特色。徐钟佩的《伦敦和我·中国菜馆》说其“主人利安，是美国（广东籍）华侨，在好莱坞当过电影明星，退出影界后，来伦敦开设饭店”，“饭店里挂上宫灯，装上屏风，茶几上一只只中国花瓶，倒是十足的中国打扮。壁上悬满明星们的照片，都有明星自己的签字”，“主要的主顾是电影界中人，常有明星去用餐”，非常有影响。

最有意思的是，民国期间，上海最古老也非常有名的粤菜馆是杏花楼，而香港也有杏花楼，伦敦则不仅有杏花楼，而且在旧杏花楼因故关张以后，又开了新杏花楼，又据钟宝炎《美国的中国菜馆》说，美国也有杏花楼：“欧美的各大城市中差不多都有中国的饭馆存在着，而美国特多……旧金山的中国菜馆，以远东楼、上海楼、杏花楼三家最著名。”这沪港英美的杏花楼粤菜馆，家家都鼎鼎有名，真可谓一奇。这种共名共荣现象，适成粤菜馆问鼎海内外中餐馆的一个表象。

吃中国饭菜，娶日本女人

现在，日本餐馆在中国也颇有市场，“料理”这个名词也挺入耳，去日餐馆吃碗乌冬面，来份天妇罗，喝点清酒，都让人有些亲切，尤其是吃鱼生，有人还以为日本是正宗呢。其实，在中国人，尤其是在民国人眼里，日本食品简直不堪吃；好在明治维新尤其是横滨开港以后，有中国人过去，开了中餐馆了，他们得了榜样与调教，才有些可观。所以，在当时，很流行一个段子，如《科学时报》1935年第3期唐嗣尧《中国的饮食》所引：“‘中国饭、日本女人、西洋房子’，这是日本人心目中三种绝妙品物，有些在东京住惯了的中国人，也抱着这种意见。”而现在的报章，仍可时见这种论调，不过“西洋房子”变成了“美国房子”而已。这种论调，一个基点是：“有些日本人，认为中国的饮食，不仅味觉好，视觉好，并且还充满着艺术的气氛。这也许是日本饭太没有味道”。

对于日本饭菜之乏味，《文友》1944年第6期平方的《日本人的吃》也有表述：“中国和日本虽然是贴邻的两国，可是在吃的方面却形成极有趣的对比；一个是最考究吃的国家，一个却是不考究吃的国家……他们的吃法实在太单调、太缺乏变化了。”其实这一点日本人的确是承认的，从日本人所写的关于中国饮食的文章中对于中国饭菜之推崇即可见一斑。故平方的文章又说：“日本人的爱好中菜是早有定评的。为迎合此项需要，所谓支那料理屋（‘中国菜馆’之意）就纷纷在日本各地开张起来。”但这种日本人开的支那料理，是怎么样也好不到哪去的。《天地人》1936年第8期有一篇《东京的中华料理屋》说：“中华料理屋有二：一为日人所经营，普通称之为‘支那料理’，呼中华料理者也有，不过却是极少；一为华侨所经营，他们皆谓之中华料理，借以表示爱国心也。这样我们很容易分辨出来哪家是真哪家是假（所谓真假乃指掌灶或经营者而言），冒牌的大概谁都不欢迎，做出来的菜，非中国菜，乃日本式之中国菜也。味道不佳，不用说别的，就是菜中的大葱就会使你头痛，更用不着真正的尝试了，而他们的菜目也很少，除‘支那面’外寥寥可数。”而在广东人看来，日本人最不会吃的恐怕是把粤席中最珍贵的鱼翅像垃圾一样抛弃，如《论语》1947年第132期慕南的《名震全球的中国菜》所说：“鱼翅是日本所产，可是明治维新以前，他们还不懂得吃，丢在海滩上烂得又腥又臭，直到华侨发现了，才知珍品。”

这华侨，当主要是指广东华侨。因为一方面中国其他地方的人，一般不会弄鱼翅，尤其是早年；另一方面，1859年横滨开港后，最早和大量涌入日本的，主要还是广东人，陈昌福的《日本华侨研究》还认为，当时“迅速形成了广东帮”。横滨市史的统计也表明，1877—1884年间，横滨华侨占全日本的60%，横滨中华街就有广东料理四五十家，华侨自然以广东人为主了；作为广东侨民第二大聚居地的神户，1878年有华侨3712人，其中广东人2061人，占了70%，可为佐证。这个比例，到民国时期，仍然维持着。据刘权教授的《广东华人华侨史》所引1945年国民政府侨务委员会的统计，全国华侨850多万人，广东籍600万，占70%。总体既如此，具体到日本也差不离。而广东人，对于日本最大的影响，当在饮食方面，因为这么众多的广东人，其职业乃是以开餐馆为主的。广东人在日本以开餐馆为主，而且开得非常成功，不信且看日本人自己的说法。《南风》1935年第3期翻译登载了一篇日本人B HAIKOV发表在《THE CHINESE WEEKLY（中国周刊）》第7卷第9期的文章《在日本的中国人》，文章说：“广东人是做餐馆生意的，这是一件很可获利的生意，在各大城市中如东京、横滨、大阪、长崎等，都有中国的食品。”这中国食品，准确地说，当然是广东食品了。

随着日本的开放，中国人的进入，日本人便跟中国人学起做菜来，突出体现就是支那料理店开得到处都是。《宇宙风》1935年第1期莫石的《支那料理》说：“的确，在日本，‘支那料理’就算是我们中国人唯一值得自傲的一件国粹吧！他们全国无论大小都市，差不多每一条街上都有‘馆子’写上‘支那料理’，这倒不是有万多留学生来才如此，却是‘自古已然’，因为日本人也挺爱‘支那料理’。”为什么说是学着中国呢？因为这“支那料理”店，支那乃英文“中国”的译音，料理指餐馆，翻译过来就是中国餐馆，但这种中国餐馆却不是中国人所开，从名称上也知道——支那是日本人对中国的蔑称，中国人开的餐馆自然不用。而且，学生做菜，通常情况下，当然不及先生的。所以，莫石又说：“来日久了点的中国人，若去吃中国饭，却都不进那些写‘支那料理’的馆子去，而必上写‘中华料理’的馆子，这倒不是因为爱国，为的是写‘支那料理’的是日本人开的馆子，弄出来的菜总不及写‘中华料理’的中国人开的馆子味好。”《新都周刊》1943年第4期穹楼《论中国菜馆》则说，日本人学中国菜的水平，大约就同于海外中餐馆最普通的杂碎的水平：“日本人的‘司干邪干’，不过仅得‘杂碎’的面目，已足独树一帜。”这“独树一帜”，当然是相对非中国的洋人而言的。

为了提高做中国菜的水平，日本还曾像当年派遣唐使一样，派专门人员到中国餐馆跟班学习。戈公振的《海外之中国饭馆业》就说：“近来日人鉴于中国饭菜之受人欢迎，亦起而设立中国饭馆，或以重金聘用中国厨司，或专人来华学习烹调之法，其味美适口，不亚于中国饭馆，而设备雅洁，招待周到，又远过之。”这就像在中国学外语，效果总不及到所在国学习的好。

而日本饭菜中最能体现广东人的影响的，当数馄饨与云吞的称谓及其风行。《珊瑚》1932年第9期陈以益的文章《馄饨与云吞》说：“日人呼面曰‘UDON’，疑其音之与馄饨相似，料系日人在昔留学吾国，讹面为馄饨矣。”殊不料这UDON并非馄饨，而是指面条：“旋游日本，见面店招牌，果书馄饨（此等面店并不兼卖馄饨）。”而真正的馄饨，日本人则以馄饨的广东方言云吞来表示与书写：“支那料理店，一律写作云吞，日本语呼为WANTAN，现代日本虽三尺童子亦知云吞之可供狼吞也。”所以，作者不得不感慨，还是广东菜的势力大影响深：“云吞之称，原为广东方言，日人最喜广东料理，代表支那料理，遂以云吞为馄饨。”由于广东食品的味道特出，以至于十分讲究卫生的日本人，也能接受相对不卫生的挑担云吞：“日本猪肉虽贵而肥肉均弃去不用，由精肉上割弃之碎肉半红半白，适合馄饨之用，而成本极轻，莫不利市三倍，故除面馆以外，尚有贫苦侨胞肩挑馄饨担以行商者，一如本国。其价格比面馆更为便宜，大约叉烧面或馄饨均卖十钱，此等商人大半为广东籍。”

由于日本人喜欢中国菜，也努力学中国菜，但“永远学不会，烧不好。日本人为了要探寻烧‘中国菜’的秘诀，鼓励日本女子嫁给中国厨师，差不多每一家中国菜馆的店主妇都是日本人”。（《论语》半月刊1947年第132期曾今可《谈吃》）这样一来，倒真正实现了“吃中国饭菜，娶日本老婆”了，这也是中国菜尤其是广东菜值得大书特书的地方。

民国西餐，广州味道

因为上海开埠后的迅速崛起以及广州的相对衰落，似乎大多数人都把中国的新鲜玩意儿集矢于上海，饮食之中，比如西餐，包天笑先生的《六十年来饮食志》（《杂志》1945年第5期）就说：“西菜始流行于上海，起初名曰番菜，又名曰大菜，内地当时尚无之，故内地人到上海来，有两事必尝试之，一曰坐马车，一曰吃番菜。此两者均为新奇之事。”殊不知，这两者，在广州，早已是司空见惯之事。包先生随后自己也说：“然上海所谓番菜馆者，非真正之西菜，乃中国人所制的西菜。大概开番菜馆者，有两处地方人，一为广东人，一为宁波人。故广东人所开之番菜馆，可称之为广东大菜，而宁波人所开之番菜馆，则称之为宁波大菜。”宁波人跑到上海去开西餐馆，是因为近水楼台，上海商帮中，又以宁波帮为主，再就是宁波人所做的“宁波大菜，颇合上海人的胃口，若真正之外国大菜，恐怕华人问津的不多吧？”

而广东人到上海开西餐馆，初衷自然并不是为了对上海人的胃口，相信宁波人也不是，宁波是自然而然对得上，广东人则是在广州开得风生水起名闻遐迩富有经验了，所以要北上当一回“捞仔”。广州第一家西菜餐馆太平馆早在1860年就开张了，那时上海才开埠未几；而太平馆的创始人徐老高，几多年前，就离开洋人的厨房，挑担卖牛排，并赢得了一众官商缙绅的青睐，赚够了银子，才开馆子，由行商转为坐贾。在广州中国人开的西餐馆，可不像上海的番菜馆，“颇合上海人的胃口”，而是在“颇合广州人的胃口”的同时，更合外国人的胃口，而且让他们自愧弗如。1861年2月22日《纽约时报》新闻专稿《清国名城广州游历记》说：“上午10点钟当我再次醒来时，不想喝那鸡尾酒了。我洗漱完后，就自己到餐厅去用早餐。在这里，我们开始谈论一种最豪华的清式大餐，是用牛排做的。先前，我常听人说广州牛排如何如何美味，但从未有亲口尝过。”（《帝国的回忆——〈纽约时报〉晚清观察记》）撰诸当时情形，应当指太平馆的牛排了，而美国人冠其名曰“清式大餐”，则显见广州人已将这番餐完全洋为中用，推陈出新，同时又显得更加洋气了。

由徐老高的经历，我们再谈谈西餐在广州的流行，那可早到哪去了——虽然无法说清确切的时代，但至少早在上海开埠以前，早在上海是一个没有见过甚至都没有听过西餐的上海县、上海镇或者上海小渔村时代。因为广州西餐的起源，在洋行，准确地讲在洋行的洋商宅子里边，就像当年徐老高之受雇然后再传出；而中资的洋行，因为工作需要，也学着洋商做西餐搞接待，并渐渐地成为风尚。对此，瞿兑之教授的《人物风俗制度丛谈》说：现在之所谓大餐，其名由广东之洋行而起。嘉庆中张问安《亥白集》中有诗云：“饱啖大餐齐脱帽，烟波回首十三行。”嘉庆中，上海不是还未开埠吗？又说：昆明赵文恪（光）在其年谱中记道光四年（1824年）游粤情形云：“是时粤府殷富甲天下，洋盐巨商及茶贾丝商，资本丰厚。外国通商者十余处，洋行十三家，夷楼海舶，云集城外，由清波门至十八铺，街市繁华，十倍苏杭……终日宴集往来，加以吟咏赠答，古刹名园，游览几遍。商云昆仲又偕予登夷馆楼阁，设席大餐，酒地花天，洵南海一大都会也。”有了这些证据，瞿教授便判定：“据此则一百一十余年前，广州已有租界气象，官场应酬已以大餐为时尚矣。”与此相较，则上海不过广州的洋泾浜了。

再说远一点，我们在前面也提到过，广东的西餐，最早应该从澳门传入，并举了香山与澳门交界处的石歧的西式乳鸽，数百年来一直独盛不衰的例子。因为葡萄牙人骗占的澳门，其目的在于生意，生意也需要生活，华葡之间，饮食相关相涉，是自然而然的事。另一方面，早期传教士也基本假道澳门入境，因此，最先接触西餐的，除了澳门，就是石岐岐关。但是，岐关太小，影响甚微，真正承接的，当属广州。因为当年香港尚没有怎么成港，作为千年商港及海上丝路重镇的广州的对外贸易水道，主要是沿珠江口出伶仃洋，而澳门乃门户之地。如此说来，在明朝时，上海真不过是一小渔港了。

言归正传，回到民国。向来西餐给人的印象，由于实行分食制，餐具要求高，环境要求也高，价格往往也相应要高些。但在广州，由于发展时间久，西餐馆多，竞争激烈，到清末，西餐在成为时尚消费的同时，也成为了大众消费。许多酒家更是中西并营，打出“有唐洋酒菜，海鲜炒买”之类的广告，像著名的岭南楼，还以“全餐收银五毫，大餐收银壹圆”相招徕，比起当时四大酒家动辄五六十元一碗的鱼翅大餐来讲，便宜到哪去了。

中国的事儿，往往有官方捧场，才叫真的好，才叫真的旺。而广州的西餐馆，在清末受到官方的追捧已如前述，在民国，可以太平馆为代表。当时国民党党政要员蒋介石、陈济棠、李济深、李汉魂、陈策、汪精卫、林森等等，无不光顾，周恩来、邓颖超新婚期间也在那里请过客呢。而上海，则要等到1927年北伐事竣，才有太平馆这样风光的西餐馆。至于其发展到广州这样时尚而大众，乃至便宜过中餐，则要等到战后。圣迹先生的《中餐与西餐》就说：“好像战前，吃西菜所费高于中菜，至少是相等，而近年来却相反了。这点，也许是我国人抬头的一点。譬如在战前，说请你今夜在国际饭店吃大菜，主人固然眼睛朝着天花板（也许双手还硬棚棚地插在裤袋内）像煞有介事，表示自己的阔绰；做客人的，也垂涎三丈，似乎等不到天暗，趋之若鹜。但到了现在，情形完全相反，括皮朋友，多数是邀你上CATHY HOTEL去谈谈的，因为在那边，五十元可从果盘吃到咖啡，这一类代价，在华贵的中菜馆中，仅仅能吃到六分之一只××鸡吧！”

方此之际，当年主导上海西餐业的广东帮，反过来固守起中餐的大本营来，因为“中菜与西菜的营业，近年来似乎是大相迳庭了。譬如说像握住最高营业纪录的新都中菜馆——听得人家说——恐怕需要五家普通西菜馆与他比较吧”。而新都同样是中西并营的，“据新都副经理崔叔平君对人家说：‘我们化了很多力气，想把七楼营业提高，但无论怎样抵不到六楼，每天营业收入十五万，七楼所占的，连夜花园在内，不过五万多一些，但是已经忙得可以！’”（《新都周刊》1943年第23期）其实，这不能简单地说是西餐的没落，中餐的复兴，而是聪明的广东人，已经将西餐的优秀成分，充分吸收到中餐中来，自然非舶来的西餐所能比。这一点，戈正璧先生的《大饭店》（《大众》1943年第4期）有很好的解答，这里暂且不表，后面还要详说。总而言之，民国西餐，无论如何，都只能是广州味道。

茶馆如何胜酒吧

晋人郭象说："言出于己，俗多不受。""寄之他人，则十言而九见信。"中国的事情往往就是这样。比如广州的茶馆，如此繁荣昌盛，必是应了市民的需要，而占据报章话语权的卫道士便出来说，茶馆多了，费人钱财，误人工夫，如署名荷的《涎香楼变作课室》（广州《民国日报》1925年10月24日第9版）："尤以茶楼为最特色……甚有以一日工资，就作一日的茶价，呼朋引类，习以为常。"又有《竹枝词》谓："米珠薪桂了无惊，装饰奢华饮食精。绝似歌舞升平日，茶楼处处管弦声。"连对广州酒楼茶肆素来极有好感的徐珂，也在《清稗类钞》里大发感慨："吾儿女劳心劳力，终日劳苦，偶尔于暇日一至茶肆，与二三知己沦茗深谈，固无不可。乃竟有日夕流连，乐而不返，不以废时失业为可惜者，诚可慨也。"所以，民国时期广州本地报章关于广州茶馆正面报道不多，至少不是主流。

而当我们看到1871年12月24日《纽约时报》的新闻专稿《广州的一天》的报道："广州的茶馆很像纽约的小酒馆或酒吧，也有伦敦酒吧的格调。但杜松子酒或啤酒与茶之间的差别可就大了，特别在他们的效果上。这里常常是30人围坐在一些小桌子旁，面前摆放着茶水、饼干和糖果的东西。他们之间的谈话欢快但不喧嚣，所有人都显得恭谨有礼，宽宏大量。在这点上，东方文明比西方文明要可取得多。我多么希望欧洲大城市里的劳动者们也能经常光顾茶馆，而不是天天到酒吧里去闹事。"我们是否该想起成玄英的名言来呢？

首先，我们知道，这些占据话语权的先生，多半是有钱有闲阶层，他们是关心他们一些子弟的"堕落"，但对于早期主流的茶馆也即"二厘馆"来说，他们是不太关注的，进这些馆子的下层民众，自然也不是他们关注的对象，所以我们大可不必把他们的话太当回事儿。"二厘馆"的得名，“因这些地方卖的东西，一律每件二厘银子（就以前说，目下当然不止此数），是专门供给那些贩夫走卒吃喝的地方。铺子是平房，里面摆满了桌子椅子，陈设零乱，地方污浊，装潢更不必提”。（《人间世》1935年第33期英弟《广东的茶馆》）“但在苦力们的眼中看去，我想是很中意的，他们是以量胜为美。他们多是五六个人共围一桌，多是互不相识的。坐下后，便有茶倌来叫要什么茶。”“所谓杂茶即是翻渣茶叶。所谓翻渣茶叶即是从上级或中级的茶楼里取来的客人喝余的茶渣，再晒干，再炒焙，或加颜色便是。”“叫了茶后，便开始喝吃。他们吃量大，所以不一刻便吃了十来碟食品，水也冲过十来次了。因为人多，所以喧闹不堪，粗言秽语累累如贯珠。在热天的时候，便汗臭熏天，普通人是一刻不能久居，但在苦力们早已是谭谭有味的了。他们挑担拉车之余，得此时间休息吃食，真是地狱中的天堂了。”（《人言周刊》1934年第1—25期合订本上册招桂熙《广州的茶楼》）

在一些老爷看来，上茶馆，尽管是“二厘馆”，是贩夫走卒们贪图享受的表现，同样不符合中国勤劳节俭的美德，而不知道，在广州这样的大都市，固有享受的成分——广州人的生活艺术——更只是生活的必需。这一点，黄诏年的《从广州茶点谈到看老婆》（《新女性》1927年第11期）说得比较分明：“（每日）四次（上茶馆）最惯的是工友。他们每次虽然也要一角几分，然而吃茶的耗费比食饭还要来得紧张。单讲拉黄包车的朋友，他们每天四点多钟起来做搭轮船的生意，拉了点把钟头后完了，这时肚子正饿也正要找地方休息，所以便点茶点。这是第一次。九点吃过早饭到了中午吃茶是第二次。四点吃过了晚饭到晚上八九点钟吃茶是第三次。第四次则在回家的夜半二三时。”他们的吃茶，其实就像今日的出租车司机吃盒饭，总比回家吃要合算。

除了生活的必需，下层或草根人士上茶馆，还是一种强大的生活习俗使然。这一点，游击队员出身的著名作家牧惠的亲身经历最能说明问题。他在《广东的叹茶》（《光明日报》2002年5月15日）里说，当年他“离开学校，进到游击区之后，才从另一个角度发现，叹茶之于广东人，吸引力竟是那么大。游击队能如鱼得水地生存、发展的地方，大都是相对贫困的山村。但是，即使在这里，茶居仍是不可或缺的一种事物”。还举了两个例子加以说明：“其一是我曾在一篇文章中谈到过的佛坑茶居。佛坑不到一百户，但是，因忍受不了附近冯村大姓的欺侮，他们绝不去冯村茶居饮茶，自力更生地开了一间特别的、每天仅仅营业不到两小时的茶居。晨早，大家带着农具，先后来到这间茶居，边聊天边叹茶边等老板按大家报的数字蒸熟肉包子。包子得了，吃完，记上账，包括老板在内的全体村民都下田干活。其二是1958年我到新会城南一个高级合作社‘三同’，结果是多了一同，同到茶楼饮茶：每天早上出工前，男社员们都到茶楼集中，在那里叹茶，同时听候队长分配活路，吃完早点后，一声呼啸，这才下地。”有鉴于此，故英弟的《广东的茶馆》说：“茶馆是广东的命根，没有它，我担心广东人不知道要怎样！”在这种背景之下，任何关于下层人民上茶馆的指责甚至微词都是不应该的。

关于农村茶居以及草根农夫饮茶的情形，鲜见于报章，反证前述掌握话权者多为有闲阶级，只有牧惠这样的革命作家才特别予以关注。反之，西方的记者倒没有这等偏见——他们颇能追求和坚持新闻真实的原则，所以，他们笔下的西方酒吧与中国茶馆才具有可比较性。要知道，西方的酒吧的原初形态，并不像当下中国酒吧这么小资白领乃至中产化，反而颇像咱们的二厘茶馆，主要是供下层市民娱乐消遣之用的。差可比较的是，就像鲁迅的《孔乙己》里的孔乙己到咸亨酒店，摸出一两枚铜子儿，要三几两黄酒，站着喝。但西方酒吧里的工人市民们，可不像孔乙己是一个人站着喝，没人搭理他，他们无论站着坐着，可是聚在一块喝，而且喝的还是烈性威士忌或白兰地（也不像我们今天的小资酒吧喝点红酒、啤酒或低度鸡尾酒）；酒色乱人心性，喝了酒，又聚众，言谈之间也难免不由民生而牵涉政治，因而难免有滋生“群体性事件”的隐患，所以一直让当局有些紧张，所以才让尽管追求新闻独立自由而身为有产阶级的记者们，对比之下，觉得中国的茶馆，真是改良文明的处所，从而予以盛赞。

对此，中国人也觉得在理，行走内地与海外的卫理先生更有同感。在他写的《饮茶在香港——吃在香港之一》（《茶话》1947年第22期）里，也是经过两两对比之后，如纽约时报记者那样，试探性地提出类似的观点：“记得早几年前，有些教育家主张将茶馆改做进行民众的社会教育的场所。在抗战期间的重庆大后方，像沙平坝的学校区里，茶馆就是变相的民众教育场馆，灌输着正当的娱乐，有演唱经文人改编抗救说书鼓词，有发表国事的主张，使民众在消遣之外，得到许多知识。”并且举了很具体

1939年，上海茶馆。

的例子来说明：“有一只传遍大后方的‘茶馆小调’就是那一时期的产物。去年春天，我在嘉定廖兄家中作客，看到嘉定县的民众教育馆就设在一家茶馆楼登。”相对而言，他认为粤港茶楼的传统与改造的基础要好过内地不少：“香港的饮茶，比起江浙地方的‘孵茶馆’来，固然它也是消磨时光，耗费钱的举动，但‘孵茶馆’近乎遁世——逃避现实，而饮茶则接触现实，使人尚不致遗忘人活在世上，有一份海阔天空无所不谈的自由。随地吐痰的罚禁悬在香港茶楼的壁间，毕竟也要比‘诸君原谅，莫谈国是’的禁谕令人愉快舒畅了。”从这个角度说，粤港茶楼的政治正确性与民主自由度，还应站在历史高度重新评价呢！

南国茶花分外香

我们说广州茶楼的“唱女伶”是一个正面的传统，是因为它具有时代的先进性，这种时代的先进性源于饮食与时俱进的时代要求，就像我们前面讨论的粤菜新时代一样，是因为时代的进步，逼迫它充分吸收西方和社会上一切新的合理元素。对此，我们看看与“唱女伶”传统相映衬的，广式茶楼酒店的新式女服务员的风采即可明白不少——她们可是让许多人发出过惊叹的时代新骄。

先看比较一般的评价。魏修的《饮食篇》（《小天地》1945年第5期）说起广州文园的女服务员：“文园，是广州之贵族酒家，建筑得非常雅致，房室居群树花丛之中，推窗望去，一片花草亭榭，美景如画。该店菜肴调味之佳，亦可谓首屈一指。且有侍女如云，个个如穿花蝴蝶般往来于筵席之间，增加‘雅’兴不浅。不过售价亦较他店为高。”广东女子向来不以美艳称，可文园的女服务员给人的印象却不赖。

以新派著称的上海粤菜馆新都饭店的女服务员，则开始引来赞叹了：“男女侍者约二百人，女侍者都经过严格的挑选，决非如别的酒家任人介绍的，新都的女侍决不容许任何人介绍，她们须合乎标准的体格，体重须在九十磅至一百十磅以内，体高须合五十五吋至六十吋，腰围二十吋至二十五吋。当时有四百余人应试。结果只考选二十二人。所以，她们都具有初中以上的程度，美丽，温文，细致，殷勤服务，人人满意。”（戈正璧《大饭店》，《大众》1943年第4期）

而《旅行杂志》1936年第9期邵雨湘的《粤桂纪游》说到金龙饭店的女服务员，那就由赞叹进而仰慕了：“金龙之女侍，尤不得不特为一提，颀然而长，态度活泼，招呼周到，而神情则异常严肃，有端庄气，对于自己职务，亦深感神圣，与吾人日常所知之女招待、女堂倌，轻佻浮薄，自甘堕落者，不可同日而语。姿态朴素而整洁，虽仅御蓝葛衣裤，不裙不旗

民国，广州的歌伶茶市。

袍，却匀贴有致。”

至于《上海生活》1930年第12期胡为的《茶经外章》，谈起广式茶楼菜馆的女服务员，则更进一步，由仰慕而神往，夜夜想做高唐神女之梦了：“南国风味的茶室，其引人留恋情调的是南国的姑娘（一般人口头称之为茶花）”。大约作者此时身处异国，因而生发一种别样的感慨：“茶花，我平常的一种观察，使我增重了故国的感慨。因为茶花多半是南籍的，南国的姑娘，她们总是静默的，没有话，隐隐在眉际流露的也是在怀念她们烽烟笼罩下的南国吧！”在这里，作者将他们上升到了某种国家象征的高度，这种提升，也是让人感慨的。因为这种提升，“高唐神女之梦”也变得庄严神圣了：“茶花，南国的姑娘，她们是当家姬吧！我每次看她们娉婷走过的时候，我佩服，她们并不是不高尚，拿双手来仆仆工作，交换她们的食粮，我看出，当她们走过的时候，具有一种娉婷的庄严。”

有这样的服务员，难道不是时代的骄傲？有这样的服务员，难道粤式新型酒菜馆不能像戈正璧先生所说的堪称伟大的事业？有念及此，更觉“南国茶花分外香”，她们最是粤人的骄傲！

金齑玉脍广东汤

做客广东，除了菜肴风味外，饮食程序上，饭前一碗汤，是突出的让人印象深刻的。但所可怪的是，从古代至民国的饮食文献中，关于广东人饮汤的记述却非常少，百思之下，也只想到两个可能的原因：一是汤长期以来作为一种饭前开胃的成分，在粤菜中地位并不突出；外人本就不太习惯喝广东汤，因此在他们眼里更加无足轻重。二是在物质生活不太富裕的年代，在煲汤上下的功夫未必像今天这么够；笔者20世纪80年代中期开始旅居广州的时候，做客粤人家中，或是上酒店吃饭，喝的多半是普通的开胃汤，最流行的大排档更不用说了，因此，除了程序上的印象，其他方面并无深刻记忆。有鉴于此，民国文献中留下的一些汤饮材料，就弥足珍贵了。

范烟桥《食在中国》（《中美周报》1948年第20期）虽是侧面提及广东的汤，却饶有趣味，并为广东汤接上了历史的正脉——粤人当十分感激才是。他说："中国烹饪的方法，大约有二十多种。有一种脍法，是中西相同的，是把各种肉切成细条，混在一起煮汤；广东馆的'杂脍汤'，最为正宗。西菜中间，也只有这种汤，煮得最好，但是不及中国的脍法，更复杂而入味。"广东杂脍汤，由此成为中华正宗脍汤。作者进一步补充道："此法甚古，吴王脍鱼，鱼丝入太湖，化为银鱼，至今银鱼无骨。张季鹰的'鲈鱼脍'就是此法。"并拉湖南名士易顺鼎来助阵："但现在江南已不传，所以易实甫曾说，惟有广东独能保存此古法。"张翰"莼羹鲈鱼"的故事至为经典，没想到与广东汤联系起来了，真是为广东饮食文化贴金。作者接着说："中西艳称的'李鸿章杂碎'，也是把各种肉条子合在一起煮汤，试想一种肴馔而包含多种的美味，如何不使吃惯单纯鱼肉蔬菜的欧洲人啧之称赞呢。"但没有说明，这"李鸿章杂碎"，作为海外中餐馆的最大招牌（前已有述），也是粤人的发明（海外中餐馆也是以粤菜馆为绝对主体的）。

其实，这李鸿章杂碎，后来通常简称杂碎，既是汤，也是菜。如《艺文画报》1947年第5期钟宝炎《美国的中国菜馆》说：“美国之中菜馆，纯为广东菜清一色。因为老板大都是广东籍华侨，其菜名往往非常古怪……此间一个普遍现象就是每一家菜馆门口必高悬CHOP SUEY二字来号召国外主顾，此二字即‘杂碎’之译音”。而事实上，广东菜的汤和菜有时是难以分开的。当年就有人说，广东的面没有什么好的，主要是汤好，而汤好，是源自粤菜烹制的需要。

这种需要，可从烹制粤菜所需的高汤显示出来，而广东高汤的最大特点，也便是杂脍——大多数汤都是用料很多很杂。而且，在传统粤菜的谱系中，汤不仅充当饭前开胃饮品，还是“调味之王”（吴慧贞语），不如此下足功夫，是难以熬制的。所以吴慧贞的《粤菜烹调法》（《家》1946年第12期）开篇即说：“粤中酒家，每以上汤味高而驰名。它提炼的原料，是用老鸡、精猪肉、猪骨、火腿等熬制而成；如款待回教教友，则改用腊鸭骨、老鸡等，也别具风味。大概用料愈丰，味度愈高，而成本愈重。酒家中上汤一味，价值万千，视为常事。”

广东高汤的价值千万，实例可见于陈梦因的关于民国时期的《食在广州与四大酒家》：“售价奇昂之‘六十元大裙翅’，竟有食客，由于价有所值。弄净的裙翅四十八两；用来一再煨翅的，称为‘丹烧盆’之一盆上汤，重量三十斤，是以四十五斤水，净瘦猪肉十八斤，劏净老鸡九斤，火腿三斤，慢火熬成的。当然，一盆上汤并非只做一个‘六十元大裙翅’，但全没鲜味的翅，一扣再煨的汤不够浓、鲜，又怎可称为大酒家的招牌菜。”这也是广东汤菜辩证互补的范例。这样的汤，真正是堪称金齑玉脍。但是，“这种高汤，一般人家是用不起的”，而粤人自有变通的办法：“家常应用，不宜太奢。如会菜相当者，自可备上述适当的材料熬炼应用，否则购些猪骨、火腿骨，与用剩的肉头肉尾、虾头蟹壳、鸡鸭鱼骨等废物，全放汤内同熬，其味也很鲜美，不输于西菜之五鲜汤；且汤内含有各种丰富的养分，可谓实惠而不费。”而当年珠江紫洞艇的船菜，因为“也取法于此，所以他们有价廉物美之誉”。（《家》1946年第12期，吴慧贞《粤菜烹调法》）

而吴慧贞的另一番说法——“上汤最忌用劣等化学调味品，因多吃了后常患口苦、口渴，为食客所唾弃，酒家所不取”——今日的酒家恐怕少有不用了；陈梦因在《粤菜溯源录》里说20世纪二三十年代粤菜因为使用甚至滥用化学调味品以至渐显颓势——粤菜中的汤谱文献所见不多，这或许是原因之一。汤汁用不用化学调味品的区别，《论语》半月刊1947年第132期舒湮《吃的废话》举了一实例：“广州还有一家‘池记云吞’，店门极小，而门庭若市，馄饨本身也不过尔尔，而其用汤的醇厚鲜美，非笔墨所能形状；据说这种汤的原料是海鲜与鱼骨。普通上海馄饨担用的酱油味精汤，自不能与之伦比。”

粤菜的汤——无论高汤还是餐前的开胃汤——另一特点就是清；用料如此庞杂多样而能出之以清爽，是其他菜系所难以做到的。陆丹林的《广东的香肉与龙虎会》虽是侧面言及，亦是十分感慨：“粤菜的炖汤，也有它的特点，它是清澈而没有一些油腻，入口清香润滑，味极鲜美。这种制汤方法，是粤菜馆所擅长。”如果有些汤因为用料特殊，实在难以让其自然清爽，也有一个办法就是：“先用纱布铺在笊篱上，把汤内渣滓滤去，再把汤煮至沸滚，然后用鸡蛋白一二只在碗内搅匀，放入汤内，则汤中游离渣滓，尽被蛋白吸收凝结，其汤自清。如仍有未尽，可再用蛋清。”（吴慧贞《粤菜烹调法》）

临末，附上笔者好不容易搜到的三款可以入菜谱的民国汤谱。一是乌鱼肉汤，其做法是：“将剜净的乌鱼下油镬煎透，淬以水，下配料草菇（洗净去沙）、肉片、丝瓜，滚透后再加入水豆腐，滚熟上碗，则汤白如乳，清甜鲜美异常。但肉片必须选用务头肉，及以熟油、生豉油调匀下镬才滑，而豆腐也须俟汤将好时才下，始能免其粗老。”二是鲩尾笋汤：“鲩尾嫩滑，煮汤鲜美，配以酸笋，更为醒胃。此味是夏令佳肴，用涤净鲩尾去鳞，下油锅煎透，淬以水，加生姜二片及酸笋同煮至熟，再加豆腐同滚，或加些丝瓜亦可。临食再加生豉油、麻油，汤作乳白色，甚甘美适口。”三是墨鱼菜汤：将“墨鱼与猪肉、白菜干同煲，为佐膳佳馔。煲法，先将白菜干、鱼腩分别浸透，再将墨鱼去骨，菜干切成寸长，再加猪油腩肉或猪花腩下锅同煲至烂熟。墨鱼、猪肉须待煲熟后切，以免味全炖出，嚼之无味。也有加广陈皮一小片同煲，则更醒胃芳香”。（吴慧贞《粤菜烹调法》）

奶茶颠倒乾坤

“茶饭双叙”是岭南饮食的悠久传统，香港的茶餐厅正是承此而来，不过因其港英的身份，学着英国的样儿，将传统的优质的广东铁观音或乌龙茶、普洱茶改作了劣质的红茶加牛奶加糖。因为布袋过滤的关系，自美曰香滑奶茶或丝袜奶茶，听起来颇有点传统文人以三寸金莲的绣花鞋传酒行令的味道，迹近淫与秽。近些年来，茶餐厅在内地攻城略地，奶茶衔令开道，这奶茶风光就更加冲击传统茶道了，长此以往，岂不颠倒乾坤！因为历史上，确曾有因为奶茶的原因而颠倒的乾坤。

茶本中国产。据陈祖椝《中国茶业史略》（《金陵学报》1940年第1—2期合刊）考证，就像神农尝百草发现茶叶时将其当作了草药一样，荷属东印度公司从澳门运回去的第一批中国茶叶，也是当药用的；1660年该公司购献英王的二磅二盎司，才是真正的饮用茶。由此开启的中国茶叶的外销势头蒸蒸日上，至1886年达到创纪录的三亿磅。近年有人说鸦片战争可谓茶叶战争，是因为中国茶叶的出口形成的中英贸易逆差，需要靠鸦片输入来平衡，这种说法根本站不住脚。要知道，由于当时中国主要出口商品乃茶叶，而茶叶贸易中心在英国，欧美各国所需的茶叶均得从英国进口（波士顿倾茶事件引发了美国独立战争就是最佳的例子），英国从中获得了巨大收益，与中国的这点逆差已从他国加倍赚回，更借此控制中国对外贸易近200年！

而真正的茶叶战争，而且让中国完败的茶叶战争，不是鸦片战争，而是后起的印度、锡兰（斯里兰卡）茶与中国茶的竞争。据《中国实业杂志》1935年第3期陈洌的《世界茶业的回顾》，1920年中国茶叶出口达到创纪录的新低——30万担（1500万公斤），占世界市场份额的10%左右，而印度、锡兰占85%以上。印度、锡兰茶争胜中国，并不是因为质量比中国好（当然中国茶也有许多问题），恰恰是因为其质次价廉，中了英国人的下怀，赢得了茶叶战争。欧美向来追求品质，为何在茶叶上却不重视？这主要是因为欧美人尤其是英国人喜欢重口味，中国茶这种艺术化的清淡，实在不敷所需。而且中国的茶叶，越是散发淡淡的香味，越是价格昂贵，据《东方杂志》1913年第3期译载的英国人《财政时报》文章《中国茶与英国贸易沿革史》，早期中国茶极贵，有“掷三块银饮一盅茶”之谚，英国人哪受得了。这便有了其殖民地印度与锡兰从中国引种茶叶的历史；茶叶是要看产地的，中国也不是遍地皆产好茶，印度、锡兰如何能行？当然不行！可是英国人喜欢就行，因为那儿的茶，味道不佳亦不妨，反正要加奶和糖，关键是其出汁浓而且快，十分适合加奶和糖。

在英国，红茶如果不加奶和糖，就像萧乾先生在《茶在英国》里所说：“端起来，那茶是绛紫色，仿佛是鸡血，喝到嘴里像是吃未熟的柿子。所以锡兰茶亦‘黑茶’之称。”而喝惯了这种红茶的英国人，反过来却形容中国茶“清得有如一杯淡水”（《一四七画报》1949年第11期《英国人与茶》），淡而无味。因此，萧乾说他二战时呆在伦敦，“想喝杯地道的红茶就只有去广东人开的中国餐馆。至于龙井、香片，那就仅仅在梦境中或到哪位汉学家府上去串门，偶尔可以品尝到。那绿茶平时他们舍不得喝，待来了东方客人，才从橱柜的什么角落里掏出，边呷着茶边谈论李白和白居易，刹那间，那清香的茶水不知不觉把人带回到唐代的中国”。在欧美国家中，英国人是最不讲究饮食的，看来茶也如此，尽管他们最喜欢喝茶；就像他们到中餐馆，叫嚷着要吃杂碎或甜酸肉一样，你真上了鲍参肚翅，他还视如茶中之淡而无味之绿茶呢？看来华夷殊风，较真不得。

通过这种历史背景的考察，我们知道奶茶绝不是什么好茶，真正的好茶如果还加糖加奶，那无异于暴殄天物。可是，奶茶就像某一国际品牌的红茶一样，我们明知它是用中国弃之不用的茶渣加工而成的垃圾茶，可是一些“白骨精”还是趋之若鹜。如今这茶餐厅的奶茶，是否会享受到这种待遇，而再颠倒一回乾坤呢，令人担忧。

香港饮食的民国记忆

陈梦因在《粤菜溯源录》里说，20世纪20年代“食在广州”就已褪色，而为“食在香港”所取代了。可是，或许因为省港同缘，大家不计较，所以在文献中始终找不到“食在广州”让位的依据。上海与香港，向有姊妹双城的说法，倒是留下了大量相关文献；而从这些文献中，更看不出“让位”的痕迹，倒是盛赞“食在广州”的同时，顺便夸一夸香港。如《申报》1949年5月4日第4版冷哲祺的《东方之珠：食与住在香港》说：“谁都听过一句这样的话了：‘住在杭州，死在柳州，食在广州！’从来没有人说‘食在香港’的，虽然香港在地理上，和广州仅是一水之隔……香港不是一个以饮食著名的地方，或者换一句话来讲，就是香港人根本就没有一个‘食不厌精、脍不厌细’。”

上海人关注香港的饮食，第一个着眼点便是其杂。程志政的《香港的衣食住行》（《旅行杂志》1947年第9期）说，“香港的‘食’，自然以中菜为主，西菜为辅，中菜之中，又以粤菜为骨干”。粤菜之外，“香港的川菜馆有大华、福禄寿两家，顾客都是‘外江人’。石塘咀有一家沪菜馆‘四时春’，虽然地位湫隘，却能顾客盈庭”。《旅行杂志》1949年第4期潘泰封的《短期旅行香港》，还对这种杂给予了很正面的评价：“如果要真的讲吃，香港尽多高楼大厦，开着各帮各式的菜馆，粤菜也好，川菜也好，以致上海菜、平津菜，只要你肯掏荷包，大嚼细斟，都可以使你满意。”

外国菜馆多是香港的另一特色。《申报》1939年1月15日第5版的本报特写郁琅的《食在香港》说：“香港不独有广东菜馆，川菜馆、马来菜馆、爪味菜馆，至于外国菜馆当然亦比广州的来得考究。”程志政的《香港的衣食住行》列举了一批有名的香港西餐馆。还说受英国的影响，香港的下午茶尤其兴旺：“一到下午五时，偌大的香港大酒店，楼下座位，完全挤满。这里包饮的是外国红茶，吃的是西点，听的是钢琴独奏……吃下午茶在香港如火如荼，英国看了，真要叹‘吾道不孤’了（英国人最喜欢吃下午茶）！”冷哲祺的《东方之珠：食与住在香港》也说：“在这里，大多数人，究竟是以吃吃西餐为荣的，因此，流风所及，咖啡、红茶便占有了‘普洱’、‘龙井’，又代替了脑肠卷和叉烧包，而且更有趣的是，有些人到了这里，甚至连每朝‘一盅两件’这点‘国粹’也不再保存，而争着要喝红茶去了！”

香港饮食的第三个特征则是与其国际化商业化相适应的全天候营业。郁琅的《食在香港》说：“说到香港的吃，真是整天廿四小时不停的，天还未亮的早上四时，茶居便开市，利便顾客饮早茶；一直开到十一时许，正午十二时，茶居的午市，西餐馆、菜馆亦都生意滔滔了。不售酒的开到深夜十二时，售酒的开到二时，过一小时后茶店的早茶市又开，这样循环不息，忙的就是吃。晚上九时后一直到深夜二时，都是吃的紧张时期……这个时间和正午是最难找到座位的，每一间馆子都有很多人站着候补。”这种排队等吃的现象，反映了香港的吃风之盛，可内地人确觉得是一种怪象：“我们去（威灵顿街上茶楼饮茶）的时候离十二点钟还差一个字，饮茶的人不多，等到一点半钟我们饮茶完毕，如涌的客人不断而来连座位都没有空了，有的人便像领户口米或上医院挂号似的站着伫候。这也是香港的一种怪现象。”（卫理《饮茶在香港——吃在香港之一》）

香港饮食的传统旺地，程志政的《香港的衣食住行》记述的是中环、石塘咀和湾仔。“香港仔，又名小香港”，则是吃海鲜的圣地（潘泰封《短期旅行香港》）。小食街就数魏修的《饮食篇》和冷哲祺的《东方之珠：食与住在香港》都提到的湾仔的馃食街了。魏修说：“街名‘馃食’——意即嘴馋——者，整条街摆满各式各样之食摊，其售价之贱无与伦比，而其调味之佳有甚于大酒家者。”冷哲祺对馃食街的印象则是广东特色：“这里卖‘牛什’的小贩，就多得像放了哨位来站岗的警士一样……这里的小市民差不多十人中就有八人是嗜食这些东西的，他们把这种小食和凉茶同时称之为‘可口可乐’。”这种记忆，也真是“可乐”。

从大豆解放到豆腐解放

央视纪录大片《舌尖上的中国》说，中国人将大豆制成豆腐，这是了不起的发明——这是大豆的解放，这是人类的福祉——在物质文明尚不丰裕，一般人吃不起肉的年代，豆腐所提供的容易吸收的植物蛋白质，对于人们的生存与生活是多么的重要。可是，豆腐发明了许多年后，在高倡“科学”的民国，许多人仍然为豆腐所困，没有将豆腐“解放”。这样说，会让许多人不明白。那就看下面的例子吧。

《晨光》1934年第32—33期合刊有一篇易鹰的《从“豆腐”说到“人参”》说：“富贵人吃人参，贫贱人吃豆腐。”其理由是“我们浙江人吃豆腐当忌讳，年头年尾不准再吃，万不得已要吃，把豆腐改称‘板上肉’”。为什么会有这种风俗？在我的记忆以及老一辈人的言谈中，可以有“贫贱人吃豆腐”的说法，但应该做两解。一是穷人吃不起肉，所以只能吃豆腐，拿豆腐当肉待客。笔者小时候处于“文革”穷困时期，确是如此，老一辈说民国以及他们所能了解的晚清时期，更是如此。他们浙江地处繁华富庶之乡，人多富裕，平常吃肉多，所以把吃豆腐当作影响面子的贫贱之行了。二是穷人还未必吃得起豆腐，因为白豆腐不好吃，要用油脂最好是山茶籽油炸过的油豆腐才好吃，这挺耗油的，一般人家炸不起，至少炸不多。即使想出味一些，煎一下白豆腐，也同样耗油。我们常说穷人面有菜色，主要是没有油水所致——即使不吃肉，只要有足够的油脂煮菜，也会红光满面、脑满肠肥的。所以，在许多地方，恰恰跟浙江相反，是只有年头年尾才自家磨制油炸豆腐吃，平时要想吃油豆腐，除非过节或待客，也不会自制，充其量上市场买少许。

所以，当作者易鹰发现报章上对于豆腐的宣传报道十分高调时，便甚不以为然：“然而，自科学昌明以来，豆腐的地位突然提高，大家把这讳莫如深的不祥之物认为‘滋补妙品’，有人甚至于说：豆腐的滋养料胜过人参！这真是天翻地覆的事情，也可算是‘豆腐解放’了。”“豆腐解放”这个词与央视的“大豆解放”真是天生一对。可是，他们不知道，大豆解放了千百年，而在民国时期，豆腐解放才没有几天：“最先提出‘豆腐解放’的人，据说是五十余年前一位奥国文学家，他说：‘大豆富于滋养之物，其食法将来必广播于西欧各地。因为大豆所含的蛋白质最丰富，更多的是脂肪质；每斤大豆的滋养料，可以抵牛肉二斤。所以中国人不吃肉，也能养生。”所以，报章的说法和外国人的看法，真是异曲同工，都是饱汉不知饿汉饥的“小资情调”，故易鹰说：“其实这话很不确实，中国并非不吃肉，是没得吃肉才吃‘板上肉’。中国人有吃肉的可能而偏喜吃豆腐的人，现在渐渐的多了，在从前却只有李石曾先生一人。李先生以大豆为主食，他还在巴黎开过豆腐公司。”关于李石曾在巴黎开豆腐公司的事儿，至今仍在流传。其实，按照葛藤桥先生的说法（《新闻天地》1946年第12期《李石曾与巴黎豆腐公司》），李石曾在巴黎并没有开过豆腐公司。作者北伐前自纽约归国曾亲往巴黎拜访李石曾，李曾亲口对作者说李是孙中山在巴黎的代表，是巴黎的头面人物，与张静江开豆腐公司只是革命的幌子，并没有真正卖过豆腐。倒是《珊瑚》1933年第12期彳亍《豆腐隽语》说：“吴稚晖尝在瑞士设豆腐肆，营业甚佳。”那可是实有其事。总而言之，关于豆腐的话语权，只不过是富人阔少的风雅；在穷人，也即是豆腐真正的解放，那是另外一回事儿。

不过，不管布尔乔亚与否，豆腐总是中国的骄傲，海外中餐馆的豆腐类菜式，总是受人欢迎，或许“最近美国一个研究化学的团体，提出忽尔唯突博士‘大豆食品化’的问题，加以讨论，讨论的结果，得一结论曰：‘现在东方充作食料之大豆，不久必将成为白种人日用必需之品，亟望美国对于世界群众首先提倡此种有益之食料’”，也是受了中餐馆豆腐的激发。当然，问题主要的是欧美发达，吃肉多，肥胖症便成为一个问题，“于是一般摩登人，大家提倡吃豆腐，而注重体格美人体美的人更愿意常吃豆腐，据‘豆腐博士’忽尔唯突先生说：常吃豆腐，可免身材臃肿也”。可是，在肉食甚至油水都很不够的中国，食洋不化，一定是可恶的布尔乔亚：“假使中国向来没有豆腐这东西，我想一定有人精制豆腐出卖，每磅大洋一元六角，以供布尔阶级作‘冬令滋补品’吧？”

像有过我这样生活经历或者生活体验的人，跟着易鹰先生讨论豆腐的问题，是很有意思的。易鹰先生出于对掌握话语权的布尔乔亚的反感说："可惜中国早有豆腐，而且数千年传统观念，豆腐是贫贱人的食物，虽然洋博士说它富于蛋白质，而老爷太太公子哥儿还是瞧不起它！然而从此之后，贫穷人吃豆腐时可以大大方方地说：这是时代食物，我们为卫生、为'健康美'而吃豆腐，不必像从前那末偷偷摸摸吃豆腐好像吃红丸，这倒是拜洋博士之赐也。"最后还拿溥仪吃豆腐的事来开涮："替溥仪做豆腐的，名林正洪，江苏扬州人……浙西人俗语：丧事人家吃饭，名为'吃豆腐饭'，现在溥仪喜欢吃豆腐饭，大概伪组织的寿终正寝，为期不远矣！"

其实，在广东，大约不存在易鹰先生所说的问题，豆腐在广东鲜少负面的传统，人们总是那么喜欢它。这原因也大约有二。一是广东尤其是珠三角一带，无论自然地理还是一口通商的政策因素，向来是富庶繁华，在豪奢的粤菜中，豆腐入馔，无论营养与口味，总是合适的。关于粤菜的豪奢，也是外界一贯的评价。《永安月刊》1943年第54期蒋春木的《谭吃》总结各地的口味，就是这样说的："现在积了二十余年吃的经验，知道各地口味不同，吃的程度各异，归纳的批评一句，北边人吃的大方，广东人吃的豪奢，江浙人吃的精细，至于湖北四川人吃的偏于辣味。"再者，广东是糖的盛产地，又喜甜，以之调制山水豆腐，不须油炸，已是无上妙品，这也就巧妙解决了内地"贫贱食品"的问题。所以，著名的黄苗子先生回忆他小时候吃豆腐的情形，便认为"豆腐作为家常便饭，真是雅俗共赏。记得小时在广州，曾吃过南园酒家的山水豆腐，清香嫩滑，令人心脾一爽，至今五十年，印象还极深刻"。

而《十日谈》1931年第2期一则关于豆腐专卖的新闻短评（题目就叫做"关于豆腐专卖"），显示豆腐在广东如何地受到广大市民一年四季日常的欢迎，绝没有易鹰先生所说的年头年尾才吃豆腐的情形。这好理解。当局要收归专卖的，往往是大众最需要最有利可图的东西，尤其是在那万恶的旧社会，又尤其是当年的广州当局，怎么能把豆腐收归专卖呢？豆腐的解放在他处尚存问题，只有在咱广州才是真正的解放了的，念在这一点上也不应该啊！所以，讨论来讨论去，只有像广东这样改革开放，繁荣富强，豆腐才会得到真正的解放。

民国的美食家与写食家

看多了民国文献，再结合个人体会，发现一个有趣的现象，即写美食的并不如何好吃，好吃的并不一定善于或喜欢写，写食家与美食家集于一身者，甚少。“食在广州”两大开山祖师江孔殷与谭祖任，皆负文名，于饮食之道，却宁愿“不着一字，尽得风流”。像民国著名的上海文人严独鹤，也是名副其实的美食家，入了当时的老饕俱乐部狼虎会的，可留下的写食文章也是寥寥无几。

食与写的疏离，还有一些很有趣的故事。例如，民国时期，在报刊写美食甚勤的范烟桥，其专谈吴中食品的专栏，还借用唐代诗人苏味道的名字作为笔名，十分贴切，颇有妙趣。但据著名作家陆文夫先生回忆说，解放后他与范烟桥、周瘦鹃、程小青在作协同属一个小组，小组集合的方式就是吃饭，找好吃的，这倒并不因为善写的范烟桥，而是因为善吃的周瘦鹃；写食家范烟桥通常是埋头吃饭，扒拉扒拉，如不知味；真正的美食家周瘦鹃先生，笔头还比范烟桥好，但就是很难看到他的写食文章。同样从民国过来的陆文夫先生，以小说《美食家》蜚声海内外，可从他的散文《苏州人到广州来》中描述的他对广州的大排档的情有独钟来看，也还不是很讲究吃的一个人。

最有趣最堪玩味的当属沈从文了。这个一生自称乡下人的大文豪，其饮食故事也因“乡下人”的特质而起。我最初读到关于他的吃的文字的印象是他太不在乎吃了。有一次他说猪头肉好吃，他的保姆便经常做了猪头肉给他吃，而且有时做一顿吃几顿，他也好像津津有味地吃着，实则有苦难言——分明是保姆在欺负他这个“乡下人”了。沈从文最堪玩味的关于吃的文字是他自己写在自传里的。他说，当年在军中，为了上司和同僚的一声称赞，他经常自告奋勇自掏腰包在大冬天的“赤个双脚跑上街去”买了狗肉，“又到冰冷的溪水里洗刮，又守在风箱边老半天”地炖制，晚上摆上桌子时，“使每个人的脸上皆写上一个惊讶的微笑，各人的嘴脸皆为这一钵肥狗肉改了样子”。他后来也反思过：“究竟为的是什么？就是为的是临吃饭时惊讶他们那么一下！”对此，我们思考什么呢？或许希望我们现在的城里人到得某一淳朴的乡间，也有机会享受到某个“沈从文”对你的热情吧。

郁达夫写过一篇《饮食男女在福州》，今人奉为经典，而《论语》1947年第132期周一行的《饮食逸话》记载的一则关于他吃甲鱼的隐晦的荤段子，十足解颐。话说郁达夫与王映霞结庐杭州西湖边上，似乎相亲相爱，及于旁人，亲朋好友，尽情款待。写过传世名著《中国文学批评史》的刘大杰教授就常往就食，每次“必有清炖甲鱼一味，从未脱空。刘问郁道：‘你倒欢喜吃甲鱼，吃不腻的样子。’郁微笑着指指映霞道：‘都是她要我吃呀！’映霞粉颊绯红，道声‘啐’，狠狠地虎了他一个白眼。刘大杰至此已完全明白了，不禁暗自低吟：‘赵姊丰容工泥夜，徐娘风味胜雏年’”。

还须特别指出的是，民国的写食家之为写食家，是承继着中国的优良传统的，即注重日常饮食，注重诗意提升。这一点，王市隐先生在《文人好吃》（《紫罗兰》1944年第17期）中有过精彩的总结：“文人好吃，自古如斯。博学于文的孔子，《论语》也说他‘食不厌精，脍不厌细’……文人因好吃而关于饮食的作品日多：自唐朝陆羽《茶经》、韦巨源《食品》开了先路，宋以后作者尤多，如王灼《糖霜谱》、东溪遁叟《粥品》及《粉面品》、王叔承《酿录》、灌畦老叟《蔬香谱》及《制蔬品法》，都是研究日常饮馔之最著名的。”苏轼自称“老饕”，作为美食家，是最负盛名的，今天的菜谱中仍有不少以其大号命名，但他绝不是一个世俗意义上的“老饕”。他任杭州通判时，“公款吃喝”频繁，“诸公钦其才望，朝夕聚首，疲于应接，乃号杭倅为‘酒食地狱’”。又曾作诗讥笑晋代“食日万钱，犹曰无下箸处”的豪奢老饕何曾说：“我与何曾同一饱，不知何苦食鸡豚？”（《撷菜》）有感于此，不禁要问：我们今天需要什么样的写食家呢？

美国的中国菜馆

□钟宝炎

中国可以说是世界上最讲究吃的国家了，这并不是说国人所采取的原料质地比外国来得讲究，而是国人肯下功夫去研究它。单就“鸡”这一样东西来说吧：吃法就不下数十种，清炖、红烧、生炒、红烩……五花八门，变化无穷，每一样吃法都各有所长，能“色”、“味”、“香”三者兼备。这使无论哪一国的名厨都要自叹不如的。中国的烹调法所以能在世上享有盛名也就不是条件偶然的事了。所以欧美的各大城市中差不多都有中国的饭馆存在着，而美国特多。今特将美国芝加哥、旧金山、纽约诸城市的大菜馆介绍如下：

旧金山的中国菜馆，以远东楼、上海楼、杏花楼三家最著名，都开设在唐人街上。里面的装饰，多采取清代宫邸式，颇为古色古香，终年不分昼夜须点着灯。设计者大约是想加强其神秘诱人的色彩，及古色古香的气氛，所以特意将灯装置在多角式的宫殿灯内。

芝加哥的大东酒店，内部明亮清洁，门面的装璜也颇新颖富丽，开设在中国城，生意兴隆，外国人颇多慕名而往的。此地附带出售各种华侨日报，国人常聚集于此。此外，芝加哥更多着中西合璧的广式咖啡馆（酒吧兼带咖啡），为中国留学生常往之地。

纽约为中国菜馆最多之城，总计有三百余家，除国人独资经营的小型菜馆外，有许多中外合资的。其中尤以顶好规模最大，气派豪华，装璜富丽，里面供应菜肴外，更有各种广式面点，拥有大量中外主顾。此外亦有外国人开设而聘有中国厨师者，如上海楼开设在纽约的一五六号街上，里面经售之物，价廉物美，常有国外主顾光临其间。

美国之中菜馆，纯为广东菜清一色。因为老板大都是广东籍华侨，其菜名往往非常古怪，连国人也不懂，如“中山鸡”、“李鸿章烧肉”等怪名字。此间一个普遍现象就是每一家菜馆门口必高悬CHOP SUEY二字来号召国外主顾，此二字即“杂碎”之译音，内有牛肉、猪肉、鸡肉等杂碎。所谓“杂碎”，即在猪肉或牛肉外加上青菜、洋山芋、萝卜等的一个热炒，外加白饭，类似什锦炒饭，其味当然无甚特出，但外国人皆极爱好。实则外国人如无人导往，对别的名菜也无从领会。单此一菜已足有使外人向往的魔力，其他名菜更不足论了。

遗憾的是：此类中国菜馆大多数对装璜方面不大讲究，不能吸引一般高贵的洋人光临，一般名菜只能与他主人一样被摈弃在唐人街或是中国城的一角。假如他们能到纽约等城市的大饭店中去兜一转的话，那么，他们将与美国的金山苹果、花旗橘子一样的受外国人普遍的赞美与畅销。中国菜馆在外国的前途，实在是无可限量的，问题只在能否注意到门面和里面的设备及装璜。只要略加改革一下，定能与外人竞争和媲美。

（选自《艺文画报》1947年第5期）

链接1：《家》1948年第28期范存恒《纽约的衣食住行》：“纽约的中国饭馆究有多少家，还没有确实数字。它们握有小餐馆之权威，分散在每一小街僻巷。真正中国馆则集中于中国城。小小‘下’字三条街上，饭馆至少有二十家以上，主要主顾还是中国人，但有的是专门遨游中国城的美国人。在纽约，很多人有每星期吃中国饭一次的习惯。只可惜他们顿顿吃炒面、杂碎，真正中国菜并不容易吃到，这大概是中国菜馆生意不甚兴隆的原因吧。”

链接2：《旅行杂志》1947年第8期戴文超《华侨在纽约》：“饭馆业可说独树一帜，没有外国人堪与竞争的，由于各国人士由衷的赞美中国饭菜，餐馆便成了华侨的专业。中国餐馆不仅在中国城里接二连三地开设着，就在纽约城的其他各街各路上，也是到处可见的，综计有四五百家之多，其中有几家设备得清洁卫生，布置得富丽堂皇，不亚于美国人自行开设的自动餐馆之类。”

巴黎之中国饭馆

□秣陵生

四弟留法，专攻科学，近自巴黎邮来菜单数纸，以示虽远隔重洋，而饮食殊不恶，足慰系念也。阅单果见中国所备之菜蔬，应有尽有。且闻在外之大师傅，大都艺精技良，颇能发挥其妙腕，美味佳肴，适口充肠，醉饱其间，恍若置身于祖国之酒楼饭庄矣。吾国事事后人，但烹饪之术，确在各国之上，至少高彼等五十分。故在海外营业之中国饭店无不利市百倍，碧眼儿争趋之，口角流涎，捧腹叫绝，此亦稍强人意之好消息乎？有国家思想之厨子先生，何不连翩出洋，搂取此等黄光灿灿之金镑，以裕国富家耶。予有厚望焉。兹将菜单抄列，以供浏览（其所列菜单，最有文献价值）：

万花楼：顿饭：炒肚丝、火腿白菜、红烧牛肉、拌生菜；特别菜：虾仁烩豆腐、鲜炒干贝、炒虾仁、鲜蘑烧肉、红烧蹄子、会粉丝、熘排骨、酱汁鸡、洋粉拌鸡丝、冬笋肉片、蘑菇肉片、辣椒肉丝、火腿炒蛋、黄花肉丝、醋熘白菜、炒牛肉丝、蛋花汤、白菜肉片汤。

萌日饭店：顿饭：长葱炒肉片、红烧排骨、红烧鱼、白菜炒肉丝；特别菜：蛋花汤、火腿白菜汤、春不老肉丝汤、三丝汤、醋熘活鲤鱼、鲜炒虾仁、炒鱼片、肉丝炒游鱼、干炸虾仁、红烧鱼肚、熏鱼、蘑菇烧鸡、炒鸡片、熘鸡丁、炸八块、炒鸡杂、红烧鸡素、红烧元蹄、蘑菇烧肉、熘排骨、熘里脊、炒腰花、冬笋肉片、木耳肉片、炸春卷、包牛肉、辣椒豆腐、豆腐干炒、春饼肉丝、素炒白菜、伊府面、炸酱面、酱萝卜。

菜单上，中西名字并列，种类价目，注释清楚，逐日更换。来书于在外中国饭馆之情形，所陈甚详细，因复择录之：

此间中国饭店本有五家，“中华”未去过，“东方”菜贵而不佳，“北京”与“萌日”为一家分开，“北京”位巴黎大学之旁，附近旅馆极多，地势冲要，故生意兴隆，点菜常较“萌日”约贵十分之一至二。但每届餐时，门外之候补吃饭员仍大不乏人。“万花楼”房间较大，客虽常满不嫌拥挤，菜价与北京大饭庄相仿，而局面较阔，在此进膳者，衣履修整，绅士派头；日人与西人来照顾者亦多，伙计也最漂亮。“萌日”菜价较廉，地偏客稀，经济简省者喜临之，每餐少有超过十方（法郎）之阔客，且多系包饭，亦偶有中国工人入内谋一饱。

各饭馆之办法系中西合璧，茶与饭任人取用，概不算钱。菜分定菜（即顿饭菜）及点菜（即特别菜）二种。定菜价目一定，可在四五样中任择二样，但每样数量只有点菜之一半，不另索碗筷费，惟须给小费。其价虽廉，然泰半劣而且冷，因系预先做成多份，旋转用者也。定食"万花楼"最贵，有时亦佳而丰，并可零叫，每样二方七五。"北京"较次，零叫二方。"萌日"则劣而少（但犹比"东方"强），零叫亦二方。所谓包饭者，即系每日每次在彼吃定菜之谓，每日两顿，不去亦算。"万花楼"月纳四百方，"北京"、"萌日"均为二百六十方，此系优待苦学生而设。然大多数学生仍是各处点菜乱吃，且多数人合食。冬日有火锅，尤宜合作也。

以菜价论，较之北京平常小馆，约贵数倍，加之饭巾、小账、零费甚多，现自己每月限用在六百方以内，每顿平均九方上下，即国币八毛，可见欧洲生活程度之高矣。顾巴黎之中国饭店，取价犹为最便宜者，柏林则更贵三分之一。伦敦亦有数家，价亦甚昂。纽约最多，据自彼来者云，共五百余家，但大半系专做外人生意，价目奇贵，然美人素是阔大爷脾气，不惜挥霍，而又嗜中菜，一沾唇即若上瘾。其在学校附近供应华人者，价较低落，平均每餐定菜为美金五六毛，点菜总须一元上下（美金一元约合法二五方半，即中币二元三），以日常居留生活而论，此为世界最贵之地矣。

（选自《坦途》1928年第5期，有删节）

伦敦和我·中国菜馆

□徐钟佩

英国外相贝文，常去伦敦中国饭店用餐，但始终不识中国菜单。一天和我国大使郑天锡见面，谈起中国菜，贝文就说你们有一菜味道正好，非鸡非肉非鸭，他只知道是“第八号”。中国菜馆为怕外国顾客记录菜名麻烦，常把菜单编号数，由侍者帮着解释这一号是什么菜。如果顾主碰巧吃到一道合他胃口的，他不必记菜名，只要记好号数，下次进门一说号码，侍者就知道是哪一道菜了。

郑大使精于烹饪，听贝文的描写（述），胸有成竹，约他下次到大使馆吃“第八号”。贝文应约前往，一碟端来，立刻认出是他心爱的“第八号”——原来是一盆杂碎。杂碎有如炒什锦，外国人最欣赏，在伦敦的一家中国馆子，干脆就取名“杂碎”。

其实在英国的中国菜，可以说每碟都是杂碎，可怜中国菜馆，在伦敦虽负盛名，和国内菜馆相较，真不知相差凡几。那里中国菜馆的厨司，大半不是科班出身，而是中途改行，有的过去本来是水手，为厌倦海上生活，加以开饭馆有利可图，脱离舱房改入厨房，对烹饪一道，根本未精，只是依样葫芦，随便凑几色小菜而已。

在中国菜馆，最具中国风味的是豆芽菜，汤面、炒菜、春卷里全放豆芽，有时一碟炒面端来，甚至豆芽多于面条。一个侍者告诉我：“有些洋人，假充中国通，装腔作势地要点竹笋，问他竹笋是什么样子也说不上来，逢到这种场合，我们常把豆芽端上去应景，洋人吃着，还直嚷好吃，好吃。”

英国人不讲究吃，为此以吃来估计生活水准的中国侍者最瞧不起外国顾主，尤其是那些冒充中国通的外国顾主。我几位外国朋友常到中国馆子去，他们提起中国菜馆的侍役就摇头，总说他们太不客气，不肯好好招顾客人，不肯为客人解释这一道菜到底是什么东西。

在作战期间，在伦敦开菜馆的中国人都发了大财。那时美国士兵驻在英国，有的是钱，常带女友上中国馆子，一家名叫香港楼的中国菜馆，单是衣帽间的收入，就有一百多镑（即四百多美元）。

待我去英时，美国士兵绝迹，中国菜馆生意大受影响，但也不见萧条。英国自一九四五年后未曾许一颗白米进口，因此中国菜馆也无从以白饭饷客，只是把炒面、汤面来代替，香港楼独出心裁，还有油炒大麦供应。

利安饭店的主人利安，是美国华侨，在好莱坞当过电影明星，退出影界后，来伦敦开设饭店。他饭店里挂上宫灯，装上屏风，茶几上一只只中国花瓶，倒是十足的中国打扮。壁上悬满明星们的照片，都有明星自己的签字，他的馆子，主要的主顾是电影界中人，常有明星去用餐。

还有几家菜馆，虽是中国人开设，却是供应的西餐，也是生意兴隆，而且对中国人照顾得特别周到。它们的菜味接近大陆味，广告上也标上“大陆烹饪”。

英国根本无所谓烹调，随便什么蔬菜都是拿来白煮，我常说在英国当厨司要算天下最容易的职业，凡到过英国者，都知道英国菜的单调乏味。但跨海过去，法国菜却是色香俱全，奥、匈、义（意）一带的调味，和中国的颇相接近，为此若干伦敦菜馆，都标上“大陆烹饪”吸引顾主，连中国人开设的西餐馆也不能例外。

我最喜爱的一家馆子是上海楼，上海楼开在希腊街，由一位中英混血种的小姐主持。这馆子原是一位中国人所开，他娶了一位英国太太，儿女成群，临终时把这一生经营托了大小姐经管，大小姐也不负所托，把它经营得蒸蒸日上。

我想我之所以喜爱上海楼，第一因为它环境清幽，但最大的原因，是因为它有两色菜是道地中国做法，一只是香肠，一只是豆腐，偶而也能在那里吃到粉丝汤。后来我们和大姐相熟，她常在我们的谢声中，端出一碟腐乳来给我们佐餐。

在伦敦开设饭馆真非易事，粮食的配给使你混身解数无法施展，更加以粒米全无。偶尔能在中国馆子吃到那些腐乳、粉丝、虾米、豆豉，都是索价奇昂。记得我在那里买过几次酱油，一瓶要一镑（即四美金），粉丝一扎要半镑。道地的中国菜，像鱿鱼、咸鱼、虾米、腊肉等都是从利物浦运来。利物浦是靠海港口，容易搜罗这些东西，中国水手也常从各地带些这种家乡风味来卖给当地华侨。

菜馆最苦的是无油可炒菜，在伦敦一人一周才一两猪油，济得什么事？他们大半到美国去寄猪油或花生油来填补，否则无油无米，根本无以饷客。

有些中国菜馆老板，特地到香港去带麻菇、甘贝。普通每客每餐也依限价是五个先令，但是中国人去，可以通融。我在英期间，如想有饭吃，每客要十五先令（即三美金），还是领了主人天大的热情。

要补充说明的英国黑市也有米卖，贵极，每磅五先令，米也不算好。利安饭店的老板利安，就曾为买黑市米给警察局罚过钱，在法庭上，利安侃侃而谈，他的所以违法，是基于人道主义，他手下的中国侍者，因无饭吃，变得脸黄肌瘦，奄奄一息，因此他才冒险买米，实在并非图利。

中国馆子里随意挑选，用刀叉或用筷子都可，第一道照例是汤，可以说是中菜西吃。广东人也是先以汤饷客的。英国人最爱吃的菜是甜酸肉，据侍者说有些英国人一进门就嚷着要“甜酸肉”，所谓甜酸肉就是中国的糖醋排骨。

伦敦的中国菜馆，以广帮为最多，北方和苏式馆子绝少，以探花楼为最老，上海楼、香港楼、大世界生意最兴隆。也许因为配给和人力关系，绝无有类三六九的小吃店。

论烹饪，巴黎的中国馆子比伦敦的好，论风味，却是伦敦的比巴黎的道地，巴黎中国馆子，座位都依法国沙龙式，倚墙而设，和菜蔬俱来的，又常是一碟面包，总脱不了洋味。伦敦中国馆子多半是中外分坐，入席以后，四顾全是同胞，依稀身在故国，只有在瞥见侍者身上的一套燕尾服，才恍然是在多礼的伦敦。

（选自《中央日报周刊》1948年第5期）

链接：《新中华》1935年第20期晶清《说吃》：“现在各国虽然都有几个中国饭馆，但那是为备经济比较充裕的享受而设的，像一般中国学生除了很少的机会外，大都无力每餐跑去吃那价既昂贵而又非真正国粹的中国饭。譬如在伦敦现有的中国饭馆已是七家（这里仅指西伦敦而言，东伦敦还有几家）。而中国学生常到这些饭馆去吃饭的空间还是少数。只有阔少们、腰缠颇富的寓公和商人、大使馆的大小外交官，他们才是这几家饭馆的主顾。随便小吃的时候，就到上海楼或顺东楼等处，正式宴客或有男女外宾随同时他们会到探花楼去，饭馆的设备既华丽，而身穿礼服的堂倌们又十分神气，在音乐演奏中开香槟，嚼鱼翅，喝燕窝汤，说起来虽然有些不调和，但也就很够排场了。”

吃中国菜，娶日本老婆

□曾今可

全世界都知道中国菜是怎样的鲜美，用不着我们自己再去宣传。日本虽然出版过无数的关于煮饪的图书杂志，日本菜却被公认为是世界各国最坏的菜。外国人吃日本菜等于吃中国药，都要皱眉、摇头、苦笑，甚至还会作呕。可见“事实胜于雄辩”一语，确是“至理名言”。

以前在日本华侨很多，卖布的（浙江青田人居多数）和开菜馆的（广东人居多数）做别的生意的都有，后来就只有开菜馆的一种，做布生意或别的生意的都被“打倒”了。因为“中国菜”日本人无论如何烧不好，而且日本人也和欧美人一样喜欢吃“中国菜”。二十年前我住在东京城山町一个日本人家里，星期日偶然买点菜自己烧，女房东每次都自告奋勇地来厨房帮忙——实则也是想学点秘诀，只奈无秘诀——而且烧她的瓦斯也不要钱，就为的是想尝一点道地的中国菜的滋味。她每次吃我的菜的时候总是赞不绝口。只有这种赞美才是诚意的。后来每逢星期日，女房东一定有亲戚来看她——实则是来“吃”我的菜——他们肉麻地和我客气一顿之后，我就被迫到厨房去，他们也跟着我到厨房去参观我表演绝技。女的必自动帮忙或替我倒茶拿烟来。“吃”的时候，当然又有一阵笑声和赞美声。有的“吃”得高兴就放声高歌。后来他们大概“吃”多了我的不好意思，时常买好鸡、肉、鱼……带来，要我当厨师。我虽然对他们说过“下次再买好东西带来，我就不烧”，但还是有人买好带来。有的则“吃”饱之后，邀我同去看电影，游公园或跳舞。究竟我烧的菜好不好呢？这只有天晓得！

日本人有摹仿的习惯，有研究的恒心，欧洲无数的大科学家大思想家用毕生精力发明的各种科学，日本人在“明治维新”后的短短六十年间几乎完全学来了，世界名著也都有日译本出版（莎士比亚全集有三种日译本，中译本则至今未见），中国字画也摹仿得很像；但烧“中国菜”日本人却永远学不会，烧不好。日本人为了要探寻烧“中国菜”的秘诀，鼓励日本女子嫁给中国厨师，差不多每一家中国菜馆的店主妇都是日本人。结果也是学不会！日本还出版了许多“支那料理研究”的专书，那真是“纸上谈兵”，害死了日本人，笑死了中国人。中国的伟大从烧菜中也可以看出，日本人哪里能懂？西洋人也同样不懂呀！中国虽有人出过“食谱”，但向无“烧菜法”一类的书；且千变万化，要写也无从写起，无法写好。如果有这种专书要出版，也只能用英、法、日、俄等国的文字去排印，如果用中文去排印就恐怕没有销路。因为中国人烧菜是向来不必从书本上去学习的。

（选自《论语》半月刊1947年第132期，原题《谈吃》）

链接：《科学时报》1935年第3期唐嗣尧《中国的饮食》：“‘中国饭、日本女人、西洋房子’，这是日本人心目中三种绝妙品物，有些在东京住惯了的中国人，也抱着这种意见。现在不问这话是否真确，但中国饭店在世界上的确是顶有名的。巴黎的豆腐老板，不仅做了财主，而且做了要人；中国饭馆在世界任何名都，总是‘门前热闹真无似，车如流水马如龙’的。有些日本人，认为中国的饮食，不仅味觉好，视觉好，并且还充满着艺术的气氛。这也许是日本饭太没有味道，所以他们一遇着一点好吃的东西，便觉得有无上妙味；但中国饭究竟是很好的。凡是一个有舌头的人，都有同感。就现状看来，中国要想在国际商战中站住稳固的地位，似乎以经营饮食业界最容易而有把握；其次就是推展中国医药。我相信将来中国的大学教育，一定是要设立这两个学科的。”

馄饨与云吞

□陈以益

余幼时读《幼学（琼林）》，开宗明义第一章即为“混沌初开，乾坤始奠”，每读混沌二字即联想及于馄饨，不觉垂涎之欲滴也。及长，习日语，知日人呼面曰“UDON”，疑其音之与馄饨相似，料系日人在昔留学吾国，讹面为馄饨矣。旅游日本，见面店招牌，果书馄饨（此等面店并不兼卖馄饨）。面既称为馄饨，则馄饨殆将称为面矣。是又不然。支那料理店，一律写作云吞，日本语呼为WANTAN，现代日本虽三尺童子亦知云吞之可供狼吞也。云吞之称，原为广东方言，日人最喜广东料理，代表支那料理，遂以云吞为馄饨。

是以本篇标题“馄饨与云吞”乃面与馄饨之义，通信何以面与馄饨为题，则吾以侨民生计所关也。我国人之旅居日本者，向为我国公使领事所不屑问，日本外务省不容支那人之混乱，乃有精密之统计焉（学生与各种从业人员共计13436人，支那料理从业人员3258人）。吾侨赖支那料理以生活者既如是之众，则彼等生活情形有不可不知者。东京之陶陶亭，以日金二十五万建广厦五层，其规模足以与美国旧金山颐和园大观楼相颉颃，为沪上所不及。陶陶亭为中日合资，戴季陶且为大股东焉。至一般侨胞小本经纪，则大抵料理其名，面馆其实。普通价目，阳春（面）日金十钱，叉烧面二十钱，炒面三十钱，锅面半圆，云吞十五钱，馒头一个五钱，烧卖一个三钱，炒饭四十钱，利极优厚。日本猪肉虽贵而肥肉均弃去不用，由精肉上割弃之碎肉半红半白，适合馄饨之用，而成本极轻，莫不利市三倍，故除面馆以外，尚有贫苦侨胞肩挑馄饨担以行商者，一如本国。其价格比面馆更为便宜，大约叉烧面或馄饨均卖十钱，此等商人大半为广东籍。

（选自《珊瑚》1932年第9期）

第五辑

民国遗珍

《随园食单》风靡后世之后，效颦之作，于今为烈。民国之人，传统未递，口福不浅，对于食单菜谱之事，并不关心在意。如民国名记曾今可《谈吃》所谓，日本人喜欢中国菜，便学做中国菜，“还出版了许多‘支那料理研究’的专书，那真是‘纸上谈兵’，害死了日本人，笑死了中国人”。“中国虽有人出过‘食谱’，但向无‘烧菜法’一类的书；且千变万化，要写也无从写起，无法写好。如果有这种专书要出版，也只能用英、法、日、俄等国的文字去排印，如果用中文去排印就恐怕没有销路。”也就是说，饮食烹饪不完全是技术性的操作，没有心灵感悟的模仿只能是停留在表面，画虎不成反类犬。

话虽如此，无古不成今，没有前贤断简遗篇的传承与启迪，饮食之道，是断断难以发扬光大的。一些优良传统，比如“脍”法如何，民国时代已是聚讼叹息了，如今更是不甚了了。所以，发掘整理前代的食单，实在甚有必要。特别是在工业革命或曰工业文明发明的各类化学添加剂，以及饮食业的工业化，一再戕害了传统饮食业与饮食文化之后，人们在远水解不了近渴传统难以踵继的怅惘之余，不由得渴想起民国食单来，而民国食单却仿如空谷跫音难觅踪影。笔者搜集文献，几近竭泽而渔，也是所获不多。真是民国遗珍啊！

除了传统意义的食单外，有一些文章，详细介绍了一些民国粤菜菜式的做法，其实也可以当作特别的食单看待，而且单篇容易失传，也更值得珍视。再者，一些散置的食单，加以排比类举，也常予人新的发现与新的启迪，更有补于世；这也是本辑文章的另一个着力点，望读者留意的是。

以鸡为凤，唯粤独尊

俗语谓“杀鸡安客”，意即杀鸡待客，总是很有礼数了；孟浩然诗“丰年留客足鸡豚”，鸡也是过年的主打菜。因此，吃鸡可以说在何种情形下，都上得了档次。吃鸡，也可以说是中国饮食最重要的传统之一。但是，重中之重，还得看广东，尽管广东菜给人的印象是吃海鲜为主。广东人不仅过年要吃鸡，过冬大于年，更要吃鸡；结婚生子，要摆鸡酒宴；其他各式宴会，均少不了鸡，所谓“无鸡不成宴”。其他各种名膳里，也通常离不开鸡，如最名贵的菜式之一——鱼翅，常常要用鸡的，称为鸡煲翅。又如岭南人好吃蛇，蛇馔里通常也加入鸡，称为龙凤呈祥，再加入猫，则称为龙虎凤了。连最不起眼的鸡爪子，在广东都是一道名菜——除了茶点必备之凤爪，即以之与山瑞同炖；有署名味橄者在《新中华》杂志1935年第12期写了一篇《吃鸡赘语》，说他素不喜吃鸡，但广东鸡例外，“尤其是清炖的鸡，更是只有所谓凤爪——即广东菜凤爪水鱼中的鸡脚最为可口”。

一招鲜，吃遍天。由于鸡在粤菜中的这种独特地位，许多酒家便主打食鸡，当然各有各的秘方专制。《旅行杂志》1948年第10期有《广州情调·吃风》，历数当年广州食肆“专门以一种食品为号召以弋巨利的”，“以河南成珠楼的小凤饼、联春馆的三蛇宴、洞天的双英鸡、馨记的市师鸡、南园的文昌鸡、佳栈的烧鹅、大三元的裙翅、西园的罗汉斋、泮溪的油煎饼、陈意斋的雀肉酥等都是别有风味的食品”，聊举数家之中，鸡已占其三。

因着这种吃鸡的热情，以至于吴慧贞1946年至1948年间给《家》杂志开设“粤菜烹调法”专栏，谈到鸡时，竟认为“鸡肉营养价值之高，超过任何其他肉类，且其生殖繁而长大速，最宜作为日常滋养之品”。在这种风气之下，粤人对于鸡的品种与质地，十分的讲究。这种传统，也传续到

成珠小鳳餅

發行所河南漱珠橋東市

1921年，广州成珠楼小凤饼广告。

了今日。比如，外地人一想到广东菜，就会想到白切鸡；想到白切鸡，就会想到清平鸡；想到清平鸡，就会想到它选用的是清远鸡。除了清远鸡，方家还会为你推荐海南文昌鸡、佛山柱侯鸡等等。

比较而言，其他各大菜系里，固然也多有关于鸡的菜谱，但他们只讲制法，而没有一家菜系，像粤菜这样，直接标榜和追求鸡的品种及品质。这或许是他处的鸡肉品质相对较为低劣所致。《新都周刊》1943年第10期刊登的张亦庵的《谈鸡》就说：“我国北方的鸡，听说价钱很便宜，战事发生以前，在津浦路所经的地方，可用十个铜元买得煮熟的鸡一整只，比之当时上海便宜十倍以上。”价钱便宜，是因为“味道并不怎样高明，坚韧粗糙，远不及江南”，当然更不及广东了，“广东所产普通的鸡，也胜过上海的”；上海鸡在江南算是好的了，“浦东鸡便是比较好的，江北鸡则较逊”，“然而比之信丰鸡依然望尘莫及”。因此，“以前上海的第一流粤菜馆，多用信丰鸡供客”。

广东鸡的成凤之道

民国食家张亦庵先生说：“粤菜馆中的菜谱，往往把鸡称作凤，如‘凤足山瑞’、‘凤入罗帷’、‘龙凤大会’等，这大概也不是没有根据的。徐正律曰：‘黄帝之时，以凤为鸡。’不过粤菜谱中则反其道而行，以鸡为凤罢了。”从上篇的记述我们便可看出，在广东菜系里，鸡确如凤一般尊贵；而其尊贵，除了粤人烹调得法，还在于其质地的上佳。

广东鸡好在哪儿呢？首先是品种优良。且看最高调的宣示鸡的价值的吴慧贞女士所开列的广东名鸡：“粤省所产的十全竹丝鸡、佛山的柱侯鸡、防城的白肉鸡，以及文昌鸡、牛奶鸡等都是优越的品种，且以饲养得法，为食者所称誉。如十全竹丝鸡具有重冠、黑舌、有髻（头上缨毛）、配裙（脾茸毛）、穿裤（足有茸毛）、子丫脚指、竹丝毛、乌面、绿耳、黑骨肉这十种特点的，它不但被视为席上珍馐，且用以配药，为白凤丸的主要原料，其滋补力之大可知。又防城的白肉鸡，它的皮肉雪白，肉的纹理极细而嫩，所含白色膏脂甚丰满，而文昌鸡也有骨软肉滑之长，这些都是由于品种的优异。”

其次是饲养得法。这一点吴慧贞也提到了：“至于佛山的柱侯鸡，则在于选种与饲养各得其宜，故食味亦以软滑见称，在它未烹饪之前，先择身矮而足骨细，冠红大及脚脾如八字叉开者，放于暗室内，以玉糠煮糟连饲二星期，不使它动，则自能肉足脂丰，软滑甘香，其味之美，非经亲尝，难以想象。至于牛奶鸡，是粤省及香港牛奶公司的副产物，其所用饮料，拌以过剩之牛乳，故所蓄之鸡甚肥美而滋养特丰，惜产量不多。如家常宴会，可用贮候方法，先行饲养备用。”

饲养之法，张亦庵先生在《新都周刊》1943年第10期刊发的《谈鸡》也有一说：“广东所产普通的鸡，也胜过上海的。这大概是因为土地的关系。气候较热的地方，土壤中的虫类较为丰富，鸡得大量的虫类作饲料，营养自然较为充足，味道也自然较为鲜美。加以广东人之饮食讲究，对于鸡的饲养方法，当然也会讲究起来。据说广东有‘槽鸡’之法，其法将鸡禁闭于暗无天日的狭小异常的笼子里，使其没有可以回旋活动的余地，又受不着异性的诱惑，饲以充分的芝麻等富有脂肪性的食料。这样的清心寡欲、养尊处优生活下去，经过若干时日，这鸡便被‘槽’得脑满肠肥，全身发福，不特肉嫩油多，连骨头也变得软了。”这种槽鸡，张先生认为有类如制作北京烤鸭的填鸭。张先生也提到了牛奶鸡：“又闻牛奶棚以变质牛乳及制造乳油所余的奶脚饲鸡，亦极肥美。曩年尝包饮上海畜植公司之牛奶，至年底，公司以‘牛奶鸡’一只见赠，果异凡品。”不知比之吴女士的牛奶鸡如何。

在当今的粤菜，鸡的地位依然显赫，清远鸡、文昌鸡依然足资招徕，只是民国时不见经传的湛江鸡，倒有后来居上之势；据说当地政府还制定了饲养标准，以为品牌之推广。还听说佛山的杜侯鸡也注册了，不过影响尚未及于市场，能否重塑当年英鸡，值得食家期待。

广东鸡的成凤之道，还有一大诀窍，就是偷龙转凤或曰转鸡成凤。比如说，信丰鸡，差不多可以算得上是上海粤餐馆的头等招牌菜，在广州的粤菜餐馆中同样享有盛名，可是，它却是地地道道的江西产——信丰从来就属江西。可是，无论知不知道信丰属江西的人，到粤菜馆几乎必点信丰鸡，而到江西馆则未必了，其视信丰鸡为粤菜之凤，已昭昭然了。今天广州的餐馆里，大家吃的所谓本地鸡、走地鸡，有一些是广东土产，但其实大多是从湖南来的；然而事实上也极少有人问从哪里来的，关键是你做得好不好，味道可口否。所以，广东鸡的成凤之道，本质上有赖于其烹调技艺的优良，至于材料所系，务必取精用宏，绝不能闭门造车。饮食通于治国，广东鸡的成凤之道，与当今的用人之道，的确有相通之处呢！

粤味鸡谱

中国食鸡，粤人为盛；粤人食鸡，民国为盛。如若不信，除了前面提到的林林总总，再请看一组民国遗珍——粤味鸡谱，如今的粤餐馆的鸡，有那么多的做法，有那么多的讲究？

先介绍几单蒸炖鸡谱。

其一，鸳鸯戏水——用肥鸡、老鸭各一只，原只连骨用盐花将鸡鸭里外擦匀，盛于瓦煲中，加绍酒半斤或糯米酒、红酒亦可，便把煲盖紧，隔水文火炖至烂熟，肉香滑而汤浓厚。食之补身。

其二，凤翼穿云——将鸡翼切开，每节分为二，取出翼中骨筒，实以瘦云（南火）腿肉丝于原来骨洞内，以熟油盐花调匀，放碟用碗盖密，隔水蒸至仅熟为度。临上席时加些宪头、葱白，滚匀上碟，味甚鲜滑甘香。但所用鸡翼须择皮厚肉少者为宜。

其三，淮杞炖鸡——淮山、杞子两种植物有健脾胃，生血益体之功，用以配制佳肴，适口而滋补。但淮山须择洁白鲜明，杞子须择鲜红大粒者才佳。用肥姑鸡一只，洗净抹干水分，用盐花擦匀晾爽，然后将原只放入瓦盅，再放淮杞在上，加糯米酒一盅，约浸至面为度，即将瓦盅盖紧，以文火炖至烂熟，味清甜而香美。

其四，鲜栗炖鸡——鲜栗炖鸡制法平常，大概多用姑鸡，取其嫩滑，但炖制须火力足而浓厚，故最好用阉鸡，因阉鸡肉丰实而膏厚，腴美而耐咀嚼。制法先将鸡斩件，用猪油、盐花擦匀，下油锅炸至呈黄色取起（鸡膏毋下油锅炸），然后用绍酒一杯，连同鸡肉、鸡膏放锅内，加水约浸至鸡面为度，炖至七八分熟，再加剥壳鲜栗煮熟去衣，及冬菇等加入，再炖至烂熟，临上碗时再加些蚝油、豉油调味。栗肉切毋下锅太早，以免溶烂。也有不把鸡肉油炸，而以蒜子葱头打蓉放油锅爆香，将鸡肉炒透，再下酒水同炖，则另具一种风味。

其五，八珍露鸡——取肥姑鸡去毛，以刀开鸡背，起去鸡骨，原只用盐擦匀里外，然后将鸡放瓦钵内，鸡皮面向下，随将配料放鸡肚内包藏，加绍酒一盅或糯米酒半斤，用文火炖至烂熟。配料用洋薏米、莲子、百合、栗子，先用热水浸透洗净，莲子去心去衣，再加切成小粒的冬菇、火腿、鸡肾、鸡肝拌匀同炖。上碗时，先将原汤滤出，即以碗盖在瓦钵上反转，则鸡皮在上，配料在下，然后再将原汤入碗，较为美观。

其六，鸣凤紫竹——即甜竹炖鸡的别名，滋味浓厚，养料丰富，为家常适口益体的美馔。制法先以肥腌鸡切件，用盐花猪油擦匀，再以甜腐竹用冷水浸透，洗净切件，随将鸡肉以烧红油镬爆香蒜蓉炒透，再加些顶豉油、姜汁、绍酒兜匀，即将冬菇数只连同甜腐竹与鸡下锅，加些汤同炖至烂熟，上碗时再加麻油拌食，若是肥鸡膏厚，腐竹不妨多些。

其七，水晶滑鸡——取肥鸡起骨切片，用鸡蛋白和豆粉搅匀后，将鸡片放入调匀，用滚水一滚取起，再以冬菇、红枣、绍酒和水蒸熟上碗，食时再加些麻油、生豉油，极甘香嫩滑之至，与放汤干蒸，韵味又自不同。

鸡肉补身，宜以蒸炖为先，而以可口论，当推炒与炸；海外中餐馆，原料来源有限，师傅水平不高，讲究不来，向来就只有炒鸡块一味，便把洋人糊弄得服服帖帖——你若真炖了蒸了给他吃，他还可能不以为然呢，或者说他们不配享用吧。因此，在介绍了七单蒸炖鸡谱之后，再推几单炒炸鸡谱，以飨读者。

——凉瓜鸡片。凉瓜鸡片必须用蒜子、豆豉或面豉酱配味，方能显其隽美；而鸡肉以两腿部分者最好，因其结实而爽滑，宜于用武火炒食。制法先将鸡腿肉去骨，横切薄片，用熟油、豆粉、生豉油擦匀；苦瓜则切薄片，用盐花挤去苦水，先行滚熟，去水挤干，再用打烂蒜子下油锅爆香，把苦瓜炒过，再用武火将鸡片炒至八九分熟，随下苦瓜同会。将起镬时再加捣溶豆豉水（去渣）和些宪头滚匀上碟，味甚隽美爽口，加冬笋、冬菇同会更好。

——凤披锦围（即凤入罗帏）。凤披锦围是炸鸡的别法。用此法炸成之鸡香滑而不燥腻，比之普通炸法，风味不同，为名贵筵席中的佳馔。制法取肥肉鸡起骨切片，将绍酒、顶豉油、蜜糖再加些五香粉和匀，把鸡片放入，均腌渍至十分钟后取起，再以贡川纸，裁成小方块，用熟油浸湿，晾爽（半干）铺开，取鸡肉一块，伴以浸透挤干的冬菇两只放纸上包裹，即将纸口自行夹紧，随将整包鸡菇放下油锅，炸至纸转黄色，取起用笊篱隔干，把整包鸡肉上碟，以成包鸡，由客自行解开取食。

——脆皮油鸡。制脆皮油鸡，必须选用黄油肥姑鸡，因膏丰肉嫩才能显其软滑；炸时更须将鸡全身抹干，吊起晾爽，其皮愈干则愈脆。而火候宜用文火慢炸勤翻，至全身遍呈黄色取起，斩开上碟备食。食时宜乘热，停冷则风味便差。上席时以葱白、淮盐、橘汁醮食，皮酥肉软，韵味极佳。

——核桃鸡丁。核桃性滋补，配合鸡丁制成馔肴，更是相得益彰。先把核桃打开去壳，用滚水泡去肉衣，晾干后用油炸酥待用，再取肥鸡肉切粒，用熟油、豆粉、生豉油擦匀。配料用鲜草菇或冬菇、冬笋，都切成小粒，先下镬滚熟，随加入葱白粒、核桃、鸡丁，盖上锅盖，俟有八分熟，即揭起锅盖，炒匀上碟。

——蚝油鸡丝。蚝油以粤省中山县出产者最美，以之调佐鸡肉，风味奇佳。其法先将鸡切成四件，下油锅煎透，随加水滚熟，再加葱白、韭黄、腿丝同会，临上碟时再加蚝油、麻油调些薄芡头炒匀。

——八块香鸡。此味因将鸡斩成八件烹制而得名。上席时以大匙每客各分一块上小碗，既匀而卫生，又可表示敬意。八块香鸡的制法，取肥姑鸡斩为八件，用盐花、豆粉少许擦匀，下油锅炸透取起，用冷水泡去油腻，再用绍酒半斤、顶豉油一小杯盛于瓦钵中，隔水炖至烂熟，入口香滑味美。

某地一种食品出名，往往便有这种食品的全宴之说，如全猪宴、全牛宴、全蚝宴等。广东以食鸡出名，广东要做全鸡宴，那真是湿湿碎——目前书中开列的食谱，已足够做出两围全宴的主菜来，还不加杂碎与青菜。而这还远没有穷尽，主菜都还可以为你从民国的粤味鸡谱中再搜索出一围来。

一是糯米酥鸡。选肥姑鸡去毛切开鸡背，起清内骨，不要头脚，并将鸡身厚肉部分片得薄些，即将片出之肉与鸡肝肾等都切成小粒，用些猪油调匀，再将配料冬菇、火腿、猪肉切粒，虾尾用油爆香，随把糯米煲饭，饭滚时，即将鸡肝肾及配料放入饭内搅匀，焗熟后便把饭放入鸡肚内包裹，用轻力压成扁平状，将原只香鸡隔水蒸熟，取起，用滴珠豉油擦匀周身，再放油镬内炸过，原只上碟，用快刀割开皮面，乘热上席，皮酥而甘香，也可用作点心品用。

二是鸳鸯巧合。这是一味云（南火）腿拼鸡的别名，多用于结婚筵席。制法先把净瘦火腿用姜汁绍酒蒸熟，取起停冷，切成薄骨牌样。又肥姑鸡以滚汤浸热，取起停冷，起骨切片，将火腿一片拼合鸡肉一片，排开上碟，大约片数以每客二三片为宜，食时佐以芥末、浙醋，或再加炸松马铃薯片同食，则更见甘香爽口。

三是凤碎琼浆。凤碎琼浆即酒糟香鸡的别名，以甘香嫩滑胜长，尤适用于夏季菜式。制法先将肥嫩姑鸡去毛起骨，隔水蒸至仅熟，取起俟冷，切成薄片，用糯米香糟腌约两点钟后，加些姜汁、生豉油、熟油及麻油数滴调和拌匀上碟。在临食时再加炸松粉条、芫荽、葱花同食也好。

四是香菇煨鸡。煨鸡宜用姑鸡。将去毛肥姑鸡在背上切开，取出肠脏，用绍酒涂于肚内，再用猪油擦匀鸡外全身。配料用腌头菜（正菜）一小扎，冬菇、红枣少量，加油约一茶杯，下锅慢火煨至仅熟，大约需时四十五分钟即可。也有把鸡切开尾部，取去肠脏，用盐花擦鸡肚里后，实以冬菇、肉丝、红枣、金针菜等，再以油涂全身，加油下锅煨焗。但此法多嫌金针菜夺鸡肉美味，不如用前法为佳。

五是鸡蓉粟米。鸡胸肉所含滋养料甚丰，但因组织关系，用火足则肉粗，不足则又嫌其韧，所以最好把这部分的肉作为鸡蓉。鸡蓉粟米的制法，取鸡胸肉去皮斩细如酱，用些豆粉、猪油拌匀，随加入上汤，调成稀薄糊状，再取鲜粟米或罐头粟，下油锅滚熟，即将炉火收至极慢，不可使汤滚起，或提锅离火，然后将鸡蓉下锅兜匀上碗，再加些火腿蓉，味极鲜甜可口。但烹时须注意火候，鸡肉务以九分熟为度，过熟则不滑，入口粗糙，食味不佳。

吃鸡杂

广东人爱吃动物杂碎，今日仍有许多饕餮之徒，为了吃上新鲜的猪杂，不惜大清早从市中心区往番禺等周边的屠宰场赶。猪杂如此，鸡杂也喜欢。你走进一家粤菜馆，定有鸡杂炒菜心、胜瓜鸡杂、凉瓜炒鸡杂等菜式；一菜之中，有荤有素，好吃又省钱。其实这是有传统的，久远的不敢说，民国的菜谱里就颇有几味能引人食指大动，现公之如下，以飨同好。

其一，酥炸肫肝——酒客对于下酒物，多酷爱香浓，因此有的把肫肝用油泡，以投其所好。制法是先将鸡肝肾脏洗净切片，用姜酒、绍酒、生豉油调匀，下油锅爆炸，至色变时取起，再用打松鸡蛋和面粉调糊，把肾肝放入糊内调匀后，逐件取起，放入油锅内炸至发黄上碟，以五香淮盐或橘汁蘸食。

其二，上汤肾球——清甜爽口，是夏季的好菜。此味配制，最重上汤，如果汤味不佳，便一无可取，此点必须注意。先取鸡肾（鸭肾亦可）洗净，取起内衣，用刀在面轻切，纵横成花纹状，随切开，分为两件或四件，然后下上汤滚热。食时加些葱白，或加菜远数节，一滚上碗，再加些麻油调味。

其三，榄仁肾丁——甘香爽口，最宜下酒，粤人多用于围碟（小碟）。单用鸡肾固然爽口，但不如加以鸡肝配合，更见甘香。先取榄仁（乌油榄核之仁）用滚水泡去仁衣，隔干水后，下油镬炸松，肝肾则用姜汁、绍酒、顶豉油腌过，取起，下油镬炒熟，即加些葱白与榄仁下镬同会，上碟再滴麻油数滴。有一点要加以注意，即鸡肾必须切去近内衣处的硬块，才不致有糙硬之弊，而减其风趣。

本篇既写鸡杂，不妨附赘两款不用鸡杂，但以鸡为杂的顶级菜谱，以彰民国粤味鸡谱之盛。

其一为鸡蓉生翅——漂净生翅以上汤三煨至烂取起，用鸡胸肉去皮斩肉如细酱，用些豆粉、猪油拌匀，以上汤和搅稍稀，先下上汤于锅，收慢炉火，不可使汤滚沸，然后下鸡蓉即兜匀，淋上翅面，或连兜匀亦可，但鸡蓉以九分熟为度，若滚至十分熟，则老而不滑，并且生渣，此物全靠火候恰好始佳，应加注意。

其二为红炖群翅——将洗净漂透之鱼翅，出水去腥，在食前一夜以成只鸡同精熬上汤以炭火炖一宵，食时去汤渣上碗，汤中精液，饱吸翅中，此为食家之常制法，美味滋补兼而有之。

民国粤味鸡谱，多有不同于今日，细考之下，发现至今仍盛的盐焗鸡，民国烹法也与今日颇有出入，附之于后，以“隆重结束”这一组民国遗珍——粤味鸡谱的推介：

——盐焗一味可以补身代药，鸡香肉嫩，绝无油腻，保全原质，不失原味。烹法先取肥姑鸡扯净，用布抹干里外，再以玫瑰露酒擦匀吊干后，用石湾出产的瓦制砂煲（即薄瓦煲），以海田产之生盐薄敷煲内，将鸡原只放入，再加生盐以盖过鸡面为度，随把煲盖盖上封密，放炉上以慢火烧约五十分钟，即可取食，半酥软滑，皮肉皆香。不过烹制时有二点极需注意，就是鸡身宜干，一有水分，其味即苦；火要慢而匀，才不致有鸡未熟而瓦煲先爆裂之虞。也有以蜜糖、香料之类擦鸡肚内，虽增香味，但嫌杂浊，不及味清为美。

全蚝宴

南海水质好，珠江的水更是量大质好，像西江水部分地区至今仍可直接饮用，在当代中国，堪称奇观。因此，珠江口两岸蚝的出产也是又多又好，至今东西两岸的横琴、沙井，还能吃到全蚝宴。但是，中国尤其是珠三角，毕竟处于工业社会的盛期，虽然还有蚝吃，毕竟有些美人迟暮之感——谁知道过几年就没得吃了呢？再对比一下民国时期这些地方吃蚝的盛况，更会让你感慨不已。

吴慧贞女士说："蚝之一物，我国沿海产量甚丰，而粤产者以养殖得法，味尤肥美，如中山县产的蚝脯、蚝油为佐膳珍品；蚝鲜食则嫩滑异常，故有比之为'太真之乳'者。"（《家》1947年第14期）这一比喻，真是神来之笔。遥想当年安禄山偷食杨贵妃之乳，是否是这般感觉呢？比喻不凡，民国时期粤人吃起蚝来更是不同凡响，随便罗列几款，也让当今的全蚝宴相形见绌。

先看鲜蚝如何吃。

酥炸鲜蚝——此系道地粤产，为粤菜之珍品。将鲜蚝肉洗净，隔干水分，后用鸡蛋数只，以箸拌至极匀，加入面粉，调成糊状，放鲜蚝肉入糊调匀，逐只取起，下滚沸猪油镬内，炸至呈黄色，上碟加少许胡椒粉在面，以淮盐（即以五香粉所炒之盐花）蘸食，或以姜丝、麻油、浙醋调味，则松香可口，如佐以橘汁则又有西餐风味。

香会鲜蚝——将鲜蚝肉洗净，以滚开水一漂，以高粱酒数滴和生姜丝、麻油、浙醋调和上碗。食时佐以虾薄脆或炸马铃薯片，味比熟食更鲜美软滑，而虾薄脆或炸马铃薯又有甘香爽脆之妙。此种食法不但味美，尤能保持养分及健胃，解酒后烦热，为盛馔中之清品。

金腿蚝饼——如前法先将蚝肉洗净，隔干水后，把鸡蛋用筷打松，再加面粉调成糊，随把火腿丝、姜丝、葱白丝及鲜蚝肉调匀，用猪油下镬煎烙成饼。上碟时加些胡椒粉、麻油、芫荽香料在面，味腴而不滞。

这些吃法，与当今颇有不同，而其功效，也是今人多有未闻。

再说蚝脯（粤人俗称蚝豉），由于取料方便，做法也更多，风味也更加突出。

网油蚝脯——取蚝脯先用水滚一过，如蚝脯极新，身骨未干者则不需滚，可以冷水浸透，洗净沙泥，然后用姜汁酒下油锅炒过，再用猪网油膏把蚝脯逐只包裹，下油镬炸过，以上好原豉酱加蒜子三粒，捣至极烂，与蚝脯拌匀，放瓦钵内加绍酒二三两隔水炖脸，味甚浓厚甘美。

烤香蚝脯——将新蚝脯洗净，用布抹干后，以熬熟花生油将蚝脯全身擦匀，以铁叉或铁丝穿起，放于炭火上炙之，反复炙透，切片，用麻油、浙醋，加些上白豉油、白糖、胡椒粉调匀，以之下酒佐膳，并称佳妙。

火腩炖蚝——取新蚝脯以水洗净浸透，用姜汁酒下油锅炒过，再以烧猪腩切件，把蒜子打烂先下锅爆香，随下烧腩、冬菇，加膏汁、顶豉油爆匀，加些上汤炖脸，食时加些麻油更妙。

八宝蚝松——先将蚝脯洗净浸透切粒，以姜汁酒炒过，然后再将各料同炒，配料用冬菇、冬笋、叉烧、葱白、火腿、腊鸭尾、五香豆腐、荷兰豆或青豆、青菜梗等，俱切小粒，先将冬菇、冬笋、青菜以膏汁炒透，然后再将各料同炒，再加调味兜头兜匀上碗，甘香非凡。

蚝脯猪手——将新蚝脯洗净浸透，以姜汁酒炒过，再以猪前脚刮净斩件，将蒜子捣烂，下油镬爆香，随下猪脚及顶豉油（即酱油）炒匀，与脯蚝同下锅煲脸，味甚浓厚。

还有一款至今仍是保留节目，但烹法略有不同，留下篇讲。这几款，组成一席全蚝宴，已是绰绰有余，而且美不胜收。

喜庆菜式

粤人好饮食，与其好节庆与很大关系。比如过冬大过过年，内地也有此说法，但多不当回事，粤人则煞有介事。这一点当年在上海的人感受颇深，因为每到过节，粤商餐馆，必热闹非凡。《申报》1925年12月27日第17版刘自强的《粤人之食品》说："粤侨酒肆，若四马路之杏花楼、南京路之东亚大东二酒楼、北四川路之会元楼粤商楼，其最著者也，会元粤商，楼座极广，且交通利便，故粤人之设喜庆筵席，类多就此。"许多粤餐馆，陈设华丽，正为节庆需要："往岁武昌路中新开之安乐园酒家，陈设极其华丽辉煌，稍具粤垣酒肆雏形，在沪埠粤侨酒肆中，可称巨擘。"这在今天广州的大酒店中也看得出来：许多酒店厅房一看就知道为节庆而备。

广东人好节庆，许多菜式及其命名即缘此而生并自具特色。广东饮食最讲究命名，一方面有很多避讳的地方，要讨口彩，前面已专文讨论过；另一方面，或许与广东人命名水准有关系，往往不是不足就是过头，而颇为人诟病。但从节日喜庆角度，实不为过。本着这种传统，我们现在到粤菜馆，尤其是出席节庆宴席，对比民国，发现今人竟有些倒退。如此，不如支招，介绍一些民国时期的喜庆菜式。

利显双重——又名巧合和谐。此菜是广东馆家元旦的佳馔。因菜中所用蜊蚬，谐音利显，口彩吉利之故。它的制法，将蚬滚熟，取肉留壳，用鱼肉、猪肉斩烂，和豆粉、盐水、豉油，以筷顺向搅之成胶，再用腊鸭尾，或火腿、虾尾、冬菇、冬笋、葱白、苔菜，都切成细粒，共同拌匀后，就把它嵌入蚬壳合拢，放锅上隔水蒸熟上碟，味甚鲜美。这一款现在基本吃不到。

发财如愿——发财如愿一味就是发菜鱼丸，因为它谐音吉利，所以家常宴会多喜用它。在冬季，粤市有现成的鱼丸出售，以便购用，但原料不丰，不及自制的好。法取鲮鱼起肉，斩成肉酱，加些盐水，搅到起胶。配料用发菜洗净，以熟油揸匀，再用清水漂去油腻，挤干撕开，再用冬菇、虾尾、腊肉浸透切细，与鱼肉用筷搅匀，制成小丸。蒸熟后，如与菜远滚汤，味甚鲜甜，或切开与菜远同炒，则爽脆异常。也有在斩鱼肉时加少许曹白咸鱼肉同斩，则更为鲜美。这一款，现代被“发财猪手”替代了，殊无必要。

心印良缘——先将海参滚透、刷清、泡透后，用上汤滚至烂，再以斩猪肉、虾肉加些豆粉，搓成肉丸，下油镬炸好，同会上碗。此味因“参丸”与“心缘”谐音，故嫁娶宴席，多喜用之。这一款也甚少人用。

发财带子——将发菜洗净，去净沙、草，以滚水漂过取起挤干，用猪油搓匀，再下清水漂去油腻，与洗净带子，用上汤炖至烂上碗。菜名含义适用于结婚筵席；如转名带子发财，则又合用于弥月喜宴。这一款甚佳，乃何不用？

发财好市——此味系用发菜、蚝豉制成，而粤语谐音“发财好市”，故开张筵席多用之。其制法先用新蚝洗净浸透，以姜汁酒炒过并把发菜洗净，用水泡透取起，以花生油搓匀，再以清水洗去油腻，以膏汁下锅炖腍，食之既甘且爽。这一款也是比较经典的，至今仍广泛使用。

另有两款比较牵强，录以备存，以适应不同好尚者的需要。

珠联璧合——即翅丸芥菜。以鱼翅堆漂透，用上汤煨烂，取起隔干，另以鱼肉、虾肉斩烂，加盐水、豆粉拌匀，至成胶后再加鱼翅拌和搓捏成丸，置筛中蒸熟，然后用芥菜梗切片剜开，每片中夹火腿一块，用上汤滚烂同会上碗，清脆甘美，兼而有之，因其命名甚佳，故嫁娶喜筵上多乐用之。

蚧黄生翅——漂透生腍，以上汤三煨生翅后，上碗时加蚧膏，调薄宪头在面，其味鲜美甘香。该菜又名“大展宏图”，用于开展筵席，以讨吉利。

粤菜清淡下酒难？

粤菜以清淡著称，粤人也向予人以不善饮酒的形象，其实不饮则罢，真正喝起来，北方人恐怕还不是对手。改革开放以来，南北交往频密了，许多人便认识到了这一点。而粤人最厉害的是能喝“鸡尾酒”，即白酒、洋酒、啤酒杂起来乱喝一气——这种喝法，北人往往只有退避三舍。

好酒要有好菜，不然酒难下，人易醉。下酒菜，是个问题。至今上粤菜馆，仍常常碰到这一问题。但是，笔者在民国时期遗留下来的少量珍贵菜谱中，却发现不少下酒菜。

炒芙蓉翅。鱼翅漂透去腥后，用上汤煨至极烂，取起去汤滤干，先用冬笋、北菇、火腿切丝炒熟，然后用鸡蛋和鱼翅、盐花、小菜拌匀，再下油镬煎成饼上碟，味甚香美，是佐酒妙品，小围碟多用之。

酥炸鲜蚝。蚝之一物，我国沿海产量甚丰，而粤产者以养殖得法，味尤肥美，如中山县产的蚝脯、蚝油为佐膳珍品。蚝鲜食则嫩滑异常，故有比之为“太真之乳”者；而蚝脯佐膳亦有甘香之妙。至酥炸则更堪下酒，此系道地粤产，为粤菜之珍品。其制法，将鲜蚝肉洗净，隔干水分，后用鸡蛋数只，以箸拌至极匀，加入面粉，调成糊状，放鲜蚝肉入糊调匀，逐只取起，下滚沸猪油镬内，炸至呈黄色，上碟加少许胡椒粉在面，以淮盐蒸食，或以姜丝、麻油、浙醋调味，则松香可口，如佐以橘汁则又有西餐风味。

烤香蚝脯。将新蚝脯洗净，用布抹干后，以熬熟花生油将蚝脯全身擦匀，以铁叉或铁丝穿起，放于炭火上炙之，反复炙透，切片，用麻油、浙醋，加些上白豉油、白糖、胡椒粉调匀，以之下酒佐膳，并称佳妙。

炸虾薄脆。用鲜虾肉一斤，以木板在砧板上打成肉酱，再加菱粉八两，鸡蛋二三个，盐水适量，一同搓匀，弄成柱状，隔水蒸透，切片排开晒干，食时将虾片下油锅炸至黄色为度，佐以草菇上汤一碗上席，置虾片于碗内，以汤淋食，极清脆甘香之致。这种虾脆薄不但自成一味，且与他菜佐食，亦各得其妙。如单以虾薄脆加淮盐，可以下酒，与粥同食，甘香远胜油条。较之当下当摆设的虾片，相去何止道里计。

炒鲜鱿鱼。鱿脯香美，宜于下酒；鲜鱿甘爽，佐膳极好。炒鲜鱿法，先将鱿鱼开肚去骨，洗净切片，用姜汁酒调匀。配料用大梗芥菜心切片，或用珍珠菜花亦妙。先将菜下油锅炒热，如炒芥菜则加酒、蒜子、白糖，取起后，再用武火烧猛油镬，炸香虾膏或虾酱，即下鱿鱼、芥菜同炒，鱼片一卷，立即上碟，味甚鲜美。家常食法也有用咸菜梗、煎豆腐片、生蒜、芹菜、肉片等同炒，滋味也很不差。

红烧鱿鱼。红烧鱿鱼不但是席间下酒佐膳的美馔，就是在二三知己，转炉小坐，雪夜谈心的时候，且饮且炙，也是有难言的风味与情趣。烧法先将鱿脯浸湿，撕去背骨，用布抹去灰气；但不可浸得太久，因过湿则失去其香酥。随用熟油擦匀鱼脯，以铁叉或竹箸串住在炭炉上，又文火烘炙。火过猛则味焦苦不佳，须快手不停地在炉上翻覆旋转，务使火候均匀而不焦，如油炙干，则再擦上，至油滚，鱼身起泡，即取下以锤或刀背将鱼锤卷，用手撕成细丝后，加麻油、熟油、浙醋及白糖少许调匀上碟，或加酸姜、酸荞头丝同食也好。也有把鱿脯洗净抹干后，放顶豉油、蜜糖和匀之液中浸透，取起再以猪油擦匀，烧炙至身硬撕食，味亦隽美。至于转炉把盏，就炉烘炙，蘸麻油、豉油咀嚼，也很耐寻味。

酥炸肥蟹。炸蟹甘美酥香，是下酒的妙品，以蒜、醋和味，更能醒胃，即以之佐膳，也能促进食欲。用足肉蟹仔斩件，以豆粉和水成糊，将蟹拌匀，或以蛋调粉更妙。拌匀后，下油锅炸至酥脆，取起，再以豆粉、白糖、蒜蓉、浙醋，或加些酸梅和水调宪头，下锅一滚，即将蟹随下炒匀上碗，但不可太久，以免皮外不酥。

榄仁肾丁。榄仁肾丁一味甘香爽口，最宜下酒，粤人多用于围碟（小碟）。单用鸡肾固然爽口，但不如加以鸡肝配合，更见甘香。先取榄仁用滚水泡去仁衣，隔干水后，下油镬炸松，肝肾则用姜汁、绍酒、顶豉油腌过，取起，下油镬炒熟，即加些葱白与榄仁下镬同烩，上碟再滴麻油数滴。有一点要加以注意，即鸡肾必须切去近内衣处的硬块，才不致有糙硬之弊，而减其风趣。

旧金山唐人街上的中国菜馆“远东楼”。

酥炸肫肝。酒客对于下酒物，多酷爱香浓，因此有的把肫肝用油泡，以投其所好。制法是先将鸡肝肾脏洗净切片，用姜酒、绍酒、生豉油调匀，下油锅爆炸，至色变时取起，再用打松鸡蛋和面粉调糊，把肾肝放入糊内调匀后，逐件取起，放入油锅内炸至发黄上碟，以五香淮盐或橘汁蘸食。

上述都是些典型的标准的下酒菜，种类既不少，档次也分明，既有极高档的炒芙蓉翅，也有普通的榄仁肾丁，同时，以河海鲜为主，充分体现了广东特色，现在的酒家，随便捡几款，也够应付了。

而尤为绝妙的是，另一款蚝肉出品，好似下酒菜，却是解酒菜，且味极鲜美——香会鲜蚝：将鲜蚝肉洗净，以滚开水一漂（以能杀菌为度），以高粱酒数滴和生姜丝、麻油、浙醋调和上碗。食时佐以虾薄脆（制法详后）或炸马铃薯片，味比熟食更鲜美软滑，而虾薄脆或炸马铃薯又有甘香爽脆之妙。此种食法不但味美，尤能保持养分及健胃，解酒后烦热，为盛馔中之清品。

鲜有人再吃虾

早些年，在普通的粤菜席上，虾几乎是必不可少的一道菜，如今却沦落到鲜少有人再吃虾的尴尬局面，个中原因甚多，这里不拟过多讨论，重点想说说款式与做法的问题——款式实在太少，做法实在土佬。现在我们要点虾，除了白灼，就是美极，吃得你不腻？而我们看看民国时期的虾菜谱，一定会启发不少。

炸虾薄脆——用鲜虾肉一斤，以木板在砧板上打成肉酱，再加菱粉八两，鸡蛋二三个，盐水适量，一同搓匀，弄成柱状，隔水蒸透，切片排开晒干，食时将虾片下油锅炸至黄色为度，佐以草菇上汤一碗上席，置虾片于碗内，以汤淋食，极清脆甘香之致。这种虾薄脆不但自成一味，且与他菜佐食，亦各得其妙。如单以虾薄脆加淮盐（以五香粉炒之盐），可以下酒，与粥同食，甘香远胜油条。

煎大虾碌——将大只鲜明虾洗净，剪去须芒、腮、足，连壳切分三段，下油镬煎透，以葱白数节、番茄汁调宪头（用豆粉、白糖、豉油、胡椒粉之属调和者）下镬兜匀上碟，味其甘美。

酥炸虾球——用大只鲜明虾洗净去壳切段，以刀披开一部分而仍相连，或用小只鲜虾拆肉，取虾仁用麻油、熟油拌匀，又将榄仁用滚水泡去仁衣，隔干水分后，下猪肉镬炸松，然后同虾肉下镬一炒，加些葱白、宪头兜匀上碟，极鲜美松香。

青豆虾仁——用鲜嫩荷兰豆仁先下油镬加些盐水爆熟（或用罐头青豆亦佳），再将鲜虾拆肉，用熟油拌匀，下镬炒至八九分熟，加些葱白粒，与豆同会上碟，再加少许麻油，风味甚佳。

炒芙蓉虾——鲜虾拆肉，配料用猪肉、冬菇、葱白俱切成丝，先行炒熟，后将鸡蛋打松，加麻白盐花，与各料调匀，下镬煎成饼状，上碗时再加宪头调匀。

滑蛋虾仁——滑蛋虾仁必须炒得鲜嫩，味始为美，故首先要注意火候，其次则须讲求手法、经验。其制法将鲜虾仁用熟油先行拌匀，再加打松之鸡蛋调和，下阴镬（即先用武火将油镬烧猛，然后将火收至极慢或完全离火）炒熟，或将油烧滚后，将蛋虾放下油锅，离火，以油之热度炒熟之，两种炒法，均取其鲜嫩黄净，适口美观，全恃烹者经验、技巧，始能各显其好处。

炒明虾片——鲜明虾去壳切片，以熟油拌匀（有油质盖护则可免火候过度而失鲜嫩）。配料用冬笋、冬菇、芹菜、葱白、肥肉片等，先行炒熟，乃将虾下油镬一炒，与配料同会，加宪头兜匀上碟。

核桃虾仁——将核桃破开取肉，以滚水泡去薄衣，吹干水汽，下油锅炸松，加盐水炒过，再将虾仁以麻油、熟油拌匀，加些葱白，与核桃肉下油镬一同炒和，宪头加不加各任所好，入口鲜美酥香。

菜远虾球——鲜大虾拆肉切件，略加披开，用熟油拌匀，再以白菜心或其他菜远下汤锅内一滚取起，再将虾肉放下油镬一炒，加些宪头，与菜远同会，上碟时再加些麻油。

香糟明虾——用成只明虾，剪去须翅，用盐腌过，置瓦罂中以糯米酒糟糟之，面上加热油，封盖约五六日即可取食，香美异常。如鲜食嫌带腥味，则加麻油或放饭面一蒸亦佳，但蒸不宜过久，久则失其鲜。如用小虾制，也同样鲜美。

会瓜皮虾——先择鲜红色虾尾冷水浸透，下油镬爆香，再将黄瓜洗净去瓤，切薄片，用盐拌透，再以白醋腌酸，临用时去酸醋汁，加白糖拌匀，又将海蜇洗净沙泥，冷水浸透，下滚水一浸，取起切丝，用麻油同瓜虾拌匀上碟，香美爽脆兼而有之。或加胡椒粉、辣椒、炒肉丝等拌，则更为醒胃。

百花堆锦——百花堆锦一菜是以虾肉为主，佐以蟹黄。它的妙处在爽滑脍软，鲜美甘香。先以鲜大虾拆肉，捣成肉酱，加些豆粉，与打松的鸡蛋白、盐花、切细冬菇、腿蓉搓和调匀，做成肉饼，隔水蒸熟切件，上碟时以蟹黄宪头淋在面上上席。

有了这么十几款虾菜，做全虾宴都够了；不做全虾宴，一款一款地让客人点，总有一款适人意，怎么会没有人点虾呢？

蟹肉贵而不当?

现在的粤菜馆，曾经足为普通粤菜席表征的虾蟹，虾既没多少人点，蟹也乏人问津，尤其是后者，还给人贵而不当的印象。之所以落到这步田地，与虾也有一个同样的原因，就是款式做法的差强人意。这方面，民国先贤同样做得比我们现在好多了。不信且看：

蒸肥膏蟹——蟹也是海产中的珍品，味最鲜，且含磷质甚富，能补脑长骨。蟹有膏蟹、肉蟹、水蟹三种类别，因为它的体外有厚甲，所以选购时不是有经验不易知道它的内容，因此俗语有“西瓜与蟹不熟莫买”的话。大抵蟹肉丰富和膏黄充足的，它的壳色深而体重，而体轻的一定是水蟹无疑。蟹的配制，必须清淡，才能显出它本身质味的甘美，尤其是不可加麻油。蒸蟹必须用膏蟹，它的蟹黄下酒最宜。食法据本人的经验，以蟹切开，排在碟上，隔水清蒸最好，临食时才用蒜茸、姜丝、浙醋醮食。也有先下蒜、醋同蒸的，但蒜、醋的香味既为火力蒸散，而蟹的鲜美的原味也不免变损。

蟹黄鱼唇——鱼唇是鲨鱼翅上的嫩皮，因为它软滑鲜美，它的价值不逊于鱼翅。它的烹法，先把鱼翅下锅，和柴炉灰水滚数次，取起再三刮去皮沙，用清汤滚透，取去翅针后，择其滑软之皮取下，再用清汤滚透，冷水浸漂，如此反复滚漂，以漂清灰味为止。然后用上汤加些姜汁、葱白二条，滚除腥味，乃取起去汤，再另以上汤煨至极脸，临上碗时加蟹黄调宪头同会上席，其鲜美相得益彰。如用些中山蚝油调和，则味更甘芳。

炒芙蓉蟹——把蟹蒸熟拆肉，配料用猪肉、冬菇、韭黄、葱白，都切丝先下油镬武火炒熟，然后用鸡蛋打松，把蟹与配料加些盐花调匀，下油镬煎成饼状，上碗时将宪头滚匀淋在面上，鲜美甘旨，佐酒下饭，都很相宜。

红烧蟹盖——把蟹洗净，捞起蟹盖待用。再把蟹爪蒸熟拆肉，配料用斩细的猪肉、切细的冬菇、火腿（或腊鸭肉），及研细的面包屑，同打松的鸡蛋调匀，再把油炒茜米半匙、油泡洋葱头，和一些蒜蓉、盐花、椒末一并加入和匀，嵌入蟹盖内，放下油镬，慢火炸透取起，成只或切开上碟都可以。食时醮以橘汁，极为鲜美芳香。

鲜莲蟹羹——鲜莲蟹羹是夏令佳馔，以甘香爽口见称。法以蟹蒸熟拆肉，配料用冬笋、冬菇、猪肉，都切成细粒。杭仁去皮，鲜莲子去心，猪肉粒则用些熟油、生豉油、豆粉以手搽匀。先将配料用上汤滚熟后，再下蟹肉，调以薄宪头连汤上碗，为消夏醒胃的妙品。

蟹钳草菇——草菇以粤北韶属产品最佳，新鲜的固鲜美爽滑，干的更见甘香。粤餐家常便馔中也常用它做汤味配头，而以风味鲜美的蟹同配，更是相得益彰。如用鲜菇，则切去根头，用水净洗沙泥后，以水浸透，留原浸的水，和上汤入锅滚三滚，就可随下蟹肉滚匀上碗，味极鲜美甘芳。如果更求爽口，可先准备晒干饭焦，拣黄净的每片若两指阔度，下油镬炸酥，上碟与汤一同出席，食时取菇汤浸食，更是甘香异常。

蟹烧紫茄——茄以色紫而嫩的为美，尤其是生于秋天的，故有“秋茄胜腊肉”的俗语。先将蟹蒸熟拆肉，用嫩紫茄刨去皮约大半，切长丝或如马耳块，下油镬炒熟取起，用蒜蓉、浙醋、白糖调匀后，下蟹肉和宪头落油镬滚匀，淋上茄面上席，风味甚佳。

玉钳翡翠——玉钳翡翠也是夏令时菜，就是凉瓜的别名。凉瓜亦名苦瓜，能清心解渴，皮色青翠，悦目爽口。先将肉蟹蒸熟拆肉，取西园种苦瓜（身短而肥者，又名雷公凿），剖开去瓤，切如马耳状，用盐揸透，去清苦水，再以冬菇浸透揸干，同下油镬炒熟，再下蟹肉一炒，加宪头下镬炒匀上碟，味清而爽口。

琼浆锦瑙——琼浆锦瑙即香糟醉蟹的别名。以细只黄油膏蟹剥开洗净，用盐少许腌一刻许，再以瓦罂承好糯米酒腌藏，以糟盖过蟹面为度，再加热油封面后，就把瓦罂固封，约腌十日可食。开罂时，把蟹转动一次，使上下糟味调匀，取食鲜滑芳香，极堪一醉。如嫌它有腥味，可加些广陈皮同腌，或临食前，放在收尽火后的饭面一蒸，但不可过久，以免失去原味。

酥炸肥蟹——炸蟹甘美酥香，是下酒的妙品，以蒜、醋和味，更能醒胃，即以之佐膳，也能促进食欲。用足肉蟹仔斩件，以豆粉和水成糊，将

20世纪30年代，广州长堤。

蟹拌匀，或以蛋调粉更妙。拌匀后，下油锅炸至酥脆，取起，再以豆粉、白糖、蒜蓉、浙醋，或加些酸梅和水调芡头，下锅一滚，即将蟹随下炒匀上碗，但不可太久，以免皮外不酥。

上面这十来款蟹菜，有些做法，今人是想都想不到——中国有一个自古以来的传统就是，当我们想象力有些赶不上趟的时候，不妨以复古为革新，从传统吸取资源，再加以创新。这也是我为蟹菜的没落做的一点努力吧。

香料墨鱼生且鲜

过去，山珍海味，既是高档筵席的指称，富贵人家的标志，而普通人家，尤其是在内地，吃不起海味席，逢年过节，弄点墨鱼干煲汤，也是难得的“开荤”。而到了广东，这做香料的墨鱼，却是生鲜的炒了、炖了或甚煮了汤来吃，实在让人有时空穿越的欲望——回到从前，回到内地，我大吃各式墨鱼，比刘文彩还刘文彩，可有多好。好了，吊足了胃口，我们就来看看当年民国人墨鱼菜的做法。

炒生墨鱼——墨鱼又名乌鲗（贼），鲜令鲜爽，干者炖汤，味亦香美。炒鲜墨鱼法，先将墨鱼开肚去清脏与膏（膏食能使人腹痛，须注意），洗净墨汁，然后将墨鱼斜刀切片。配料用咸菜梗或白菜梗、生蒜、笋、猪肉、香片等切片，先行炒熟，随将生蒜下油锅炒香，再下墨鱼炒熟，加入配料宪头调和上碟。

菜茈鲗丸——鲜墨鱼做丸，入口轻爽可口，配以菜茈数条，更增清甜之趣。但墨鱼做丸，必须用锤或棒将墨鱼捣烂成酱再加肥叉烧肉粒、火腿粒、打松鸡蛋和匀，制成饼状，下油锅文火炸至微黄为度，取起隔干油后上碟，以五香淮盐蒸食，或佐以麻油、浙醋、橘汁、芥酱等，无不佳妙；如作茶食用，以烤香面包夹食亦佳。

红炖墨鱼——红炖墨鱼用鱼脯或鲜鱼均佳。鲜者须多炖，故隔餐取食，更为入味。先将墨鱼洗净切开，以姜汁酒调匀，再将五花猪脯切件，用顶豉油调匀，以武火烧猛油镬，先下蒜蓉炸香，再下猪脯炒透，随下墨鱼兜匀，再加水浸过面为度，以文火炖之，浓郁鲜美非常。如用墨鱼脯，则先浸透，炖时下水较多。以之煮汤亦妙。

墨鱼菜汤——墨鱼与猪肉、白菜干同煲，为佐膳佳馔。煲法，先将白菜干、鱼脯分别浸透，再将墨鱼去骨，菜干切成寸长，再加猪油脯肉或猪花脯下锅同煲至烂熟。墨鱼、猪肉须待煲熟后切，以免味全炖出，嚼之无

20世纪40年代的广州街景。

味。也有加广陈皮一小片同煲，则更醒胃芳香。

上述几款墨鱼菜谱，像炒生墨鱼，固然普通，但像红炖墨鱼，隔餐取食才更加入味，则显得很时尚了，而且还可以兼做汤饮，更是难得。再如菜莚鲗丸，可以用来做茶点，还可当做热狗肠来吃，那更是时尚得很，为何今人不借取一用呢？

在今天的广东，就像吃乳猪一般，人们好吃墨鱼仔，也给人以穿越的想象——当年是墨鱼干都吃不上，哪还想得到能吃到墨鱼仔！墨鱼仔也像乳猪一样，可以烤来吃，当然更可以炒来吃，一只只地吃下去，感觉真的很香美。

美味鲮鱼如何吃？

鲮鱼，在民国时期，是广东最重要的土特产之一，在上海尤其风行，旅居上海的粤人，对于鲮鱼，仿如江南人之于莼鲈。从《申报》1894年5月23日第6版广福安的一则广告“中国自制西式罐头、海鲜生果等物，如荔枝、杨桃、菠萝、土鲮鱼……”以及1897年4月4日第10版同协成的一则广告“本号新到广东罐头、鲮鱼、鲜嫩竹嫩、白雪澄面……”均可见出鲮鱼的地位。而张英魂在《岭南食品·鲮鱼、彭蜞子》（《申报》1926年6月11日第25版）中说，岭南物产，他“最爱食者为鲮鱼与彭蜞子。鲮鱼……肉嫩味鲜，隽永绝伦，为他鱼所不及”。“其食法，可煎、可蒸，可去其骨、切其内，研为肉圆，可以煮粥，又可以封干，致远而留久。其制法之左右咸宜，亦为他鱼所不及……余十余年来，鲜者不得食，常有弹铗之叹，惟亲友中有知我之所好者，腌以寄余，亦慰情聊胜无耳。”由此发思古之幽情说：“古人当秋起则忆莼鲈，兹者阳和景明，鲮鱼彭蜞子已上市矣，思之不可复得，余草此篇，而不禁馋涎垂三尺也。”

吴慧贞女士在《家》开专栏谈岭南饮食，也着重说到鲮鱼。她说：“土鲮以产于粤省顺德的最为肥美，以肉滑味鲜见称，运用何种烹调法，风味均佳，乃是粤人独享的口福，但近来已有罐头制品，可以运销各处。”而具有讽刺意味的是，罐头制品，本是海河鲜最次的出品了，于鲮鱼而言，如今却仿佛是主要的出品了，真是本末倒置，令人哭笑不得。现在鲮鱼如何吃，除了罐头，我倒真是不太知道，只好穿越到民国时期，看看当时是如何做法，以解解干瘾。

清蒸土鲮——清蒸土鲮之法，先将鲮鱼洗净削鳞及去鳃胆，盛于碟中。配料用红枣、冬菇、云耳、金针菜、正菜（即咸头菜）、葱白、猪肉，都切成丝，用熟油调匀，敷在鱼面，再以顶豉油、熟油淋上，放饭面上蒸熟，则鱼滑甘美无比。也有不加配料同蒸，仅以捣烂的面豉酱将鱼涂匀，葱白切花，和熟油同蒸，味亦鲜美，这是家常佐膳的好菜。

发财如愿——发财如愿一味就是发菜鱼丸，因为它谐音吉利，所以家常宴会多喜用它。在冬季，粤市有现成的鱼丸出售，以便购用，但原料不丰，不及自制的好。法取鲮鱼起肉，斩成肉酱，加些盐水，搅到起胶。配料用发菜洗净，以熟油揸匀，再用清水漂去油腻，挤干撕开，再用冬菇、虾尾、腊肉浸透切细，与鱼肉用筷搅匀，制成小丸。蒸熟后，如与菜远滚汤，味甚鲜甜，或切开与菜远同炒，则爽脆异常。也有在斩鱼肉时加少许曹白咸鱼肉同斩，则更为鲜美。

香糟鲮鱼——鲮鱼鲜滑，已如前述。如以红色香酒糟同蒸，味益甘芳。法以去净鳞、脏之土鲮鱼用布抹干水分后，以盐花擦匀鱼身，放碟上，以熟油调匀，再用红酒糟敷面上，放饭面蒸熟，食时再加熟油。

腌煎鲮鱼——鲮鱼鲜食味固美，以之腌煎，也很甘香，且耐贮藏，可备作不时之需。它的制法，将鲮鱼去鳞及鳃脏，洗净抹干，在脊上厚肉直刻一刀，乃将盐花擦匀全身及肚内，然后把鱼叠在瓦盆内，面用荷叶或冬叶盖好，随用石压实，隔一夜取出，以熟水冲净，下油镬文火煎透上席。

香酱鲮鱼——香酱鲮鱼是粤省顺德的名产，有特殊的甘香，它的制法，先将鲮鱼去净鳞脏，整条以盐花腌匀，叠瓦盆内，以石压实，腌至次日取起，以熟水冲净，用麻索穿鳃吊起，略晒至身爽，再用打烂蒜米与豆酱同捣烂，下油镬炸香取起，加入五香粉搅匀，涂于鱼上，里外擦匀，再晒至八九成干，以沙纸封固，挂在厨中近火气处，随时取用。食时将鱼洗过，加熟油蒸食。但鱼勿晒得太干，过干则肉坚实而味不佳。也有用甜酱、蒜米捣烂，加入盐花同腌，用石压实，腌二天后才晒，则又是一种风味。

蟹翅肉丸——先将鱼翅洗净漂清，上汤煨腍后，再将蟹蒸熟拆肉，用土鲮鱼（广东顺德县产者为佳）或其他肉爽之鱼亦可，去骨皮斩成肉酱，加些豆粉盐水调和，用食箸搅至起胶，再下鱼翅、蟹肉、冬菇、肥猪肉和匀，做成丸状，放竹筛上隔水蒸熟后，或佐以菜莲上汤同会，或用宪头炒匀上碟，风味均佳。

潮州菜的问鼎之路

在当今的岭南菜系中，潮州（大潮汕）菜往往被看作是顶级的。但是，其如何冲顶的过程，却始终弄不明白；就像孔夫子所说，不是弄不明白，是文献不够的缘故。在民国饮食文献中，提到潮州饮食的，少之又少。不过少量文献中，有些倒是有十分珍贵的价值。比如说，上海开埠前1839年即已开业的、替广东饮食打前站的最早的“元利”食品店，乃是上海最早开设的可以称得上食品店的商店。这家食品店，差不多百年之后，《常识周刊》1928年第89期秦福基的《月饼》还提到：“潮州月饼与广东月饼却两样的，一个是圆而厚，一个是大而薄，比较本地月饼，约大四五倍，五队路元利糖食店、勃郎林糖食店等，均有出售。”当然，这时的元利，主人恐怕也换过几茬了。《十日谈》1934年第34期胡笳的《汕头小景》所描述的潮汕饮食盛况，也令人印象深刻：“汕头人可谓得天独厚，对于吃的方面十分丰盛，鱼虾海味以及生果之类，出产极富。汕头人之匆匆忙忙好像都为着吃，市面上的铺子，关于吃的就非常多，点心店、茶楼、饭馆、鱼生店、蚝肉店、炒菜牛肉店，真是有些数不清楚。”《旅行杂志》1938年第11期记者海客的《潮汕之行》则对潮阳北郊小北宕寺庙的素菜十分倾心，“不惜费了二只袁头，食素菜四味，果然清香适口，名不虚传”。那主要是因为油好：“闻说所用炒菜的油，是经过三年埋藏地下，然后才拿出来用，故比较平常的豆油不相同。”要是用现在的地沟油炒，恐怕也难以下咽。

潮州菜问鼎的另一法宝，是其海域所产的鳘鱼，鲍参翅肚的肚就是指鳘鱼肚，像金钱鳘的肚现在至少已是几十万元一斤了——日前报载福建一渔民捡获一条濒死的金钱鳘，成条卖都卖到两万多元一斤。而在当时，潮州人却是较为容易地弄来吃，因此吃法也多。吴慧贞女士在《粤菜烹调法》里就记录了几款鳘肚的吃法。再者，鳘肚的“烹调、火候极须注意，因此物用火过多则生胶，火候不足则坚实，必须火候适度才能爽而兼烂，滋味、吃口俱臻佳妙”。潮州菜能把鳖肚做好，也是其通往顶级之路的一个法宝。

清汤广肚——先把原只鱼肚滚去灰味，再换水滚至能刮去外面一层衣为度，然后把里面爽的一层切件，用上汤炖烂上碗。如家常食用以滋养身体者，则以成只鱼肚滚洗刮净后，用上汤炖好，取起晒干，用刨刀将鱼肚刨成薄片，藏于玻璃瓶中。每晨以适量肚片调和白粥或奶、茶等同食，既可口又补体，并可省却每日炖食的麻烦。

上汤泡肚——将鳖肚斩件，用油炸透，其炸法先用武火把油烧滚，俟镬油多起青烟时，乃改用文火，然后把鱼肚下镬，炸至内外俱透，即兜起，用冷水泡透，挤去油质，再多用清水泡挤数次，然后挤干，用上汤滚至烂，则汤味饱含肚内，上碗时加些火腿蓉、白豉油，则爽滑清腴，兼而有之。

鸡蓉鳖肚——鱼肚滚透再换清水滚至能刮去外衣，乃将鱼肚切成细粒，用上汤滚烂后，再以鸡胸肉去皮斩细如酱，用些豆粉、猪肉拌匀，用上汤和搅稍稀，慢火阴镬，下鸡蓉及以鸡蛋白数只拌匀，同下兜匀，加些白豉油即上碗；或单用蛋白不用鸡蓉亦可，或加些腿蓉在面则更佳。

凉拌鳖肚——鱼肚斩件，照“上汤泡肚”之法，用文武火炸透，多用冷水泡挤，去净油腻后，挤干，用上汤滚烂，去汤取起，以糖醋同会上碗；临出菜时加香研末之花生米在面，此为夏日用之菜式，以爽口醒胃见称。

炖海鳖精——将鳖鱼筋用火炙过，于锅内用水滚三数次，切成大粒，再以冷水浸透，然后用上汤文火炖烂，临上席时，碗面再加火腿蓉，食时香滑爽口。

换到现在，谁舍得把鳖肚这样弄来吃；现在的吃法，是讲究如何使其营养为食客所吸引，让食客觉得物有所值，味道是在所不敢计的了。

《潮州杂咏》与潮州饮食文化传统

笔者治岭南饮食文化史有年，“食在广州”百余年来更是名满天下表征民国，但所见经典文献却并不多，《潮州杂咏》（《青年杂志》1915年第1期）乃笔者经眼的关于岭南饮食的诗篇中，堪与韩愈的《初南食贻元十八协律》和赵翼的《食田鸡戏作》鼎足而三的重要文献。作者方澍，字六岳，安徽无为人，光绪二十年（1894年）举人，负有诗才，曾宦游岭南，著有《岭南咏稿》二卷，“写粤中风物殊肖”。《潮州杂咏》也是。因篇幅有限，无法全引，节引与饮食有关的诗句如下，并随句略作疏解：

薏苡能胜瘴，兴渠每佐餐。（岭南瘴疠之地，薏米能够治瘴疠，所以经常佐餐而食。）

三冬中炎疫，煎取兜娄婆。（岭南冬天都有热病，便煎了又名苏合香，有开窍辟秽，开郁豁痰，行气止痛功效的兜娄婆来御疾。）

苦竹支离笋，甘蕉次第花。（苦竹陆续长笋，香蕉先后开花。）

唧唧入筵鼠，寸寸自断虫。（入筵鼠即蜜饯乳鼠，因用蜜涂了，但还活着，吃的时候还唧唧叫呢；自断虫即禾虫，禾熟时期，寸寸自断，煮食鲜美无比。）

飞飞鲆似燕，高御海天风。（鲆鱼飞出海面像燕子似的。鲆鱼肉质细嫩而洁白，味鲜美而肥腴，补虚益气。）

举觞荐蚶瓦，荷铲种蚝田。（蚶瓦，即俗称瓦垄子或瓦楞子的一种小贝壳，生活在浅海泥沙中，肉味鲜美。唐代刘恂《岭表录异》说：“广人尤重之，多烧以荐酒，俗呼为天脔炙。”著名作家高阳认为即是血蚶，“烫半熟，以葱姜酱油，或红腐乳卤凉拌”，甚美。种蚝田，即到海边滩涂中放养小蚝。）

海月拾鸟榜，蛤蜊劈白肪。（《食疗本草》说海月这种壳质极薄、呈半透明状的贝壳：“主消痰，以生椒酱调和食之良。能消诸食，使人易饥。”崔禹锡《食经》则说：“主利大小肠，除关格、黄疸，消渴。”蛤蜊，也是一种贝壳，佳者称西施舌，肉质鲜美无比，被称为“天下第一鲜”、“百味之冠”。）

晶盘盛瓜珀，斑管谱糖霜。（瓜珀即水果腌制加工而成凉果，在潮州地区尤其发达，畅销海内外。斑管，即毛笔；谱糖霜，写下糖霜谱。糖霜即精制的白糖，用以表示糖的精良。潮汕平原是中国著名的蔗糖产区，蔗糖品种多，质量佳，足堪作谱立传。）

布灰数罟后，乘潮张鬣初。鳗鲡陟山阜，缘木可求鱼。（明代黄衷《海语》详细描述了如何在海鳗随潮水涌到山上去吃草的路上，布下草灰陷阱以捕捉的情形：“鳗鲡大者，身径如磨，盘长丈六七尺，枪嘴锯齿，遇人辄斗，数十为队，朝随盛潮陟山而草食，所经之路渐如沟涧，夜则咸涎发光。舶人以是知鳗鲡之所集也，燃灰厚布路中，遇灰体涩，移时乃困。海人杀而啖之，其皮厚近一寸，肉殊美。”山上能捉到鳗鱼，就如同树上能捉到鱼一样。）

蟛蜞糁盐豉，园蔬同鬲熬。（蟛蜞是一种小蟹，一般认为是有毒的，“多食发吐痢”，所以一些广东人将其用来喂鸭肥田。但经过潮州人烹制出来，已是味道绝佳的无毒海鲜。屈大均《广东新语》的解释是：“入盐水中，经两月，熬水为液，投以柑橘之皮，其味佳绝。”并赋诗赞叹：“风俗园蔬似，朝朝下白黏。难腥因淡水，易熟为多盐。”）

从上面所引诗句及其疏解中，我们可以了解到潮州地区的一些特色饮食，而其传统则不出岭南的主流，或许这也是传统潮州饮食文献鲜见单列的原因。或者在主流传统之中，其烹制方法有特别之处，连诗的作者方澍也欣然有得，故在诗的后半说：“尔雅读非病，人应笑老饕。”有这么好吃的潮州菜，思乡之苦，大可舒解了。

粤菜烹调法

□吴慧贞

前言

广州的“吃”是驰誉全国的，笔者自幼生长斯地，深受此种传统风气的熏陶，而家长和世伯们又好于每周假日召集宾客，设宴家园，研究食谱，席上必有一二色佳肴出于主妇手制的，这不但表示了主人款待之诚，且足以显示主妇烹调之精，他们常于席间品评称赏，宾主尽兴；但家母的目的还不只在款客，更借此机会以烹饪之法教给女儿，以传中馈妇道，而尽家庭教育的责任。

起初我以为饮食之道，在科学的观点讲来，只要有适量的蛋白质、脂肪、碳水化合物、磷、钙、铁以及各种维生素，足够身体营养之所需就好了，何必更求菜式滋味的变化？不知更换菜的式味，不只是徒快口腹，它能使人精神愉快，促进唾液和胃肠消化汁液的分泌，而有增强吸收营养之功。所以古今中外的名厨菜馆，不但力求烹调式味的精美，且亦讲究席上的铺陈，如象箸银盘，鲜花佳果等，也无非是借美丽愉快的感受而引起食欲。

当我明白了食品式味与人体营养的关系，我对于烹饪的事便予以重视了。就经验所得，虽不敢说是式式尽善，但自问能与名酒家媲美的菜，计有二百余味之多，足以款待嘉宾，担当厨下工作了。现在我很愿以一得之愚，公诸同好。

烹调要诀

烹的方面有炖、蒸、煎炒、火候，调的方面有汤、宪、配料。

炖有六种的要诀：（1）炖品要脍（熟也）；（2）汤水要适量（多则味欠浓厚、少则嫌胶滋腻喉）；（3）要不失原味；（4）材料要配合相称；（5）火候要均匀；（6）不要中途加水。

蒸菜的要旨，在取其鲜嫩及不失原味，如蒸海鲜之属，必先用布抹干水份，然后加以配料同蒸，火候必须以紧熟为度，它的肉质才能滑；它的汁必须全系原身精液，其味才鲜。

“煎炒”有七忌：（1）调味不和；（2）汁过多或过少；（3）火候不佳、不匀，太老或太嫩；（4）配料、小菜不相称；（5）刀法不精；（6）停冷无镬气；（7）油多或少。

“火候”则有文武火之分……如肉类用武火煎炒，则蛋白质因受高热而滋胶凝结，不易泄出，取其滋味足，而显芳香。如用文火煨煮，则肉味逐渐透出，全味在汤。又如烧红猛镬后，将镬提出，全不用火，以阴镬把菜炒熟，则取其鲜嫩，如炒鱼片虾仁之类是也。

调的方法

“汤”是调味之王，粤中酒家，每以上汤味高而驰名。它提炼的原料，是用老鸡、精猪肉、猪骨、火腿等熬制而成；如款待回教教友，则改用腊鸭骨、老鸡等，也别具风味。大概用料愈丰，味度愈高，而成本愈重。酒家中上汤一味，价值万千，视为常事。但家常应用，不宜太奢。如会菜相当者，自可备上述适当的材料熬炼应用，否则购些猪骨、火腿骨，与用剩的肉头肉尾、虾头蟹壳、鸡鸭鱼骨等废物，全放汤内同熬，其味也很鲜美，不输于西菜之五鲜汤；且汤内含有各种丰富的养分，可谓实惠而不费。珠江紫洞艇也取法于此，所以他们有价廉物美之誉。上汤最忌用劣等化学调味品，因多吃了后常患口苦、口渴，为食客所唾弃，酒家所不取。至汤水务求其清，其漂清之法为先用纱布铺在笊篱上，把汤内渣滓滤去，再把汤煮至沸滚，然后用鸡蛋白一二只在碗内搅匀，放入汤内，则汤中游离渣滓，尽被蛋白吸收凝结，其汤自清。如仍有未尽，可再用蛋清。

宪头也是和味的要素，以混合的配料，使五味调和，增加菜味的甘香，是调味法的首要，所以粤厨叫它做宪头。它的原料是以生豉油、老抽油、白糖、胡椒粉、香料、果汁、菜汁、绍酒、麻油之类，加以豆粉水调和，使配料各味汁液粘和，而增美味。至或加或减，用多用少，或者不用，须视菜式而定，务要因物制宜。

“配料”小菜，乃是调和增味的辅佐，也须讲求。菜之味有浓厚清淡之分，质有爽脆滑腻之别，且也因产生地和时季的不同，选用自异，务求配合得宜，不能拘泥不化，这全在做菜者的神而明之，巧为运用。

食具

“食具”不在烹调范围之内，似无涉及之必要，不知“食具”的色彩款式与配制得宜，不独可以表示隆重名贵，引人快感，且与菜式大有关系。如“菊花鲈羹”则必以薄铜锅下燃小杯高粱酒，方为合宜，因小杯高粱，火力恰到好处，且增香气，如用火酒，就失本原，若用炭火，更失鲜嫩。

菜式分述

粤东名贵的筵席，必须具有鲍参燕翅，才算上乘，因这种菜公认为滋补珍品。因鱼类肉质含有磷、铁、蛋白质等以及各种维生素，且于肠胃消化吸收比其他肉类容易，所以在营养上，鱼类是有很高的地位的。粤席惯例，席单与出菜次序，又必以鱼翅一味为先。据近来科学家证明鱼翅含有百分之八十三以上的蛋白质，而粤法的烹调，更加以肉类精制之上汤，再三煨脍，它养料的充足，可想而知，推为席上首珍，确不是没有来由的。现在我也依粤席惯例，以鱼翅列前，更以鱼翅居首。

红烧生翅之法，把漂清生翅用上汤煨三次，首次下些姜汁、绍酒和葱白二条，以去原翅腥味，煨透取起，去汤，随用净上汤再煨两次，务煨至极脍，翅始入味，而易消化。翅煨好后，取起成只上碗，再以上汤加些蚝油、调薄之宪头淋上，或加些火腿细丝在面，则味美甘芳。

红烧鲍甫——用靓苏鲍原只用水滚过（切勿先用水滚），取起，以牙刷刷去鲍边沙泥及全身灰味，再用清水滚一次，切片用姜汁酒炒过，排好隔水炖烂，上碟时以上汤、蚝油和些豆粉薄宪淋上，风味甚佳。

鲍鱼猪肚——以滚过洗净灰沙之鲍鱼切成厚片，用姜汁酒炒过。猪肚于洗净后再以盐花反转猪肚擦净，再用水洗过，然后连同鲍鱼和水煮至极烂取起，猪肚切厚片，上碗时加些麻油，则清香滑口。

蒜子瑶柱——瑶柱择成只大者，洗净，用姜汁、绍酒下油镬爆过，再将蒜子去衣下油镬炸透，和上汤隔水炖脸，则蒜子香松，瑶柱甘美。

芙蓉瑶柱——瑶柱洗净，用姜汁、绍酒下油镬爆过，加些上汤蒸透去汁隔干，用鸡蛋数只，和盐花适味，以食箸拌搅至极匀，乃烧猛油镬，下瑶柱一兜，将镬提出，立即将瑶柱和鸡蛋阴镬兜匀，煎成饼状上碟，或加些宪头在上面亦妙。

炒鲟龙片——将鲟龙剜净去骨切片，用熟油拌匀，小菜用冬笋、冬菇、葱白、白菜先行炒熟，再用油锅炒鲟龙片，下小菜，即加宪头兜匀，上碟加少许熟油、麻油，入口鲜而且爽，如用炖法则味尤胜于油炒。

锅炖鲟龙——鲟龙剜净斩件，用猪网油逐件包住，与油、盐、水下锅炖至脸，水以浸至鲟面为度，加生姜数片，炖至将烂，加干酱、白豉油和匀拌食，入口爽滑，肉松而鲜美。

玉钳翡翠——玉钳翡翠也是夏令时菜，就是凉瓜的别名。凉瓜亦名苦瓜，能清心解渴，皮色青翠，悦目爽口。先将肉蟹蒸熟拆肉，取西园种苦瓜，剖开去瓤，切如马耳状，用盐揸透，去清苦水，再以冬菇浸透揸干，同下油镬炒熟，再下蟹肉一炒，加宪头下镬炒匀上碟，味清而爽口。

炒响螺球——响螺一物，爽脆味鲜，颇耐咀嚼。先将螺壳打开洗净，只取螺头，不要下段，刮去胶质，切去头部硬肉，然后切球片开，或切薄片，再将配料冬笋、冬菇、肥猪肉、白菜梗下油锅炒熟，先行取起，再烧猛油锅，将螺肉下锅炒熟，随加宪头与配料下锅炒匀上碟。此物忌用白糖，火候不可过老。上碟时加些麻油、蚝油，更增芳香美味。

炒鲈鱼片——鲈鱼肉嫩味鲜，故粤厨制法，即切即炒即熟即食，务求新鲜，常有将鱼肉下镬时，肉犹在微动，可见其鲜活。它的炒法，先将配料冬笋、冬菇、葱白、白菜梗切片炒熟后，同时用快刀把鲈鱼起肉去骨切片，即用熟油调匀，下油镬一炒，加宪头和配料调匀，上碟再加熟油、麻油淋面，味至鲜嫩爽口，再加上腿蓉在面更为鲜美。

菊花鲈锅——此种食法，因鱼在席上任客自行烹调，自饶兴趣，吃来更自觉有味，且烹调得宜，确有独到之处，味取单纯，而重在鲜爽，以尽显其本色。烹法以特制薄铜锅一具，承以寸余高四脚铁丝架（或全用铜制，其脚以铜片凿通花制成，更为雅致），下垫一碟，中放高粱酒一杯及纸一小幅，以作燃料。食前先将锅承上汤半锅，全具放于席中，以盖密盖，燃着高粱（酒），俟滚先下菊花（蟹爪白菊）瓣，葱白丝，再盖好一滚，同时把鲈鱼洗净，在席前以快刀切肉起片，排在碟上，送至席中，由客亲自用熟油、黄酒调匀，放下锅内，浸至刚熟，以匙取入小碗，加虾薄脆同食，极清爽鲜美之至。鲈鱼烹调最贵鲜嫩，已如前述，而此种食法，刀法与手法更须注意，若刀法厚薄不匀，则有过熟太生之弊；如手法迟缓，则鱼身神经已死，下锅时肉已不跃动，鲜味减损。至烹具则锅以薄铜制者为佳，以其易于传热；而燃料必须用高粱酒，因火候适合而蒸发香气，如用炭火则火力不匀，如用火酒、煤油则气味恶劣，而夺鱼之原味，凡此种种，都是食者所应注意讲求的。

菊花鲈羹——先用油盐滚水将鱼浸熟取起，拆肉去骨，用黄酒熟油调匀，配料用猪肉丝、粉丝、冬菇、火腿丝，先下油锅滚熟后，将鱼肉下镬同会，加些宪头炒匀上碗，再加麻油、白菊花瓣调匀同食。

酥炸鲫鱼及凤尾鱼——酥炸鲫鱼及凤尾鱼，它的好处在骨酥味美，全无渣滓，连骨可咽，可使食者得到丰富的钙质与磷质。选用鲫鱼，用活而较细者为佳，凤尾鱼则宜选取较大者。先将鱼剜净，放油锅内文火慢炸，俟鱼身呈微黄色，即行取起，停冷后再微火炸透，取起后加香葱数条及蒜，同下油锅，起镬时再调以糖醋、顶豉油和宪头下锅一滚，上碟即食，则骨酥肉脆，极甘香之致。或调以橄榄汁同腌至次日而食，虽失酥脆之妙，但入口更易融化，别具一种风味。

红炖文鳝——文鳝一物，各地都有，但以产自粤省顺德河流中的最佳。该处的鳝，每年必产鳝王一次，长丈余，体径逾尺。向例鳝王一至，文鳝即随水汛源源而来。文鳝的肉嫩滑鲜美，任何烹调，都很可口。如欲炖食，则先将鳝泡熟，洗去皮外胶滋，每件切一寸长为度。配料用冬瓜、冬菇、烧猪腩，加蒜子一二粒，下油锅爆香，连同各类炒透，再加广陈皮、正菜下水同炖至腍，食时再加麻油、熟油调匀上碗。

炖碗油鳝——先将乌耳大鳝泡熟，洗去皮外胶滋，切开，每段约一寸长，将脊骨褪去，再以斩猪肉加冬菇、火腿丝调匀，嵌鳝肚内，再以猪网油包裹，以干豆粉撒面，下油镬炸透，取起，再用绍酒二两、上汤一大碗同下瓦钵，配料用栗子及以油炸过的冬瓜同炖至脍。

炒鱿鱼脯——鱿鱼以产自广东北海、九龙等地的最佳，因为它的肉厚而脆，爽滑而香，故“廉州鱿”与“九龙吊片”最为脍炙人口。其他次等产品则肉厚者坚韧不易咀嚼，小者则肉薄而无味。炒鱿鱼脯的制法，先将鱿脯洗净，再以冷水浸软，如不浸透，则肉不脆。次等品常用咸水或苏打粉之类和水而浸，以速其软化者，但原味全失，实不宜用。浸透后，剥去脊骨，撕去面膜，用刀略在背面斜割井格纹，然后切成块状，拌以姜汁酒调匀。配料用肉片、云耳、冬笋、芹菜或黄芽菜、白菜梗、咸菜梗之属，视季节而选用。先将配料炒熟（用原浸鱿鱼水味更佳），再用武火烧猛油镬，将鱿鱼下镬一炒，一见鱿片卷曲，即下配料，再调以宪头，炒匀上碟，则极爽脆甘芳。鱿片必须一卷即上碟，否则过火而肉韧，极宜注意。

鱿鱼肉饼——鱿鱼肉饼一味，工夫省而味美，堪称家常佳馔。法以浸透鱿脯切粒，和斩猪肉加些顶豉油、麻油调匀，放碟上在饭面蒸熟佐膳，鱿味的鲜美可以与鲍脯媲美。

炒鲜鱼肚——鲜鱼肚是大鲩鱼的浮鳔，其质与所含营养成份大致与鳖肚相同，而食时则较鳖肚为爽口，故宜鲜炒，大有蛤扣（胃）的风味。法取鱼肚撕去外膜，留内层爽肉，用些姜汁酒调匀，以滚水泡至微熟，漂清腥味，切片，再以熟油调匀。配料用冬菇、香芹、马蹄、五香豆腐饼，都切成片。先将豆饼片煎黄，随将各配料炒熟后，再烧猛油镬，下鱼肚一炒，即下配料，和些宪头调匀上碟，再加些麻油，入口爽而鲜美。

豆豉香鱼——豆豉为广东罗定的名产，它的芳香甘美，人所共知，家常以蒸豆豉佐膳，已足增进食欲，如以之调制肉类，味更隽永。豆豉香鱼的制法，将鲩鱼腩切成大件，用打松鸡蛋和面粉调成糊状，拌匀下油镬炸酥后，即将豆豉捣融，开水隔去豉渣，再以油镬炸香蒜子，豉水将鱼滚匀，调些宪头上碟，或配以数片青瓜、笋片、葱白也好。

炒鲩鱼片——鲩鱼以广东顺德产者最为肥美，鳞色有黑白两种，白者味更鲜而爽，其脊肉晶明无骨，蒸炒皆宜。炒法，先将鲩鱼去鳞，起出脊肉，以快刀切薄片，成排放碟上。配料用菜远或瓜菜片、冬笋、冬菇、云耳、葱白之类，先行炒熟，或再以豆腐饼煎黄后，一同下油镬，武火烧热，加入宪头滚匀，即提镬离火，然后下鲩鱼片兜匀上碟，再加些麻油、胡椒粉。鱼片必须用阴镬炒，则不致烂熟，味也更为甘爽。

彩云衬月——彩云衬月是鲩片蒸蛋的别名，为家常佐膳的精品，味鲜而富滋养，法将鸡蛋数只，用食箸打松，约每一个鸡蛋加水或上汤二汤匙半，再加引起盐花、熟油调匀，随将鲩鱼片同蛋放碟内，在饭面蒸熟，食时再加些麻油、顶豉油在面，极鲜美爽滑之至。

金簪绣球——金簪绣球是金腿鲩卷的别名。制法，先将金华腿切丝，再用猪肉及虾或鱼肉斩烂，和盐水用筷搅至成胶状，将鲩鱼肉连皮起出，切薄片，每二片则轻切一刀，留皮相连，用豆粉、盐花调匀，乃将肉胶嵌入鱼片，每包加入腿丝一条，包成卷状，下锅滚煮，鱼卷浮水便熟，即起去汤，再用油镬将宪头滚匀上碟，或加冬笋、冬菇、葱白等配料同会上碟，鲜滑无比。

网膏炖鲩——鲩鱼肉切件，用猪网油膏逐件包好后，加生姜数片，下油及盐于锅内，水以盐至鱼面为度，炖至将烂熟时，再加干酱、顶豉油和匀上碗，或用些瓜英拌食，更为可口。

香露酿鱼——将鲩鱼脊肉去骨及皮，以快刀切成薄片，放碟上用熟油调匀，再将黄酒烫至将滚，淋上鱼片面上，约至八分熟为度。如鱼未透，则将热酒再淋，然后将酒滤干，配以花生肉、炒芝麻、酱瓜或瓜英、虾薄脆同食，香美爽滑，别具风味，如再加些麻油、生豉油调味更佳。

鲜荷熏鲩——大约取十两重之鲩鱼一条，洗净，去鳞脏，将鱼颈上切开，使其易熟；用布将鱼抹干，将鱼承以鲜荷叶，俟饭滚将干水时，连荷叶放饭面上蒸熟，中途切勿揭盖，以免热度不足及散失鲜味。临食时以宪头下油镬滚匀，淋上鱼面，再加熟油、麻油拌食，其味清鲜，为夏令时菜之一。如无荷叶，鱼用滚水浸至仅熟，加宪头调味，或酸或甜随意。

五香酥鱼——五香酥鱼食家每多制备，用玻璃瓶存贮，以应不时之需，以之下酒佐膳固美，以面包馒头夹食，也很有风味，也是野餐时的一种很好的食物。法取鲩鱼肉切块，用生豉油、朱酱油、盐花及白糖少许调匀，腌四五小时，取起晾至半干，下油锅文火炸至呈黄色取起，加五香粉渗匀。

红烧鱼头——大鱼之脑，生成云状，含磷甚丰富，食之可以补脑益髓。鱼头红烧，可减其腥气，而益增美味。法取大鱼头软边（即鱼脑最多之一边），切片，用姜汁酒、盐花调匀，再用鸡蛋打松，调和面粉或豆粉成糊状，将鱼头放入糊内调匀，油镬炸黄取起，再以猪肉、冬菇丝下镬炒熟，又以油镬炸香蒜米，即将鱼头配料加入葱花一同下镬，调以宪头炒匀上碟，则香滑可口。

鱼头云羹——先将大鱼头云下锅滚热，去汤折骨，再以熟油、顶豉油、黄酒将鱼头云拌匀后，用草菇或蘑菇滚汤，临上碗时，再把鱼头云加入一滚，味亦甚鲜美。

鱼头云酒——鱼脑好处已如前言，以之炖酒，产妇、乳母作为常馔，极为有益。法用洗净大鱼的鱼头云以姜汁炒过，盛以瓦钵，加黄酒或糯米酒至八分满，再加川芎、白芷，盖好，隔水同炖。或以炒香黑豆饼加煎鸡蛋数个，以姜汁炒过鱼头，与酒一同下锅滚透取食，更为便捷。

炒鲤鱼子——鲤鱼之子味极甘鲜，但烹调时最要注意火候，因火力不足，则嫌生腥，过火则又成粗糙不嫩滑，炒法以仅熟为妙，烹调者不可不知。取鲤鱼子切开，用筷搅烂，再以鸡蛋数个打松，以盐花和匀，及将葱白切细加入，随将油镬武火烧红离火，即将鱼子下阴镬荡开，一见蛋质熟凝，即行炒转，如镬热或有不足，则再放慢炉火炒之，食时再加麻油及炸酥粉丝拌食。

蒸鲩鱼肠——鲩汤含油极丰富，味甚甘旨。择鲩鱼较饿者（肠不现黑色者），以刀通剜，刮去肠内胶液，再以刀连肝油切成小件，配料用打松鸡蛋三两个，油炸脍切碎，及盐花、生豉油、胡椒粉适量，再加热油一同拌匀，在饭面蒸熟，再加些麻油，腴美异常。

红炖鲩尾——红炖鲩尾为家常好菜，价廉味美，养料丰富。法用鲩尾洗净去鳞，下油镬煎透，再以蒜米二粒打烂炒香，又将冷水浸甜之腐竹，即下锅炖至烂，食时再加麻油少许。

炖文庆鲤——鲤鱼能补血，粤省肇庆所产的缩膊文庆鲤为最佳，其次则为长身海鲤公，它的鳃与鳞也有一种爽口的风味，故也有不加除去而一同煮食者。炖文庆鲤之法，先将鲤开肚去脏，留其血液，下油镬煎透，配料用赤小豆及红枣数个，头菜一小扎，生姜二片，加水同蒸至烂熟，食时再加生豉油、麻油，或不用赤小豆而改用浸透甜腐竹同炖，也别有风味。

红炖乌鱼——乌鱼又名山斑，肉滑味鲜，性最滋阴。红炖之法，先将乌鱼剜净，以打松鸡蛋和豆粉搅成糊状，即将鱼放入调匀，下油镬炸黄取起，配料用冬菇、肉丝炒熟，调以姜汁、糖、酒，同鱼炖至将透，再加葱花、麻油，和些芡头滚匀上碟。

菊会花鱼——花鱼细小，去金鳞很难，可将镬烧猛，把花鱼放入，听它自行跳动，煎去鱼鳞，然后用水漂清，再用水滚熟取起，拆肉去骨，以黄酒、麻油、熟油调匀，再把配料腿丝、肉丝、香信、苔菜等炒熟后，再取蟹爪白菊花瓣洗净，摘去青蒂，连同鱼肉下镬，并加芡头滚匀上碟。

带子猪蹄——带子是一种贝类的肉，状似瑶柱，但身较扁圆，味甘香而带有一种果酸美味，极为醒胃。这是粤省廉北的特产，与猪蹄同炖，浓腴非常。法用猪蹄刮净切开，以油镬爆蒜米，将猪蹄炒过，随加些顶豉油，取起，连子盛于钵中，加绍酒二三两，隔水炖至烂熟。

酥炸沙龙（又名沙虫干）——沙龙是粤省钦廉南区沙滩一带的特产，大如手指，有三四寸长，其味甘甜，酥炸做汤都妙。酥炸之法，取沙龙撕去附着旁边的沙袋，再用剪刀剪开，随把镬干烧猛，倾入沙龙，干炒后取出，合手力擦，以去其沙，再用油镬文火炸至呈黄色，取起上碟，以盐花拌匀食之，非常甘香。

会沙龙羹——把沙龙干撕去旁连沙袋，用剪刀剪成丝状，在干镬中文火炒至黄色取起，用掌合搓以去其细沙，然后洗净，配料用冬菇、笋、霉头猪肉，都切成丝，随将肉丝以熟油、顶豉油调匀，下油锅爆过，再将其余配料及膏汁一同炒匀，就将沙龙丝加些黄酒与汤同滚至将熟，再下黄芽韭菜、麻油一滚，即行上碗，再加些胡椒粉在面。也有加些粉丝同会亦美。沙龙鸡羹，味甚甘鲜，粤人煮粥及粉面上汤，多加入此味，价廉味美，胜过其他肉料。

（选自1946年至1948年各期《家》，有删节，尤其是在随笔文章中引用过的菜式，为避重复，尽行删除）

东粤食谱

□玉君

粤东地处海滨，其民生起居，胥异中土，即一盘之蔬，一盂之羹，都有令人不可思议者。故人李君，新自粤东某局来，为余述如下，爰录之以告我同人之饕餮者。

粤东地热土湿，蛇虫滋生，是以粤民喜啖蛇，较之中土之人见蛇即惊者，不可同日语矣。食者即市购蛇，剥其皮，腹有胆二，一毒一味美，毒者不可食，味美者食之，可明目也。煮蛇法，以刀斩蛇成段，和鸡肉煮，半日即熟，其汤最鲜。

粤人喜食猫，法将一猫置铁罐中，以沸水自盖孔注入，猫经沸水大痛，极力翻抓，皮毛俱脱，乃取出割之，或炙或烹，肉嫩过兔。

人知蛙味之美，而不知蛙腹中之二肝，其美更有甚于蛙者。粤人每于药铺中购得干蛙数只，剖其腹得二肝，肝干且黑，切成骰子大小，浸水中，越一小时，便涨大如栗子，色白如玉，和肉加糖煮之，味胜鸡胃。

狗肉之香且嫩，尽人知之矣，顾食之不得其法，即失真味。粤人喜食狗肉，法以狗一闭室中，以棒迎头痛击之，狗即昏绝，乃缚诸柱上，以沸水浇之，然后去其毛，剥其皮，砍其首，剖其腹，弃其脏腑，以其身切成块烧之，其腿其叉置火上，且炙且以香油及香料抹之，逾半小时，即香气四溢。乘热啖之，虽云南宣腿无以易也。

有肉笋者，粤人大菜也，非大宴会不用。法斩一鸡，洗净之，悬诸空处，越十日取下，则鸡身已腐，满体生微虫。取其微虫，另用鲜鸡汤蒸食之，味之鲜美，非可想象。

粤人食鱼虾，法异他方，每生吃之。李君尝与人浴于海滩，捕得活虾，即去其首而吞之，谓颇甘嫩。鱼则都生切成片，渍甜酱，且渍且食，不觉腥臭。

粤人食雀之法，颇与内地乞丐食鸡之法相同。每食雀，不去毛，不破腹，但以湿泥涂之，使难挣脱，投诸火中约半句钟，取出掷地上，毛随泥落，盛诸盘中，加料食之，味颇香美。

我未闻食蝉者，顾粤人食之，得味外味。法以蝉置火上烘之，蝉死即食，香脆异常。或将蝉数十个，以黄豆塞其腹中，加糖酱烹之，须臾腹便膨胀，味亦佳。

粤人亦喜食蜂子，每于巢中捕得未成蜂之幼虫，即生吃之，味极甜。

（选自电报学术研究会《电友》1925年第4期，有删节）

链接：《社会之花》1925年第13期式如女郎《粤东小食谱》：“惠州山水清腴，夙有灵秀之称，故其土产特丰美，而最挂人齿颊者，厥有三焉。一为菜脯，产南坑，以最小萝卜整个腌之，味绝甘，可下茶，可下酒，价值至廉。一为麦芽糖，以麦制之，色洁味甘，且有香蕉之味，隽品也。一为糖柚皮，其味之佳，几不可以言语形容，齿决之余，几不辨为何物，惟叹奇绝而已。至若霉（梅）菜虽属本土产，固不及斯三者也。”

潮州杂咏

□方澍

薏苡能胜瘴，兴渠每佐餐。家书缄未发，强病说平安。南风袭絺葛，北风御裘裳。四时备一日，行觅养生方。绿蔗畦千顷，白云山四围。不教畏霜雪，背叶鹧鸪飞。自续《游仙引》，微闻《水调歌》。三冬中炎疫，煎取兜娄婆。苦竹支离笋，甘蕉次第花。鸡栖豚栅外，三两野人家。唧唧入筵鼠，寸寸自断虫。飞飞鲆似燕，高御海天风。禅悦晨含笑，灯明夜合欢。一空依傍好，壁上倒风阑。旷野栟榈屋，清溪笭箵烟。举觞荐蚶瓦，荷铲种蚝田。朝着抱木屐，暮藉流黄席。百和螺餍香，沈沈坐苔石。竹鸡能化蚁，啄木能食蠹，那更畜玃狸，田间捕蹇兔。海月拾乌榜，蛤蜊劈白肪。晶盘盛瓜珀，斑管谱糖霜。泼泼岸将转，冷冷水始波。云霞出文贝，丹緗络缨螺。柳絮化飘萍，茑萝附高枝。何如五子树，生辰不相离。已成巾早漉，未及瓮迟开。醉读东坡赋，还沽酒子来。布灰数罟后，乘潮张鬣初。鳗鲡陟山阜，缘木可求鱼。畇畇斥卤滨，耕作聚田畛。但插占城稻，何因植丽春。蟛蜞糁盐豉，园蔬同鬲熬。尔雅读非病，人应笑老饕。晨兴调鹦鹉，晴日上东窗。悯尔樊笼鸟，呼余是外江。两岸乌须鲴，一丈龙头虾。无弦更堪听，水底响琵琶。水蛭空潭活，蜱蛾破灶多。古称瘴疠地，旅食近如何？别考污莱远，非关坏地开。落花成颗粒，涂豆满山栽。葛丝采处处，生苎绩家家。漂澼新蕉布，比于波罗麻。食熊与食蜗，肥瘦异形骸。菁芜变为芥，犹是橘逾淮。檐葡雪为花，山樊花似雪。道逢逐臭人，泾浊渭清洁。木棉不可衣，榕林不可薪。愿救饥与寒，珠玉何足珍。

（选自《青年杂志》1915年第1期）

豉

□张亦庵

“豉”这一个字，在所谓读书识字的人眼里不会觉得有什么特殊，不过在比较不读书识字的人看起来，有点像“鼓”，又有点像“敲”，不免陌生。这个字在上海的通俗文字中很少见，而在敝处广东，几乎是妇孺皆晓的一个字，因为它通俗，用得多，人人习见。

上海人叫做酱油的那样东西，在广州并不叫做酱油，而叫做“豉油”或“白油”。所以叫做白油者，因为其色黑，本应叫做黑油，但广东人用字多忌讳，凡近乎不吉利的字眼都避而不用，而另用一个代替的字，白油就是用相反字的一个例，至于豉油则是名正言顺的称号，因为它是从豆豉里制出来的卤水。

什么叫“豆豉”？《说文》：“豉，配盐幽上小也。”徐曰：“上小，豆也，幽谓造之幽暗也。”《释名》：“豉，嗜也。五味调和，须之而成，乃可甘嗜也。”

照这样看来，就是把配了盐的豆放在幽暗之处制成的咸而干的豆，就叫做豉，由豉里制出来的卤水称为豉油，岂不名正言顺吗?

上海人称作豆瓣酱的，广东称作“面豉”。原来制造酱油的时候是要放面粉在里头的，其卤水称为豉油，其滓渣称为面豉，一点也不错。面豉酱里糊塌塌的那些东西就是面粉。

至于豆豉，则是纯粹盐豆幽干的东西，不是制酱取卤的。烹煮三鱼黎鱼（即鲥鱼）或排骨，用蒜头豆豉调味，至少可以使你饭量增加一碗。

依豆豉而类推，有若干咸制而干的食品都称之曰豉。有一种干制的净瘦肉片叫作“肉豉”，干制的牡蛎叫“蚝豉”。

还有一种东西叫“榄豉”，这是制自两粤的特有的一种橄榄，这橄榄种形特大，皮色不青绿而发黑，名为“乌榄”，生不可食，其味涩不能入口。煮熟了，虽不涩，而味淡，须蘸糖或盐也没有什么味儿。将它煮熟后，横截为二，去核，调以酱油而干之，便成为极鲜香可口，称为“榄豉”。或者用盐制的，味不如酱油，是以用酱油制者往往声明其为“白油榄豉”。乌榄的核特别大，质坚实细致，切磨平正之后，可作刻印章之用。

广东又有一种酒名为“双蒸”，其佳者称为“豉味双蒸”，是米酿的酒而经过两度甑蒸的（有经过三度者叫“三蒸”，更为浓烈）。所谓豉味，初不由于真有豆豉，乃是用煮熟之肥肉投入酒坛中浸渍着，香味如豆豉云。

（选自《新都周刊》1943年第23期）

链接：《新都周刊》1943年第23期甘贝《乳鸽》：“（石岐）佛笑楼的乳鸽，是用烤炙的方法烹制的，犹之铁排鸡，略带汁水，而细视之却并不是汤露，鸽子本身的鲜香质素，一切都包含在它本身之上，既未被榨，亦不外洩。故而即使鸽子的本身已过中年，或竟渐入老境时，有这样神妙的烹制技术，吃的人已经可以大快朵颐，何况这被烤炙的又是名副其实的乳鸽呢？”

第六辑

猎奇余音

好奇之心，人皆有之。世事阻隔，故多奇闻；人事如此，饮食之事亦然。

岭南地偏人自远，山川人事的阻隔，使岭南成为猎奇集矢之地；兼之岭南经济文化长期的欠发达，每每被人目为蛮荒化外，连生吃海鲜都被视为茹毛饮血。笔者的《岭南饕餮——广东饮膳九章》，虽然出发点之一是“网罗放佚，为岭南饮食文化正本清源”，然而清来清去，他者视角与笔触之下的巨大的猎奇阴影始终挥之不去，令笔者颇为自恼而又无可奈何——过去的历史无法进行主观的更改。

时代到了民国，作为革命的策源地和新的经济文化的衍生地，岭南饮食在经济与革命北伐的双轮驱动下一路飙歌北上，在北京以谭家菜与本地的太史菜遥相呼应，共同开“食在广州”时代的先河；在上海以海派粤菜赢得“国菜”的殊荣，将“食在广州”推向时代巅峰，表征民国味道。然而，如同太阳之下犹有阴影，关于岭南饮食，猎奇的余音了犹未了——吃蛇、吃鼠、吃猴脑，事实抑或传说，仍是没完没了。

但是，这一切，只是余音了。在一边谈论吃蛇与吃蛙的奇闻时，也有人在探寻这是否可以称为一种进步；在说起“蜜唧”的民国范儿时，粤人的自嘲中也敢有一种自豪；吃田鸡，可是文名甚盛的两大太史——梁鼎芬太史与江孔殷太史共同的嗜好。而在商品市场经济时代，猎奇也好，自豪也好，价格反映得最好——兼金的龙虎凤，虽也曾被猎奇，但你未必吃得起的价格，反映了它已由奇特臻于金贵！

出口转内销的食蛇风尚

《三六九画报》1940年第11期有一篇古先生的《食蛇与食老鼠——文明与野蛮的分界》的文章，认为中国人喜欢吃老鼠，外国人喜欢吃蛇，是萝卜白菜，各有所爱。文章还煞有介事地作了一番比较，然后说吃鼠总比吃蛇好："老鼠是可'憎'的，而蛇是可'怕'的……'憎'总比'怕'容易使人忍受"，并认为"老鼠的智慧比蛇还要高"，并调侃道："也许蛇这种东西，在文明之邦里，渐渐受了同化，地位一天天的增高，智慧和头脑一天天发达起来，将来会代替牛羊类肉成为饭菜中的美品，甚至圣品。"到了那时，就会西蛇东渐，"吃蛇肉的风气，就会远渡重洋，不辞万里而来到中国……排挤了它的老友老鼠，而成为风行一时的馔品"。这种论调，在今天的中国人尤其是广东人看来，仿佛是痴人梦呓，而在当时能堂而皇之地刊布，说明吃蛇的传统与风俗并不广泛地为人了解与接受。因为这也实在不是个案，早一年即1939年第143期的《良友》杂志，就刊载过一组《毒蛇成佳肴》的图片文字，大谈特谈外国人捕蛇吃蛇的种种情状，而《良友》可是广东人执掌着的呢！

与这种数典忘祖之论相对应的是，早在元代，欧人鄂多立克谈到广州吃蛇的风气，说："这些蛇很有香味，并且作为如此时髦的盘肴，以至如请人赴宴而桌上无蛇，那客人会认为一无所得。"这是外国人对广州人食蛇的最早记录。而中国人的记录则早得多了。两千多年前，西汉淮南王刘安在其《淮南子》里说："越人得蚺蛇以为上肴。"一百多年后，东汉广州人杨孚在《南裔异物志》中不仅予以认可，而且加以张扬，说我们不仅吃蛇，还用来招待贵宾，祭奉祖先："宾享嘉宴，是豆是觞。"而到唐代，如房千里《投荒录》所言，岭南简直是全民捕蛇吃蛇，女流之辈，也是"若修治水蛇黄鳝，即一条必胜一条矣"。再往后的文献记述，更是汗牛充栋，举不胜举了，奈何民国人倒置若罔闻。而更可恶的是，大名鼎鼎且在西方颇有影响的林语堂先生，竟然以其自身的经历在其名著《中国人》中以偏概全地说：“我在中国生活了四十年，一条蛇也没有吃过，也没有见过我的任何亲友吃过……吃蛇肉对中国人和西方人同样是一件稀罕事儿。”亏他出生在福州，还近着广州呢！

这且按下不表，倒是古先生调侃的吃蛇是一种文明与进步，歪打正着，可备一说。当时就有广东人加以附和，说咱们广东，地热卑湿，蛇虫泛滥，人不吃蛇，必反被蛇治，怎生得了！虽不免强词夺理，然也算是“以人为本”。这道理说得最明白的当属广东的名作家秦牧。他写了一篇《吃蛇》的文章说：一方水土养一方人，广东人吃蛇，就像北方人喝驼奶，北欧人喝鲸乳一样，自然之事。他还说，在南洋，人们在米仓里养蛇捕鼠，蛇长得异常肥大，每隔一个时期清仓，就可以捉出一批蛇来宰卖，在新加坡，就常见这种蛇肉摊子。这当然是人类的一种文明与进步。文章并进一步举了《格林童话》里的一则故事，说一个国王因为吃了白蛇肉，变得异常智慧，说“吃蛇应该说是一种智慧”，实在“应该受到赞许”。

再者，“蛇尤贵胆，入药，治小儿风痰，良效，值倍于蛇”。而晚清民初广州食蛇风尚的兴起，正缘于诸多为中药厂商提供制药用的三蛇胆的蛇市、蛇庄的发达——供胆之后，蛇皮、蛇肉不吃又待如何？而现今，以蛇胆为主方的中成药，应用广泛得很，因此，吃蛇岂能不堪称一种文明？

豪气纵横食蛇客

关于吃蛇，民国时期尽管有不少数典忘祖之徒，但广东人，或者见过广东人吃蛇的人，谈起广东的吃蛇，还是会唾沫横飞，咨嗟俯仰的。如梁岵庐在《建设研究》1942年第5—6期合刊上撰文《粤西风土人物散记》说："粤俗喜啖蛇，谓能已风痹之疾，此等嗜好，非始自今……今嗜此者，特重三蛇——所谓三蛇，有剧毒，即金包铁（即金环蛇，又名金脚带）、过树龙、麻骨天是（按：一说金环蛇、银环蛇即过基峡、眼镜头即钣产头）。利之所在，乡人每轻性命，搜捕山谷中，市诸商贾，名曰山货。当抗战前，水道大通，往来邕梧，辄见汽船之上，蜿蜒蛇笼者，皆是物也。"这突出了民国粤人吃蛇的一个新特征：毒蛇，越毒越好！风闻粤人吃蛇之盛，《生活》1932年第5期"雪庐杂谈"《广州的饮茶与吃蛇》中便说："据说全广东省的蛇已经吃完了，现在吃的是从广西云南来的。"日人安藤盛的《华南杂景》（《旅行杂志》1938年第2期）也谈到粤人的吃蛇："说起蛇肴，我们惟有哑然。在中国有毒无毒的蛇有一百余种之多，而不论哪一种都可以巧妙地加以烹饪而登诸筵席。"

而倚虹在著名的《万象》杂志1943年第6期发表的《岭南异味录》，谈起广东的宰杀毒蛇，更是绘声绘色，今莫能比："杀蛇的刽子手，确有教生物学博士解剖节足动物的资格。他们手足敏捷，经验充足，蛇笼一打开，在那蛇还来不及伸头吐舌，早已一手把蛇头，连同上下颚一起捉住，很快地右手把一支锋利的竹片，向蛇颈下一割，然后把破皮向后一拉，整块蛇皮，好像除去笛子的布套一样，从头至尾拉了下来，再把无皮蛇放到水中，等它挣扎得筋疲力尽，奄奄一息，再捉来用竹片向它肚子上一划，托的一声把蛇胆挑出来，不经人手，直接放在杯中，以便泡制三蛇酒——一种清凉去毒剂。"

至于广东向有"文明进步"的传统，谈得最好的，窃以为当属胡子晋这首《竹枝词》了：“烹蛇宴客客如云，豪气纵横自不群。游侠好投江太史，河南今有孟尝君。”前面讲了，时至民国，广东人吃蛇好的是剧毒蛇，而剧毒的蛇，产量有限，抓捕更难；捕获之后，因为越毒越有益用处越大，得好好烹制，所费不赀。这毒蛇的好处以及为什么要三种毒蛇一起烩，《紫罗兰》1944年第17期刘白受的《广东的特别食品》提供了一种说法：“三种不同性质的毒蛇，要在一起烹调，才能入口，如果单食哪一种，都会立刻毒死人。据说它们的性质：一种是专走人身的上焦，一种是专走人身的中焦，一种是专走人身的下焦，合起来可以去三焦的风湿，治筋骨拘挛，所以价格很贵，在广东，也不是普通人所能吃的。”唐鲁孙先生的《食在上海》则说还要加上贯中蛇，“贯中蛇最少，可是治病方面，必须有贯中蛇效果才能特别显著”。因此，要大餐一顿美味毒蛇，实属不易，那是颇能显示出几分豪壮之情的。好在当时出了一个既有文化又有钱的老饕江孔殷，不仅创制出以蛇为代表的“食在广州”开山大菜——“太史蛇羹”，也为民国粤人的吃蛇开辟出一种新的境界，从而引来胡先生的这番歌咏咨嗟。在这种境界引领之下，广州的吃蛇，在20世纪20年代末陈济棠主粤之后迎来了第一个高潮，款式由蛇羹而蛇丝、蛇片、蛇衣、蛇脯、蛇肝、蛇丸（球）、蛇丁，技法烩、炆、炒、酿、扣、炖、红烧、拼伴、扒、焗、炸众彩纷呈。至抗战胜利后，则蛇餐与蛇宴并举，酒家与专门店共荣，到处呈现出一派豪吃海吃的架势，渐渐达至广州吃蛇的最高潮。

加味蛇羹与龙虎凤

广东人吃蛇，既最为豪放，也最为细腻，细腻体现在工序繁复，配料丰富，以至于你吃了，只觉得不知何种食物竟有如此美味，却很难猜到是蛇肉的味道。文献所见广东吃蛇的方式始于蛇羹，如南宋朱彧《萍洲可谈》谓：“广南食蛇，市中鬻蛇羹。”这蛇羹做得就像海鲜羹，成功瞒过了美食家苏东坡及其侍妾：“东坡妾朝云随谪惠州，尝遣老兵买食之，意谓海鲜。”广东吃蛇也兴盛于蛇羹，前面说过，“食在广州”的开山大菜之一，正是“太史蛇羹”。蛇羹配料的丰富，冯明泉总结为：“鸡肉丝、浸发鳘肚丝，浸发香菇丝、浸发木耳丝、经多次浸泡直至去尽辣味的姜丝、少量陈皮丝等，还有煲蛇壳（净去皮去胆去内脏的带骨蛇身）用的竹蔗、圆肉、陈皮、姜片以及多种调味料、汤芡料。”上席时还得加上菊花、薄脆、柠檬叶等。

对于广东人这种高明的吃法，民国时期许多外江佬还不领情，真是不懂味了。如雪庐的《广州的饮茶与吃蛇》说：“至于烧蛇肉，笔者却不大赞同。譬如上海人吃鳝丝鳝糊，以鳝为主，配菜很少，所以吃鳝有鳝的味道。而广东人吃蛇，不知是否太考究，一斤蛇总有五斤以上配菜，如两只鸡，几斤鲍鱼，此外又是冬菇、火腿、江候柱（干贝），结果煮出来一锅子‘全家福’，真正的蛇味却尝不到了。”又说：“沪上有龙凤会一味，就是鸡与蛇同烧的，不知可有人吃得出蛇是什么味道，除了一丝一丝，和鸡肉差不多外？”殊不知，正是这配料才值钱，就像中药的单方，总不及复方来得好一样。梁岵庐的《粤西风土人物散记》说：“其烹蛇，佐以茯苓之属，一席之费，常至兼金。”也就是说价钱应声翻了个倍。如果再配以狸猫等，那就更贵：“最大的菜是龙虎斗，即狸猫与蛇，每人可以吃十大碗才吃得完。不过这味菜价钱很贵而且非冬季没有，所以我没有吃着。”唐鲁孙先生当年对这种加味的吃法也颇不以为然：“一只巨型银鼎，鸡丝蛇丝鱼翅鲍鱼大杂烩，每位可以尽量吃饱。鼎里是各味俱全，鲜则鲜矣，但是过分驳杂，说不出有什么独特风味来。”但是，对其功效，最后还是极为认可，因为“蛇会终席，主人宣布，请大家到先施公司浴德池洗澡……等到解衣下池，腋下腿弯，都有黄色汗渍，据说这就是吃全蛇的功效，把风湿都从污水里蒸发出来了”，所以，“请吃全蛇，主人一定附带请洗澡”，以验证功效。对此，唐鲁孙先生“虽然事隔四十多年，仍然记得清清楚楚”。

不过，大家通常认为，所谓的“龙虎斗”、“龙虎凤”、“龙凤会”，龙即是蛇、虎即是猫、凤即是鸡，其实不尽然，歧异主要在“虎”是什么。这“虎”，现在大多数时候是指猫，民国时候主要是指豹狸。这一点，倚虹先生的《岭南异味录》特别强调过：“狸形状大小和猫相去无几，全身作花斑似豹，故又曰豹狸；许多人误以为广东人吃猫，其实吃的是狸，不过它太像猫就是了。”据说“狸眼可以治目疾，而且要活的”，所以“在杀狸的时候，先把它在笼中捉牢，然后用一支竹管，五分左右径的，把一头沿边削尖，弄得像铁店里凿圆圈用圆凿一样，向狸的眼套上，用力一拍，眼已入竹管，立刻不经人手地放入杯中。送到病人面前，拌一点红糖或白糖，把它生吞下去。此后才把狸杀了”。此时的“龙虎凤”又称为豹狸会三蛇。这狸有时是果子狸，因为果子狸贵，有时“龙虎斗”就专指三蛇配果子狸。而这“龙”，严格来讲，也不能简单地指蛇，而是特指三种剧毒的蛇，即眼镜蛇（饭产头）、金脚带（金环蛇）和过树榕。鸡里面，由于竹丝鸡比较出名，有时为了突出这一点，便称为“竹丝鸡会蛇羹”等。至于如老烈先生所谓的“加上乌鸡，便雅号‘龙虎凤三英会’，则一般人有所不知了”。而如此配制出来的蛇羹，那当然可以领衔粤菜，令“参、鲍、肚、翅、水鱼、山瑞，只得退避三舍，‘站立两厢’，当配角了”。

吃鼠的自嘲与自豪

邵潭秋先生在《旅行杂志》1936年第11期发表的《广州杂记》中说："粤菜在中国肴馔中最为特色，猫犬蛇鼠并可入鼎。"也就是说，鼠肉与狗肉、蛇肉等同属粤人顶级上味，因此，谈完吃蛇，这要谈谈吃鼠了。

前面已提到过，古先生在《食蛇与食老鼠——文明与野蛮的分界》里说："中国人喜欢吃老鼠"是海外"传教士回国一枝半叶地传播造成在人们口边传诵一时"的。但作者并不以为不然，因为"外国人还吃蛇呢"！吃鼠总比吃蛇好——"老鼠是可'憎'的，而蛇是可'怕'的……'憎'总比'怕'容易使人忍受"，并认为"老鼠的智慧比蛇还要高"，并嘲弄道："也许蛇这种东西，在文明之邦里，渐渐受了同化，地位一天天的增高，智慧和头脑一天天发达起来，将来会代替牛羊类肉成为饭菜中的美品，甚至圣品。到了那时，吃蛇肉的风气，就会远渡重洋，不辞万里而来到中国……排挤了它的老友老鼠，而成为风行一时的馔品。"

看来，古先生是颇自豪于中国吃鼠的传统的，广东人对此应该感到由衷的高兴——太多同胞视广东人吃鼠为异端了。其实，广东人吃的鼠，主要是田鼠，而非现在城里人囿于想象的阴沟地槽脏兮兮的老鼠。因此，真正大吃老鼠的，也还是乡下为主，明清时期的笔记小说反映了这一点，倚虹的《岭南异味录》也说："田鼠是中山县的乡下菜，不知广州城里有人吃吗？"而乡下"捉来的田鼠，有乳猪一样大小，全身灰白色"，也实在让人忍不住不吃的。民国老鼠怎么个吃法？倚虹先生的描述是："杀死、剖腹、剥皮之后，还要经过相当泡制……各式做完，用竹片把它前后两肢对儿地撑起来，一如南京板鸭，然后把它用绳吊在井中，离水面五尺处，隔了七天，就可取出来吃了，吃时好像宁波鲞鱼一样。"日本人安藤盛的《华南杂景》的记述也差不多："广东市（按：原文如此）的中国人，是将鼠宰割了，做成像干鱼一样，略略焙一焙之后，放在饭上面，而咀嚼得津津有味的。”著名作家秦牧先生早年也有“卖腊田鼠的摊子，摊贩在夸耀‘一鼠当三鸡’”的故乡记忆。

刘白受《广东的特别食品》则说得更为稀松平常：“普通的吃法，都是做腊味，如同腊肉、腊鸭一样。在广东，简直是平常的菜，并没有什么奇怪。”这一点，作为老饕的老广州谭庭浩先生最有体会。他在《动感杂志·橄榄餐厅评论》的一篇专栏文章里说：“老鼠小时候在乡下也吃过，并不以为奇怪，吃的是田鼠，多在冬天晚稻收割了之后，腊干了焗饭吃，与腊肉腊鸭之类异曲同工，蛮香。”

而大家所最喜闻乐见的是《西北风》1936年第9期野平《荔枝湾——广州杂记之一》的一种说法：“湾里有一种食品，叫做‘鱼生粥’。味道可口，以白粥、鱼生、鱿鱼、花生等东西配制而成的。卖粥的人乘着小舟随水流而上下……据说，鱼生粥不但不经济，而且很是不洁，因为鱼生粥是以鼠肉来煮的，取其味道甘呢。然而，老饕的我，哪里闲得去管，一股脑儿又吃下去了。”

最后，说说剥鼠皮，就像前面所说的剥蛇皮一样，这也是民国广东人的一项绝活：“很有趣，只须四肢近趾处割一圈，颈部也割一圈，用力向后一拉，整块皮也可以撕下来，可惜毛头太短，不然也可以做皮大衣吧。”

“蜜唧”的民国范儿

关于岭南人吃老鼠，最为猎奇的说法即蜜饯乳鼠，始见于唐张鷟的《朝野佥载》：“岭南獠民好为蜜唧，即鼠胎未瞬，通身赤蠕者，饲之以蜜，饤之筵上，嗫匕而行，以筯（筷子）挟取，啖之，唧唧作声，故曰蜜唧。”对此，粤人并不否认，明末清初南海人邝露在其《赤雅》中所述与此如出一辙，其他明清笔记小说的记述也大同小异。只是，时令到了民国，文献所见广东人的吃法发生了些许改变，空间也有所改换。

晚清民初徐珂的《清稗类钞》“粤人食鼠”条强调粤人吃的不是田野里掏来的乳鼠，而是“豢鼠生子”，即专门饲养的母鼠所生的乳鼠：“粤肴有所谓蜜唧烧烤者，鼠也。豢鼠生子，白毛长分许，浸蜜中。食时，主人斟酒，侍者分送，入口之际，尚唧唧作声。”这样的乳鼠吃起来当然要放心得多，也高档得多，“然非上宾，无此盛设也”。

而倚虹先生的《岭南异味录》则进一步强调，这豢养的乳鼠，还不是自然生产，而是剖腹取出的，而且还由普通的田鼠变成了小白鼠——用来作各种科学实验的最具智商的小白鼠——这样更显干净与高档：“作为筵席之珍品，白老鼠也是由专门人材豢养的，及至大腹便便，尚未‘临盆’之际，刚巧有人要吃（足见他们一定养了不少的老鼠），就把母鼠剖腹，取出小鼠，趁热放在桌上，即供客人食用。客人夹了胎鼠，那粉红色的小生物还在蠕动，蘸了味酱，如吃炸虾一般又松又脆地吃下去。每桌虽只有十只，可是数十桌一起宴客，想也不容易找到的，而且小老鼠拿出来的时候，一定是要只只活的，死了没有人要吃，不过剖子宫取胎儿，只要差不多足月，胎儿也很足以独立呼吸了，剖腹手术之精，由此可见。”又《北洋画报》1929年第290期寒云《武越招饮与言粤中珍味》：“君是岭南人，应知故乡味。清鲜推树龙，淳美思山瑞。嚼鼠蜜藏腹，啖狸腴在背。遑论日万钱，一食千金贵。”蜜饯乳鼠在当时确是席上之珍，贵重无比。

日人安藤盛的《华南杂景》则认为，民国时期，广东其他地区主要吃大田鼠，只有潮汕地区，才古风犹存："将生下来的幼鼠，三四天之内，使它舐着蜂蜜以及糖蜜，这样饲育着。这个不仅是将鼠的肠洁净地洗涤一番，并且使它的骨变成柔软。于是将这种幼鼠活活地装在巨大的海碗里面，吃的时候将尾巴捉住，将头蘸着酱油，放进嘴里，加以啮噬。那鼠是吱吱吱吱地啼着，在那吃者的唇边，尾是抖动着。"文章还说这样吃的功用，在于"旺血液，愈衰弱"。晚清名士方澍当年滞留潮州，思念家乡，在《青年杂志》1915年第1期发表了一首《潮州杂咏》，也写到了这蜜饯乳鼠："唧唧入筵鼠，寸寸自断虫（禾虫）。"

也许后来珠三角一带确实不怎么兴这种蜜饯乳鼠了，在老饕谭庭浩先生的记忆中，虽然还吃乳鼠，却只见着"大人拿它们泡酒，说喝了很补，每家每户都有那么一个泡着'老鼠崽'的玻璃大酒瓶"，而不复是传统的蜜饯乳鼠了。

关于鼠与蜜唧，《申报》也曾加入讨论。1924年8月27日第22版老圃的《食鼠故事》说："欧美人未至中华者，坚信华人食鼠，因自幼入学，教科书中皆载华人食鼠之事，故深信不疑，虽与之辨亦不信，以为讳国恶也。"也就是说，欧美人不仅深信中国人吃鼠，还将其写入了教科书。这种"中国的民国范儿"可真要命，故作者连呼冤枉，说《朝野佥载》等所说的吃鼠吃蜜唧的，是岭南獠人而非中土华人！太不厚道！又说："《唐书》有鼷鼫鼠，其意即肥鼠，陈藏器作土拨鼠，谓此鼠生西番山泽间，穴土为窠，形如獭，夷人掘取食之，此亦食鼠之说。然皆指夷人，亦非常鼠也。"撇开这些，其引《梦溪笔谈》载刁约使契丹，戏作诗曰："押宴移离比，看房贺跋支。饯行三匹裂，密赐十貔狸。"诗中所言貔狸，李时珍《本草纲目》则名曰黄鼠，谓出太原大同延绥及沙漠诸地，辽人尤为珍贵，状类大鼠……辽金元时以羊乳饲之，用供上膳，以为珍膳。这羊乳貔狸则与岭南蜜唧有异曲同工之妙了。

食猫种种

《红楼梦》第五十三回“荣国府元宵开夜宴”有着一张食品的账单，连燃料米粮共费银二千五百两，里面多是北方风味的菜，没有鱼翅，南方菜有大对虾、野猫、圣干等。大对虾即“明虾”，圣干是宁波菜，野猫不独产于广东，一般认为是广东菜。野猫能吃，则家猫也能吃，很可以为广东人吃猫正正名，贴贴金。

粤人吃猫，通常认为是为了与蛇合烹龙虎菜，或与鸡蛇共烹龙虎凤，鲜少有独食或者其他食法的记述。如日人安藤盛的《华南杂景》说到广州的“龙虎菜”：“因之而追想起来的，乃是不论在香港，不论在广东码头上，有着蠕动着的麻袋被抛卸着，原来这里面正是装着捉捕来的猫，不论什么地方的猫，偷了来卖给广东的酒餐馆，便成了这个生气勃勃的名字‘龙虎菜’了。”但许多含混的记述中，也显示出是可以独食的。如邵潭秋的《广州杂记》说：“粤菜在中国肴馔中最为特色，猫犬蛇鼠并可入鼎。南园文园两家稍丰异之席，每桌非百元不办。”将猫置于首位，虽或无排序之意，至少显示猫肉未必只是配伍。

刘白受的《广东的特别食品》更是说：“猫的吃法更平常，尤其煲汤是很鲜的，至于拿来和蛇一起吃，名曰‘龙虎斗’，上海虹口一带的广东酒家，每到冬天，通常有这种新食谱，上海的人，差不多都已领略过了。”也即是说，猫首先是单吃煲汤的。《电友》杂志1925年第4期玉君的《东粤食谱》，也单列猫食谱：“粤人喜食猫，法将一猫置铁罐中，以沸水自盖孔注入，猫经沸水大痛，极力翻抓，皮毛俱脱，乃取出割之，或炙或烹，肉嫩过兔。”张亦庵先生发表在《文华》杂志1934年第41期的《吃狗肉》说道：“粤谚有‘老狗嫩猫儿，吃死没人知’。”这也还是指单吃。

而晚近以来，广东部分地区以及广州市郊尤其北郊近山的一些餐馆，仍有以猫汤相招徕的，笔者曾亲见，并且亲尝，不过浅尝辄止，不敢多吃，心理上颇多顾忌也。吃的当然是老猫了，因为一般认为，猫性寒，所以煲猫汤，往往也加入一些热性滋补的食材；鸡肉性温热，故也常常与鸡同煲。粤谚的“老狗嫩猫儿，吃死没人知”，当也是基于猫的性寒，嫩猫性更寒的缘故。至于玉君所言的“或炙或烹，肉嫩过兔”的说法与做法，广东倒是少见，在内地反有耳闻，如与广东接壤的湘南、赣南、桂北一带；或许那些地方受了广东的影响，但又不兴煲汤，故以炙以烹了。或者民国时候广东也比较流行这种烹炙之法，广东人没有继承，周边人倒相沿不改也有可能。

不过在本文的最后，笔者还是得作个声明，即笔者本人不吃猫肉，也反对吃猫；笔者写这篇文章，是出于饮食文化史的必要，无法为现实讳。当下一个最大的现实是，广东人还是喜欢吃猫的，而且也还是实实在在地大吃着，间接的材料比直接的体验来得更准确更真实。据媒体报道，2008年8月，爱猫人士在南京截获5000余只运往广东的猫，但对方手续齐全，爱莫能助；稍后又有人在嘉兴也截获一批。据有关人士透露，嘉兴一地每天猫的交易量上万只，大部分运往广东。这些运往广东的猫，除了吃，还能做什么用途？据说吃法还让人有些揪心——水煮活猫。所以，报道引发了各地强烈反应，有人从上海赶往嘉兴阻止，有人在广州火车站举牌示威，更有一群人前往广东驻京办递交请愿信，要求官方出面遏制吃猫陋习。由于无法可依，其实官方也是无可奈何的，据说由《动物保护法》更名而来的尚未正式出台的《反虐待动物法》规定，违法食用犬、猫或者销售犬、猫肉，将对个人处5000元以下罚款并处15日以下拘留。到此法实施，有关人士就不必那么纠结了，笔者这篇文章，或许更具有史的意义了。

猫公粥与鼠肉粥

传统的鼠肉在民国的广东食谱中，是有新的范儿的——“蜜饯乳鼠”虽在省城已经不兴，但鼠肉煮粥却又时兴了起来。《西北风》1936年第9期野平的《荔枝湾——广州杂记之一》曾说，荔枝湾的艇仔粥虽然好吃，但是，“不但不经济，而且很是不洁，因为鱼生粥是以鼠肉来煮的，取其味道甘呢。然而，老饕的我，哪里闲得去管，一股脑儿又吃下去了。”《十日谈》1934年第36期何须的《夏天的广州》也说：“艇仔粥是荔枝湾驰名的食品。这也是吸引游客的一个原因。那里的艇仔粥是和普通的粥有些不同，就清甜这一点来说，是值得称赞的了！但是，它的价钱又很便宜，同时材料也很多。听说那里的艇仔粥比普通的粥特别清甜的原因，是用老鼠肉来煮的。到荔枝湾去游玩的人不食艇仔粥是很少的。”

如果说上面两则关于老鼠粥的记述尚有耳食的嫌疑的话，那《旅行杂志》1935年第7期区作霖《荔枝湾追忆》则言之凿凿了：“荔枝湾是广州人唯一的消夏地，有人叫它作广州的威尼斯，也有人称它作小秦淮，甚至比列杭州的西子。”但其与西湖最大的不同处在于吃：“广州人好吃，尤其是考究吃粥，生鱼片下粥固然是我第一次创见，老鼠肉煮稀饭也贵到三毛子一饭！据说：老鼠肉还不很容易得吃呢！”虽然后面有一个“据说”，那已是另外一层意思，重要的是，他能准确说出鼠肉粥的价钱来，显得并不虚泛。

如果说鼠肉粥听了都很传奇，那么猫吃老鼠，猫肉煮粥是不是更好吃更传奇呢？这让在岭南粥方面具有传奇色彩的岭南才子梁寒操说出来，应该会更为传奇。唐鲁孙民国末年到新疆，省府招待所的管理员跟他说：“您府上三代跟广东都有渊源，今天早上特地给您准备一锅广东的梁公粥给您尝尝，在西北鱼龙虾凤，吃鱼粥材料比较困难，吃梁公粥味道可能还不输岭南风味呢！”这梁公粥，其实就是鸡粥，不过做得非常地道：“粥一上桌，敢情是杂粥，作料还相当齐全，葱花、酱姜丝、芫荽、胡椒粉、油条、薄脆无一不备，鸡肉炖得糜烂，切丝留皮去骨，香美如油，塞上得此，堪称细味异品了。”至于为什么叫梁公粥呢，回答是：“这种粥是前几年梁寒操先生指导省府大厨房做的，朱一民将军主持省政认为可以仿效，并且命名梁公粥，南宾西来，我们会准备一餐来招待，吃过的人人赞美，所以成了迪化省府名点了。”梁寒操去新疆在1943年初，历时两月余，详见其所作《新疆之行》（《军事与政治》1943年第5期）。这款鸡粥，后来传到台湾，也同样赢得了“梁公粥”的专属美称。可梁寒操自己却说：“顺德县属有个叫容奇的小乡镇有一种粥，叫猫公粥，是把老的公猫连骨煮粥，那比梁公粥更腴美甘鲜呢！”如此，那猫公粥的味道由此可见一斑了。需要特别提醒的是，猫要老公猫，还要连骨煮。

而且猫肉煮粥或煲汤，并不是广东人藏着掖着的地方特色食品，在上海滩也大肆地招徕着。如《申报》1947年1月16日第9版搞了个《吃在上海特辑》，口号是“要吃，请到上海来”。其中《雄视同业的粤菜》专写上海的广东菜有哪些好吃的，就浓墨重彩地讲到吃猫：“粤菜之得名，不在‘精’，而在‘奇’，猫狗蛇猴，均为佐餐佳肴。”猫不仅是与蛇、鸡合烹的名菜“龙虎凤”必不可少的材料，也是与猴子相提并论之物：“猫和猴子，是粤菜中的珍品，在那些专卖野味的广东馆子中，用着广告，大大地宣传，‘今日宰猴大王’、‘滋补老黑猫’上市，用红纸写着斗大的字，在门口张贴着。”如此大张旗鼓地招徕，猫肉一定是广受欢迎的，至少比猴子要受欢迎，因为猴子不那么易得，也不那么有人敢吃或者愿吃。虽然作为滋补的老猫的吃法，文章虽没有明说，但按照广东人的习性，不是用来煲汤就是用来熬粥，不然是浪费了好材料。而猫以老黑猫为贵，倒是一种“新鲜”的旧闻。

吃猴脑的传说与想象

20世纪80年代初开始，随着广东开放改革先行，广东经济开始“北伐”，广东文化也开始北渐，饮食文化堪称先行。但是，内地一时不能完全接受，在接受美味的同时，伴随诸多猎奇的调侃，其中最有名的，除了“广东人除了天上飞的飞机不吃，地上跑的汽车不吃”的段子外，当首推广东人吃猴脑的传说了。猿猴是灵长类，太近于人了，孔夫子对于“始作俑者”都不能原谅，咒以“其无后乎？”那人怎么能吃猴子呢？

但是，关于广东人吃猴脑，始终属于传说兼想象，细考古今文献，没有一则是作者真实的体验性的描述。晚清民初最博闻强记的学者之一徐珂，在记述粤人食性之奇时说：“粤人食性之奇，夙知之，若犬、若鼠、若蛇、若山瑞、若蛤蚧、若桂花蝉、若龙虱，皆世所习闻也。今乃有以龟鹤合烹而食者，美其名曰‘龟鹤延年’，且有食猴之脑者。又有以蜜饫蜘蛛，使其腹膨胀透明，陈于盘，就其腹吸之，谓味之美者莫若是。此三者，珂两游岭南，未之前闻，知之者谓皆共和以后之食品。”也就是说，岭南自古以来，当不吃猴脑的；要吃，也是辛亥革命以后的事儿了。而这，也只是传说。

1929年第6期《学生杂志》有一篇文章，则干脆题名为《广东人食猴脑的传说》，说：“法国人欢喜吃蛙腿，我国人欢喜燕窝汤，在欧美各国都认作一种奇闻。然而这已经是很古的一种说话了，人家不以为怪；至于广东人以猴脑为美味的传说，不知什么时候传到欧美去的。”

民国时代，是高谈阔论德先生（民主）与赛先生（科学）的时代，吃猴脑的传说与想象，不可避免触及这两根时代主弦。对此，可以聊举两例。

其一是《科学时报》在1935年第3期登载了唐嗣尧的一篇《中国的饮食》，大谈特谈吃猿脑的野蛮：“猿脑这种食物，据说北平也是有的。富豪贵阀的嘴里，大概少不了这种食物。”诸位，作者一开始就强调吃猴脑的，可不是村里野夫，而是富贵文明之士。“他们的饭桌子中间有一个圆孔，大小与猿的头部相等，吃的时候，把平素豢养的猿猴的头发，剃得干干净净，活生生地放入桌子中间的那个圆孔里面，用铁锤打碎它的头盖骨，脑汁自然流了出来。这就是我们的富贵豪阀的嗜好食物。”作者再强调，这种野蛮的吃法，并不是当作野味偶尔食之，而是如家畜般豢养着以便常吃。

另一是《天明》杂志1947年第2期素清的《猴脑与蚂蚱》。文章先说“在广东，猴脑是一味了不起的珍馐，非款待上宾不用。其珍贵且过‘龙虎斗’”，紧接着就以更富想象之辞，刻意描述食客的“文质彬彬”，以渲染反衬吃猴脑的野蛮：“吃猴脑的前一天必须为特别豢养的猴子剃头……第二天，宾主围着特制的餐桌坐定了，才叫佣人牵出那只活生生光头猴子来，缚在桌底下。餐桌的中央有一个拳头大小的圆洞，刚好可以使那猴子冒出它的光头来。等到客人面前都斟满了一杯芳冽的醇酒，长柄的银调羹也已高举在许多右手的时候，主人才拿小铁锤向光头猴子的脑盖上猛的一击，使它裂开一个鸡蛋大小的圆洞，于是许多双贪婪而满足的眼睛便可以看见一泓豆腐似的白东西；虽然杂着些鲜血，然而到底并不多。”写到这里，作者宕开一笔，以充分彰显食猴者道德文明的虚伪：“这时候，了不起的珍馐本来立刻就要到嘴了，可是文明古国的礼让之风是存在的，举在各人右手里的长柄银调羹虽然并不放下，可是各人的视线里都充满着揖让的光。于是主人满脸堆着笑，说一声：‘请！’然而照规矩大家还是文质彬彬的。主人又央一遍：‘趁热！’首座的贵宾这才万不得已似的将长柄的银调羹伸进猴子的脑盖骨里去，跟着又是别的许多调羹伸进去。于是赞美声笑语声和猴子临死的惨叫声混成一片。”

民国时代吃猴脑的最后记述，止于《论语》杂志1947年第132期登载的慕南的《名震全球的中国菜》：“英国人因为自己不吃蛙，叫法国人为‘吃蛙的民族’。法国人吃田螺似的蜗牛，别国引为奇谈。但是，法国人听到中国人吃鱼翅燕窝，也奇怪起来了！可是中国人还吃壁虎叫山虾，吃猫和蛇叫龙虎菜，吃猴脑、熊掌、炸蚕蛹、炸蚱蜢，这许多佳肴，外国人还连梦都做不到的。”一切不过已是传说的余音了。

狗肉能吃吗?

狗肉能吃吗？过去曾经是一个问题，至今仍然是一个问题。

民国时期，有人为了反对吃狗肉，提出狗是吃屎的，脏得很，俗话也说“狗改不了吃屎的性”，以此来打击吃狗肉者；广东的老饕们的防御之道是更其名曰香肉。此外，在宠物狗日益泛滥的今天，反对吃狗肉者更大有人在；笔者不养宠物，但小时候家里养过狗，狗堪称人类身边最通情感最有灵性的动物，有念及此，面对香肉有时也难以下咽。当代著名的老饕赵珩先生，就曾因此在某场欢迎宴会拂袖而去。

其实，这各种讨论，皆不着要害。要说狗肉不能吃，有几种情形，是吃与不吃者均认为不能吃的。第一，好吃狗肉的人都知道，一般的宠物狗之类，确实是不能吃的，撇开情感因素，偷偷地烹好了请你吃，味道也实在不好。第二，春天的狗是不吃的，广东人认为彼时吃狗毒性太大，就如羊肉一般，一般情况下不吃为好。所以广东的传统是“夏至日……磔犬以辟阴气”（乾隆《广东通志》）。第三，“老的狗是在绝对的摒弃之列，因为粤谚有‘老狗嫩猫儿，吃死没人知’的民间经验之谈”，据说老狗也是有毒的。对此陆丹林先生在《广东的香肉与龙虎会》（《旅行杂志》1948年第1期）中有很好的总结。

除开上述三者情形，别管时俗流言，放了吃去吧。不是笔者诳谰，而是古训俨然，梁岵庐的《粤西风土人物散记》中的一段文字，最得我心：“杀犬，古礼也。汉《孔酥碑》叙祀孔庙事，有太常‘给犬酒值’之语，人颇以用犬为疑，或别释犬字，以申其说，顾皆迂曲不可通，足征杀犬之俗，汉代犹然，其悬为食戒，殆在象教盛行以后乎？”梁先生还认为，广东人好吃狗肉，真是古风可嘉：“今粤俗尚此，犹存古风，而北方人士，乃群相骇笑，与鱼生同，习俗迁变，贱古贵今，类此者又何可胜道！”这种古风，在广东客家族群中，最可见出。民俗学大师钟敬文先生在《东方杂志》1926年第14期《关于狗肉的礼俗》（署名静闻）中写道："我们这里（广东海丰）的人很贱视狗肉，通常多不之食，所以谚有云：'狗肉不上碗篮。'然客家人却特别喜食此物，至以筵席缺乏狗肉，谓为不排场。又相传其祭祀祖先，必用狗头，确否虽不可知，但四民月令中云：'买白犬养以供祖祢。'足见此种以狗肉祭祀祖上的风俗，古代已有之，实与用猪羊作祭品，一样的平常不怪。吾人如知乎此，应反自觉其拘执可笑矣。"

而当有人视这种古风为蛮俗时，雷虹先生发表在《旅行杂志》1948年第1期的《东南食味》即作了抗辩："或有人说：狗与蛇，都是不洁的动物，是初民时代的食品，现在20世纪的时期，还把它来吃，诩为珍馐，是蛮性遗留的象征而已。说得振振有词。但是，我们细想，如果吃狗蛇，说是蛮性的遗留，那么，那些吃生跳跳的抢虾，用湿泥包着烧熟的叫化鸡等，便是文明社会里高尚的食品么？"

面对这种争论，一篇最有意思的文字出现了。1907年第13期《时事画报》登载了一篇《夏至狗》，一边批驳说"相传为夏至一阴生，狗肉补阴，食之故宜。此无稽谰言，不知其何所本也"，一边又讴歌道："夏至狗，直正没地收藏。和尚话我要开斋，父老又话你抵㓥。落刀刮毛，有阵哙落错刀背钢，你睇个班剃头佬，至少有一日惚忙。我想一些咁长，大餐只有两趟，冬至食过鱼生，又到夏至，正有狗肉香。狗肉纵唔得食，捞啖汁亦觉得心头爽。见狗肉唔哙流涎，个个食嘢就未入行。狗你知道走为上着，乜又入错条穷巷，随处撞，有瓦坑你又唔识路上，咁就铸定你条命系俾人㓥，不是我地丧良"。意思是狗肉实在太好吃，一切的理论都无济于事，所谓"不是我地丧良"。

丧良也要吃狗肉

说起狗肉的好吃，以至于粤人丧良也要吃狗肉；这种食风，在民国更盛，民国饮食文献中可谓满纸皆是。雷虹先生的《东南食味》说：“有机会吃过狗肉、蛇肉的人，都必须公认狗肉、蛇肉的美味，这种美味，自然不是没有尝试过的能够领略得到。故此可以说狗肉和蛇羹，都是广东的名肴，不过不是酒家菜馆经常供应的普通名肴罢了。”至于狗肉既然好吃，酒家却不能经常供应，那是粤人嘴尖，要求过高。张亦庵先生发表在《文华》杂志1934年第41期的《吃狗肉》道破了这一点，说当年大酒家，“像有名的棉园酒家、南秀酒家、南国酒家，遇着有什么人要宴客，席上想增加一味什么狗肉的时候”，便会大动排场地用汽车去接一名叫陈二叔的狗肉专家上门服务，“听说厨下一夕的工作，就有二十元至三十元的报酬”，其味道之好，从价钱可见一斑。

玉君的《东粤食谱》则强调狗肉好吃与否，关键在做法，做得好，“宣腿无以易也”：“粤人喜食狗肉，法以狗一闭室中，以棒迎头痛击之，狗即昏绝，乃缚诸柱上，以沸水浇之，然后去其毛，剥其皮，砍其首，剖其腹，弃其脏腑，以其身切成块烧之，其腿其叉置火上，且炙且以香油及香料抹之，逾半小时，即香气四溢。乘热啖之，虽云南宣腿无以易也。”

广东人烹调狗肉的手艺，在当今应当是继续发展着的，尤其是五邑湛江地区，光白斩狗、清蒸狗肉、炒狗肉、红烧狗腿、狗肉丸子、狗肉羹、狗杂冷盘等不一而足的品名，已可见出其发达程度。由东北南下的老烈先生，更是将狗肉视为粤菜三绝之一，认为广东狗短腿粗腰，壮实得很，“砧板头”、“筷子脚”、“辣椒尾”，尽是好品种，天生就是供人吃的肉狗；并详细介绍了广东人从屠狗到烹狗的一些经典做法：“北方杀狗剥皮。广东的不同之处是决不能剥皮。取其连皮带肉五花二层，特别香。也不杀，先把狗击晕，吊起来放血，劏开胸腑，取出内脏，滚汤刮掉狗毛，稻草炙烤去臊，斩为大件，放入绿豆水里浸泡，使它膨发，以免吃到腹中胀气。然后切成长方块，投进锅里生油爆炒，加柱侯酱、老抽、南乳、料酒、片糖、陈皮、老姜。但是，千万不要忘记，一定得大加猪油，不然那香味便出不来。这样烹调之后，再放到瓦煲里文火炆熟，中间不能加水，保持原汁原味。等到炉火通红、汤汁鼓沸、浓香四溢、食指大动，那便是开怀畅饮的时候了。”还仿先贤赋诗纪念：“远游无处不销魂，好酒玉冰且一巡。但得开煲狗肉美，不辞长作岭南人。”这实在堪称经典。

诱于狗肉的美味，广东人不仅变着花样吃，还不断突破时令吃。比如说，广东的传统是“夏至狗”，但在客家地区，重阳狗肉也是重头戏。这时节，街头巷尾的酒馆餐厅，到处可见红烧狗肉、清炖狗肉、狗肉小炒、卤狗肉、狗肉粉的招徕张贴；村庄里边，也可闻到缕缕飘散的狗肉香味。冬至狗，现在借着冬至进补的口号，更是大行其道。即使是传统认为吃狗有毒的春季，也有许多人弄了吃，笔者就亲身品尝过，不过主人用了粉葛来煲，道理很简单——春季狗不是有毒吗？粉葛解之！

最后，1871年12月24日《纽约时报》新闻专稿《广州的一天》中的一段文字也很好玩：“他们（广州人）很喜欢吃这里的狗排。这种食品经过很多道工序精心制作而成，看上去和闻起来都很招人喜欢。”那是将传统的狗肉西餐化了，不知道今天的老外喜欢否。

以蛙为鸡的文明与进步

田鸡，也即是青蛙，在南粤被奉为上味，如乾隆《广东通志》说："百粤之民以蛙为上味。"而在他处则被视为异俗。如韩愈的《答柳柳州食虾蟆》诗，批评谪居柳州而入乡随俗的柳宗元："居然当鼎味，岂不辱钓罩。"这是说柳宗元不该像岭南土人那样将青蛙当作"鼎味"。至宋，苏东坡在南贬广东时所作的《闻子由瘦》诗中写道："旧闻蜜唧尝呕吐，稍近虾蟆缘习俗。"此说明中原地区还是不吃的。而且是愈往下愈不吃，愈往下愈只有广东人吃。而对这种食俗的转移，有学者还认为是一种文明与进步。且看民国时期复旦大学的名教授陈子展对此所作的一番考证。

他发表在《人间世》1935年第36期的《谈"吃田鸡"》引宋吴曾《能改斋漫录》说，不仅汉代长安人吃蛙，而且大儒郑康成的《周礼》注说《礼记》中的蝈，即"今御所食蛙也"，是皇帝都吃的，当然是上味了，还是鼎御之味呢。那为什么北方人后来不吃了呢？陈子展教授认为，中国文明的发展，从北而南，从黄河流域到长江流域再到珠江流域。吃蛙时尚的转移，也体现了这一特征。因此，吃蛙与否，堪称一种文明与进步。当然，陈教授限于当时的研究水平所没有指出的是，这种文明的流变，背后还有气候变迁等客观因素。在中华文明的早期，黄河流域温暖湿润，非常适合人的生产与生活，同时也适合蛙的生长。后来，气候变得越来越差，文明便逐步南移，蛙的生长繁殖也同样受到影响，人们也就渐渐地少吃以至不吃蛙了。陈子展教授还认为，不吃了，并不是一种文明与进步，而吃才是一种文明与进步。因为农人一年到头，没有肉吃，以蛙为鸡，"煞是可怜"。而视吃蛙为进步的，早有人在。唐龟图注段公路《北户录》引《汉书》说："鄠杜之间水多蛙，渔人得不饥。"从以人为本的角度，这当然是一种进步了。

吃蛙食俗南移的另一重要证据，陈子展教授认为称青蛙为田鸡，乃始于粤人，文献见于清代大史学家赵翼。赵翼有一首《食田鸡戏作》，乃笔者经眼的关于岭南饮食的诗篇中，堪与韩愈的《初南食贻元十八协律》以及近人方澍的《潮州杂咏》鼎足而三的重要历史文献。诗云：“尝考康成注蜩氏，上供御食始汉时。并偕羔兔荐宗庙，丞相擅减且被讥。粤人更嗜疥满背，相戒勿脱锦袄披。抱竿羹成夸大飨，贵过斑鸠玉面狸。由来隽味在翅肖，何而猩唇貛炙熊蹯胹！君不见鼠名家鹿渍以蜜，蛇字茅鳝剔作丝，土笋登盘即曲鳝，翅虾入馔维螽斯？……轮囷虽同虾蟆丑，孳孕实共鲀鱼滋……就中两股尤滢洁，想因跳跃畅在肢……”赵翼曾任广西镇安知府与广东广州知府，对岭南食事，颇有好感，其《帘曝杂记》就多有记述。在这首诗里，赵老先生对田鸡在岭南食谱中的地位，形容到无以复加的地步，认为胜过果子狸，直逼猩唇、貛炙与熊掌。基于这一风尚，在“食在广州”的兴起过程中，“太史田鸡”能成为一款开山大菜，也就不足为奇了。

玉君的《东粤食谱》所提到的一款蛙食，则更是粤人独步的秘方：“人知蛙味之美，而不知蛙腹中之二肝，其美更有甚于蛙者。粤人每于药铺中购得干蛙数只，剖其腹得二肝，肝干且黑，切成骰子大小，浸水中，越一小时，便涨大如栗子，色白如玉，和肉加糖煮之，味胜鸡胃。”

相互媲美的俩太史田鸡

“食在广州”的两大开山菜系——太史菜与谭家菜，后者以鱼翅最著，前者有两款最为流行，即太史蛇羹与太史田鸡。吃田鸡至今仍有人诟病，在当时能成为文人清供，大学者赵翼功劳不菲，前已有述。这江孔殷，中了进士，点了翰林，得了太史之名，颇有文名，更有食名，田鸡也得以攀龙附凤冠上太史名，固佳。但是，这太史田鸡，到底是江太史田鸡，还是梁太史田鸡，其实还有历史的疑窦。在民国大食家唐鲁孙看来，梁鼎芬梁太史家的田鸡可比江太史家的要好，而梁氏的文名与功名也均在江氏之上——论功名，做过布政使一类的正部级高官，论文名，是岭南近代四大家之一，这都是江先生所不能比的；而饮食之名，其实也不在江家之下，只不过其功名与文名太高，既不必也不应该计较这方面的声名。

唐先生在一篇《炉肉和乳猪》的文章里说：“梁太史鼎芬好啖是出了名的，他有一味拿手菜‘太史田鸡’传授给广州惠爱街玉醪春，那家有三五座头的小吃馆居然在几年之间变成雕梁粉壁的大酒楼。”玉醪春能创出这么一番模样，也可以反衬梁太史田鸡在市民中的影响，至少当不亚于江太史田鸡也。不独田鸡，岭南最有特色的菜式之一的烤乳猪，梁氏也有不传之秘。唐先生就说：“广州黄黎巷有一家莫记小馆，他知道梁太史家烤乳猪，所用酱色跟蒜蓉都有特别不传之秘”，而这家店老板莫友竹原本是风雅人，遂“用家藏紫朱八宝印泥一大盒”，把梁太史这套手艺秘方学来，此就以烤乳猪驰名羊城，而生意鼎盛。看来，梁太史的不仅菜好，也有“入市”的传统，恐怕当年的太史田鸡的风靡，梁家的影响还要多一些。

有了这两大太史骅骝开道，风吹草偃，广州人田鸡也就吃得美滋滋了，并继创出不少菜式来。数十年后，吴慧贞女士在《家》杂志开设“粤菜烹调法”专栏的时候，还介绍了好几款。

——酥炸田鸡。酥炸田鸡的制法，以田鸡剥皮切件，用盐花和打松鸡蛋、面粉调成糊状，再将田鸡逐件调匀，即下油镬炸酥上碟，食时以五香淮盐蘸食。或再加冬菇、芹菜、冬笋、马蹄切片同炒至熟，加些宪头滚匀上碟。

——凉瓜田鸡。凉瓜田鸡是夏季的时菜。凉瓜以西园苦瓜种，身短肥大，形如凿状者最好。先将苦瓜剖开去瓤，切成马耳样块，用盐花挤去苦汁，随用滚水再泡再挤。烹法，先将田鸡切件，下油镬武火爆透取起，再将蒜米打烂下油镬炸香，便下苦瓜同炒，并加捣烂豆豉汁同田鸡一同下镬，加些宪头滚匀上碟。

——炒田鸡片。炒田鸡片用大只田鸡，起肉去骨切片，以热油调匀。配料用冬笋、冬菇、猪肉切片，先下油镬炒熟，后下田鸡片，炒至仅熟，再加宪头炒匀上碟。

——栗子田鸡。用大只田鸡起肉切件，用姜汁酒炒过，再把烧猪腩、冬菇爆透，随把栗子肉一同下锅炖至烂熟，再加顶豉油、熟油和匀上碟。

——生筋田鸡。生筋是用戥面和水搓成团后，下水泡透，用力搅至生筋，漂去游离面粉，留筋作小丸，下油锅炸之，即膨胀如气球状，取起，再下冷水泡透，挤去油腻待用（市上也有现成生筋出售）。随后把田鸡剜净切件，先下油锅用姜汁酒炒过，再下漂透生筋，加些汤水同会，熟时再加麻油上碗。

有了这么些款田鸡时膳，足可以管窥出当年食风之盛。

广东的特别食品

□刘白受

广东的食品，种类实在太多了。类如：荔枝、香蕉、黄皮、龙眼、漕白鱼、土鲮鱼、老婆饼、盲公饼、师姑榄、叉烧、腊肠……等等，实在写不完。现在单提出特别的东西：

禾虫：是蚂蚁一类的东西，色红赤、多足，好像小的蜈蚣，生长在禾田里面。拿来煮汤吃，鲜美可口，比江瑶柱好得多。

龙虱：是水上的甲虫，看起来也和蟑螂差不多。它有两重翅膀，内层是黄色膜状的软翅，又有六只扁扁的毛腿，可以爬行，可以游水。蒸煮贮藏起来，可以历久不坏；吃时，摘去头、翅，味美无匹；功能滋阴补肾，上海的广东店，都有得卖的。

桂花蝉：比普通的蝉，形体较大一些，产于丛桂山中，受桂花香气的熏蒸，所以肉含桂味；食法与龙虱略为相同。

兰花蠹：好像橘子树上的青虫，大小也差不多；产于琼崖深山中，专食兰花的膏味。取一条来，放在碗中，蘸食盐少许，片刻就化成碧绿色的清水了。冲以七八倍的沸水，饮之香甜，好像吃果子露一样，两三天内，作呃的时候，都还有余香呢。不过这种东西很难得，就是本省人，吃过的也很少。

蜗牛：就是普通阴湿地方所生的蜗牛，这是人人都看见过的；不过可以吃的，是要大一些的才好。烹调的法子，如同田螺一样，有人说它的味道，比田螺要胜十倍，听说法国人也吃蜗牛，并且组织了种植蜗牛的公司。

食鼠：种类原是普通的老鼠，不过长在米仓库的，稍为肥壮一些。普通的吃法，都是做腊味，如同腊肉、腊鸭一样。在广东，简直是平常的菜，并没有什么奇怪。

猫：猫的吃法更平常，尤其煲汤是很鲜的，至于拿来和蛇一起吃，名曰“龙虎斗”，上海虹口一带的广东酒家，每到冬天，通常有这种新食谱，上海的人，差不多都已领略过了。

蛇：有两种：一种是普通的菜蛇，“蛇王昌”是很有名的，广东人，吃这种蛇，好像外江佬吃黄鳝一样的平凡。另外一种是三蛇，三种不同性质的毒蛇，要在一起烹调，才能入口，如果单食哪一种，都会立刻毒死人。据说它们的性质：一种是专走人身的上焦，一种是专走人身的中焦，一种是专走人身的下焦，合起来可以去三焦的风湿，治筋骨拘挛，所以价值很贵，在广东，也不是普通人所能吃的。

（选自《紫罗兰》1944年第17期，略有删节）

链接1：《科学时报》1935年第3期唐嗣尧《中国的饮食》：“广东人每逢十二月至正月这两个月之间，总是喜欢吃蛇肉的。蛇肉的味道，据说比鸡肉还好；但广东人在十二月至正月间之所以喜欢吃它，尚不仅是因为它有这样好的味道，而是因为它在冬眠期间，满身潜藏着丰富的精力，吃了之后，可以补身壮阳的缘故。在冬天喝蛇酒，确实是很有趣味的。无论白魔如何厉害，一遇到它，总得退避三舍。”

链接2：《北洋画报》1936年第1441期巴人《谈吃》：“直到最近，听说在什么地方有着捉了活猴子缚在桌上，在客人的面前敲开脑盖骨，把那鲜脑髓来供客，算是恭敬的筵宴；和挖出活猫的眼球，掺了白糖吞食，说是可以明目一类的事，我才是觉得有些可怕起来。”

广东的香肉与龙虎会

□陆丹林

我是广东人，谈述广东的名肴，绝非地域观念的“自我宣传”，只是敝帚自珍的身边写述而已。广东名肴的烹饪，它不特注意色、香、味的综合，更注意它的实际性。主菜的质量是比较丰富，配料是极力的减少。每一味菜有每味菜的味道，甚至它的配菜也与主菜的味道相配合。比如炒鱿鱼片吧，它的配菜，无论是冬笋或是芥兰，或是白菜远，但是这些配菜也有鱿鱼的香味。原来它们是用浸过鱿鱼的水，来炒熟那些配菜，故配菜中便满含鱿鱼味了。主菜与配料味道融合，这是粤菜烹饪的技巧。

粤菜的炖汤，也有它的特点，它是清澈而没有一些油腻，入口清香润滑，味极鲜美。这种制汤方法，是粤菜馆所擅长。

但是，我现在要说的，并不是琐谈酒家（菜馆）里什么的普通筵席，因为酒家里日常供应食客（或定馔）所享用的肴馔，在我看来，多是普通的菜。最低限度，我个人的直觉与经验所得结果，以为粤菜的名肴，有它的特殊点，而这些名肴，似乎尚没有普遍推广到各地享用。反过来说，甚至有些人还误会这些食品，是野蛮人的食品，这未免只知二五不知一十了。

在动物中兽类作食品的烹饪，猪、牛、羊在全国中的比较，可说是最普遍的了。但是猪、牛、羊的味道，绝不能和狗肉相媲美。若果他是尝过狗肉的味道的，那就感觉什么猪、牛、羊肉等肉，都是很平常的了。只就红烧狗肉来说，当着炉火熊熊烹调的时候，香气远闻数里，使人们嗅着，真有“垂涎三尺”之感。这是凡是吃过狗肉的人，都感到狗肉是无上的滋味。郑板桥因为嗅着狗肉的香味，被骗给那盐商即席写字，便是一个明证。因此粤人叫狗肉做香肉，顾名思义，便可以推想它的美味了。不过吃狗肉者有一个禁忌，即是凡是吃过狗肉之后三小时以内，请勿吃绿豆汤，不然，狗肉与绿豆汤合和，胃部要发胀的，那时轻则痛苦，重则有生命的危险，这是吃狗肉的人，应牢记着。

说到粤人的吃狗肉，他们并不是什么的狗类都可以拿来屠宰的，第一，疯狗或有病的狗不吃的。第二，老的狗是在绝对的摒弃之列，因为粤谚有“老狗嫩猫儿，吃死没人知”的民间经验之谈，故老的狗、幼的猫，都没有人吃的。第三，一般精于吃狗肉的，必选用那乌毛的狗，至于那些白毛梭毛的狗，比较的少人去吃，洋狗是不吃的。第四，狗的重量，是选择七八斤至十二三斤的居多，其他过大过小的是例外。第五，吃狗肉的期间，是在秋冬间，夏季气候酷热，是很少人屠狗的。

烹饪狗肉的配料，是些附子、陈皮、大蒜、豆豉、生姜、油豆腐、腐竹等，共同红烧或清炖，约文火煮一小时的时候，便可以上盐吃。而最普通的，是放在沙锅里用炉火热着来吃。香肉，是广东（连广西也在内）的名肴之一。

第二的名肴，便是龙虎会。所谓龙虎会的美味，非亲自吃过的人，不能够知道个中的滋味。吃龙虎会的季节是在冬季，春夏间是没有人吃的。它是冬令的补品，在粤、港、澳间，每年冬季，许多酒家都有常备龙虎会来应客。所谓龙者，指三蛇（过树龙、饭匙头、金脚带三种蛇）而说；虎呢，是指果子狸（野猫），有时并把黑肉竹丝鸡汇合烹饪，而改称三蛇龙虎会了。

蛇、狸、鸡都是去皮骨折丝来清炖的，配料是冬笋丝、木耳丝、陈皮丝、火腿丝等，等到上盘吃的时候，还要加些柠檬叶丝，加增香味。

龙虎会的烹调，多是清炖作羹，像吃鱼翅分小碗来吃。有些从没有吃过蛇肉的人，听见别人吃蛇，多有怀疑的感觉。若果主人向没有吃过蛇的客人说：“这是蛇羹！”客人多不敢尝试。因为有些人联想到蛇是毒物，或者是不洁的动物，甚至与狗肉般，同被某阶层的人所视做不该吃的动物，怎好去吃它呢。但是，要是当主人的宴客，一声不响，由侍役在宴会中途把蛇羹送上来，大家吃得津津有味，感到异常的鲜美了。等到全席告终，主人才宣布今日的菜肴有一味是龙虎会的时候，内幕揭穿，有些从未吃过蛇的人必定说“真是鲜美滋味”！有些呢，是马上感到不安的样子，认为是别人给他开顽笑，而把这些不堪入口的食物故意愚弄他的。

（选自《旅行杂志》1948年第1期）

谈“吃田鸡”

□陈子展

中国文化发展的进程，倘从地理上说，系从北而南。黄河流域开化最早，长江流域次之，珠江流域又次之。说也好笑，就吃田鸡一件事来看，也系从北而南，按着地理的顺序，分出时间的先后。据宋吴曾《能改斋漫录》说：

> 孙少魏《东皋杂录》曰：“关右人笑吴人食虾蟆。”予考《东方朔传》云，汉都泾渭之南，水多蛙鱼，师古曰，蛙似虾蟆而小，长脚，人亦取食之。又《霍光传》，霍山曰，丞相擅减宗庙羔兔蛙，可以此罪也。则汉用宗庙笵献。以上皆孙说。予按《周礼》蝈氏，郑氏注曰：蝈，虾蟆。郑氏谓蝈，今御所食蛙也。然则汉以来，虽然至尊，亦食虾蟆矣。

又据宋彭乘《墨客挥犀》说：

> 浙人喜食蛙，沈文通在钱塘日，切禁之，自是池沼之蛙遂不复生。文通去，州人食蛙如故，而蛙亦盛。人因谓天生是物，将以资人食也，食蛙益甚。

这两条宋人笔记告诉我们，最初吃田鸡的是在黄河流域，便是皇帝也要吃它，皇家还要用它祭祖先。后来长江流域江浙人也吃田鸡，倒给北方人笑话，大约这个时候北方人已经不甚吃这个东西了。清王韬《瓮牖余谈》里说：

> 青蛙古以入馔。《周礼》有蝈氏，郑康成以为今御所食蛙，则并以充天厨矣。汉《东方朔传》云，长安水多蛙鱼，贫者得以家给人足，则古昔关中已常食之如鱼，不独南人也。今广东极嗜此，供诸盘飧，出以享客，奉为珍味。江浙虽有食者，然率贱品视之，缙绅家以登庖为戒。

最后到了清朝，江浙人又不甚吃田鸡，珠江流域的人倒特别喜欢吃它。这样说来，吃田鸡这一习惯系从北而南，北先南后，愈南愈后，班班可考了。

我们知道蛙和虾蟆是田鸡的古称，什么时候叫做田鸡，很不容易查考。只知盛清诗人赵翼有《食田鸡戏作》一诗，可见叫蛙作田鸡，至少也有两百年的历史了。赵翼在这首诗里略叙吃田鸡的历史道：

> 尝考康成注蝈氏，上供御食始汉时。并偕羔兔荐宗庙，丞相擅减且被讥。粤人更嗜疥满背，相戒勿脱锦袄披。抱竿羹成夸大飨，贵过斑鸠玉面狸。由来隽味在翅肖，何而猩唇貛炙熊蹯胹！君不见鼠名家鹿渍以蜜，蛇字茅鳝剔作丝，土笋登盘即曲鳝，翅虾入馔维螽斯？……

原来粤菜好用野味，好标雅名，蛙叫田鸡，或许还是从粤菜来的。至于赵老先生以为田鸡两腿最为肥美好吃，说是“就中两股尤莹洁，想因跳跃畅在肢”。换句话说，田鸡的两腿所以肥美白净，想是因为跳跃的缘故。因此我又记起生物学家拉马克的“用进废退”说，说是动物的各种器官，用则进化，废则退化的那种学说了。

据说蛙吃害虫，对于农家有益，就除害说，就报功说，总应该保护它。可是农民一年劳苦，没有肉食，吃不到鸡，把蛙叫田鸡，煞是可怜，又未便禁止。倘若住在都市的肉食者群，鸡鸭鱼肉，随便有吃，不吃田鸡，未为不可。在这一个意义上，我也可以同意于所谓慈善家的禁吃田鸡的主张。何况田鸡不见得怎样好吃，便是长沙菜馆里的新鲜麻辣田鸡，衡阳的腊肥田鸡，胜过粤菜馆弄的十倍，我也不再想吃它，因为这种田鸡的市价比鸡还贵，我有鸡吃，就已经觉得享受过分了！

（选自《人间世》1935年第36期）

广州印象·吃在广州

□解希之

马路皆柏油，市面全高楼。生活西洋化，女人雄赳赳。四时皆是夏，一雨变成秋。

广州比别处特异的地方，要算是酒楼。长堤二十里高耸入云、金碧辉煌的大楼房，差不多可以说全是大酒楼。其他散在各处的也很多。谈到广州的酒楼，就可以想到广州的吃。在小学时代读地理，就有“吃在广州”这句话。中学时代地理也说到这里。的确，这说得不错。

我敢武断地说一句，广东人除了不吃人以外，什么都吃的。像蛇啰、狗啰、猫啰、盐蛇（壁虎）啰、乌龟啰、马骝（猴子）啰、田鼠啰、禾虫啰、果子狸啰……简直没有一样不是他们适口而充肠的东西。

先说吃罢：他们吃蛇，还要吃出花样来，有的是叫做三蛇会——是金脚带、过树榕、饭铲头三种蛇合制品。制蛇馔的厨师要特别的谨慎，因为蛇身的骨头是含有毒质的，倘若偶然一不小心，误把蛇骨混入里面，被人吃下，那就性命交关，非同小可了！听说几年前广东有一位什么外交家，就是这样，不幸中蛇毒而死的。

河南（珠江南岸）凤凰岗附近有十来人家，专靠卖狗肉度活，他们美其名曰香肉。我每次从西村士敏土厂到造纸厂，总要经过那地方。遥远的看见一串串的狗尾巴挂在架上，一阵阵熏风送来的，说不出什么味，由不得就要“掩鼻而过之”。不料那识时务的店主东，还要发出亲热的口调，随风飘到我的耳鼓：“请里面坐罢！”但是我没有口福，没有勇气去“过狗门而大嚼”。

此外，不论走到哪一条大街小巷去，随时可以看到摊上放着“龙虱”、“桂花蟾”（好像上海人叫五脚虫的一样）这两样东西，我终未敢尝试。然而广东佬常常“行其无事”的一个一个塞进嘴里咽下去，我已经替他呕吐了，他还兴高采烈，声声不住地说是补肾妙品。但是，我的肾没有被人撕碎，没有补的必要。

田鸡——青蛙——被公安局禁止食售了，因为它有益于家作物。所以那些“田鸡狂”的先生们，到酒楼里点田鸡饭，那些伙计就拖长了喉管向他们说道“有……”——那就是表示没有的意思。一年四季里，广东可吃的水果，真是多得很。什么橙、桔、柑、柚、杨桃、红柿、水柿、沙梨、香蕉、甘蔗……充满了马路的两旁，每年出产的数量，也很惊人。每年夏天，最出名的特产——“鲜荔枝”即上市。据说广东东莞县出产最多，另以增城的挂绿一种为最名贵。在广州只有糯米糍、黑叶、淮枝、桂味几种。苏东坡有诗云：“日啖荔枝三百颗，不辞长作岭南人。”荔枝就从此“一登龙门，声价十倍”了。

广州最有名的饭馆，是“四大酒家”——南园、文园、西园、大三元——中以南园为最大。虽上海的陶陶、杏花楼也难与其比匹，北平的中央饭店，更是“望尘莫及”。广州的要人豪绅们，在这里面请客，动辄千金。至于一碗鱼翅价值几十元的，更是平常的事。那好像不如此，便不足以显示阔气似的。

（每日）当午炮从粤（越）秀山发出来以后，人们就放下工作，向茶居或茶室去了。（广州的茶室和北平的茶室，性质不相同；广州的茶室是喝茶，北平的茶室是赏妓。）广州人最好饮茶，每天早午晚要到茶室里面去三次。他们所谓饮茶，并不是仅仅喝几杯就算了事，还得吃一碗面条和各色各样的点心，茶室和茶居都是非常宏敞，里面的设备，按层楼而分，层楼愈高就愈精致雅洁，所以饮茶又叫做上高楼。不论上流社会或下流社会的人们，统是以茶楼为他们的消遣场、休息室。一到了茶室，就流连两三点钟才离去。有的茶居加聘女伶清唱，更能使茶客们坐在那里，既没有倦容，也没有去意。

（选自《学风》1937年第2期）

链接：《旅行杂志》1948年第10期罳庵《广州情调》：“屠狗本是燕赵慷慨悲歌之士的作风，不知怎的流传到了广州。吃狗肉最初是劳苦工人的嗜好，地点是河南凤凰岗一带的草棚，以红腐乳烧狗肉驰名。十多年前杀狗是有禁条的。现今吃狗的风气却传遍了上层社会了，他们的说法是狗肉是补品和吃蛇是一样的看法，但吃狗肉茶楼菜馆一概不肯做这种生意，说是下流。所以每每在家里弄。他们的方法是拣刚成年的小狗，用多量的老姜烧上三四小时才吃，大致是别有风味的。”

后　记

《岭南饕餮》出版后，读书界和业界都反映不错，谭庭浩和周山丹两位副社长希望我继续，再写一本关于民国饮食的著作。说实话，民国时期是“食在广州”的确立时期，是岭南饮食的黄金时代，是值得大书特书的，在《岭南饕餮》中，我就忍不住将笔触时时伸过来，只是由于积材不够，不敢放笔去写。现在，有了二位的鼓励，便埋下头去，屹屹坷坷地准备了一段时间，由于资料收集顺利，特别是从当下的学术史料富矿之一的民国期刊中，发现了许多第一手材料，同时也符合我为文与为学的原则——以文养学，以学助文；学术品格，浅近文章；历史视野，现实关怀——便应承下来，投入写作。在陆续写了几十篇后，仍然像上次一样，承侯虹斌、戴新伟、刘炜茗诸君的厚爱，在《南方都市报》上以专栏的形式先期刊布。

在我的第一本学术专著获社科基金资助出版时，我曾在后记里说：“士志于道，学术其一”，我将把致力于学术研究，当作抗争尘世的安身立命之本。七八年过去了，虽然每年也还在做研究，也还在撰写与发表学术论文，但现在这种学书学剑两不成的境况，是否有违初衷呢？真是怯于回首自省。

周松芳

二〇一二年国庆